肥料、农药
科学选购与鉴别

宋志伟　杨首乐　主编

U0363298

化学工业出版社

·北京·

内 容 简 介

　　本书在介绍肥料与农药的基本常识和基本特性的基础上，详细介绍了肥料和农药的科学选购方法和鉴别技术，具体包括肥料和农药的包装与标识、主要技术指标、科学购买、简易识别，以及 8 类肥料、80 余种常用农药产品具体鉴别方法等。本书适合各级农业技术推广部门、农业技术人员、肥料和农药生产与经销人员、广大种植专业大户阅读参考。

图书在版编目（CIP）数据

　　肥料、农药科学选购与鉴别/宋志伟，杨首乐主编．—北京：化学工业出版社，2020.10（2023.7 重印）
　　ISBN 978-7-122-35957-5

　　Ⅰ.①肥⋯　Ⅱ.①宋⋯ ②杨⋯　Ⅲ.①肥料-基本知识②农药-基本知识　Ⅳ.①S146②S48

　　中国版本图书馆 CIP 数据核字（2020）第 148248 号

责任编辑：邵桂林　　　　　　　　文字编辑：孙凤英
责任校对：张雨彤　　　　　　　　装帧设计：张　辉

出版发行：化学工业出版社（北京市东城区青年湖南街 13 号
　　　　　邮政编码 100011）
印　　装：北京虎彩文化传播有限公司
850mm×1168mm　1/32　印张 9　字数 240 千字
2023 年 7 月北京第 1 版第 8 次印刷

购书咨询：010-64518888　　　　　售后服务：010-64518899
网　　址：http://www.cip.com.cn
凡购买本书，如有缺损质量问题，本社销售中心负责调换。

定　　价：39.80 元

编写人员名单

主　　编　宋志伟　杨首乐

副 主 编　车天瑞　刘洪坤　申海瑞

编写人员　宋志伟　杨首乐　车天瑞　刘洪坤

　　　　　申海瑞　乔慧芳　杨双龙　陈体能

　　　　　王　鑫　张佳佳　韦再行

前　言

　　肥料是作物的"粮食"，是重要的农业生产资料，也是现代农业发展的重要物质基础，在推动农业可持续发展、美丽乡村建设中起着重要作用。肥料的合理施用，可以增加作物产量，改善农产品品质，改善土壤性状，保护环境，提高农业效益，增加农民收入。但随着科学技术不断进步和现代农业的不断发展，肥料的种类和品种日益增多，新型肥料品种不断涌现，为不法商贩生产销售假冒伪劣肥料提供了可乘之机。面对这种局面，如何鉴别、选购与施用肥料，是广大种植户必须面对的问题，这直接关系着农业生产的效益。一旦选用了假冒伪劣肥料，会对作物造成危害，甚至导致绝产，还会造成土壤肥力下降和农田生态的破坏。

　　农药是作物的"保护神"，也是重要的农业生产资料，在防治作物病虫草害，促进作物高产、稳产方面具有重要的保障作用。我国农药行业发展迅速，现已形成了包括原药生产、制剂加工、原料中间体加工、科技开发在内的完整工业体系，常年生产200多个品种（包括1000多个制剂产品），为我国现代农业提供了强有力的支撑。新型农药品种的不断涌现，也带来假冒伪劣农药在市场的鱼龙混杂。因此，帮助农民正确鉴别、科学选购和安全使用农药，对于实现农药减量提质、使用零增长具有重要意义。

　　为帮助广大种植户正确选购和科学施用肥料与农药，帮助肥料与农药经销人员有效识别假冒伪劣肥料和农药产品，杜绝坑农害农现象发生，特组织有关技术人员编写了本书。全书共四章，前两章重点介绍了肥料的科学选购、真假鉴别方法和技术；主要内容有肥料的包装与标识、肥料的主要技术指标、科学购买肥料，以及8种肥料的简易识别、肥料的定性鉴定、常用肥料的鉴别等。后两章重点介绍了农药的科学选购、鉴别方法和技术；主要内容有农药的包装与标识、常用农药的特性、农药的科学选购，以及8种肥料农药的快速识别、80多个常用农药产品的鉴别等。

为了方便广大种植户、肥料与农药经销人员更好地掌握，我们力避大段文字的说教，采取图、表、文字结合方式，力求内容针对性强、可读性强、实用价值高、操作及指导性强等特点，适合各级农业技术推广部门、肥料与农药生产企业、土壤肥料与植物保护科研教学部门的科技人员、肥料及农药生产和经销人员、农业种植户阅读和参考使用。

本书由宋志伟、杨首乐任主编，车天瑞、刘洪坤、申海瑞任副主编，乔慧芳、杨双龙、陈体能、王鑫、张佳佳、韦再行参加编写，全书由宋志伟统稿。本书在编写过程中得到了化学工业出版社、河南农业职业学院、荥阳市农业技术推广广武中心站、南充职业技术学院、汝州市土壤肥料站、开封市农产品质量安全检测中心、开封市蔬菜科学研究所、广西壮族自治区田东县义圩镇农业服务中心以及众多肥料与农药企业等单位领导和有关人员的大力支持，在此表示感谢。由于水平所限，书中难免存在疏漏和不妥之处，敬请专家、同行和广大读者批评指正。

编者
2020 年 10 月

目 录

第四章　农药的真假鉴别

第一章　肥料的科学选购

市场上销售的肥料种类和品种繁多，如何选购适宜的肥料，对于广大肥料用户获得高产高效具有重要意义。

第一节　肥料的包装与标识

肥料的包装及标识是否规范，是鉴别肥料优劣的第一印象。肥料产品除应有正规的包装袋外，在外包装上还应有明确的标识。了解一些肥料包装、标识知识，对于识别化肥的质量有重要的参考价值。

一、《固体化学肥料包装》解读

中华人民共和国国家质量监督检验检疫总局、中国国家标准化管理委员会 2009 年 11 月 30 日颁布了国家标准《固体化学肥料包装》（GB 8569—2009），自 2010 年 6 月 1 日起实施。该标准规定了固体化学肥料的包装材料及包装件的要求、试验方法、检验规则、标识、运输和贮存。该标准适用于氮肥、磷肥、钾肥、复混肥料（复合肥料）及其他种类的固体化学肥料的包装。

1. 规格

固体化学肥料包装规格按内装物料净含量一般分为 50 千克、

40千克、25千克和10千克4种。其他规格可以由供需双方协商确定。

2. 包装材料的技术要求

（1）不属于危险货物的固体化学肥料包装材料的技术要求　不属危险货物的固体化学肥料，包装材料按表1-1的规定选用。

表1-1　固体化学肥料包装材料选用

化肥产品名称	多层袋		复合袋	
	外袋：塑料编织袋；内袋：聚氯乙烯薄膜袋	外袋：塑料编织袋；内袋：聚氯乙烯薄膜袋	二合一袋（塑料编织布/膜）	三合一袋（塑料编织布/膜/牛皮纸）
尿素	√	—	√	—
硫酸铵	√	—	√	—
碳酸氢铵	√	√	—	—
氯化铵	√	—	√	—
重过磷酸钙	√	—	√	—
过磷酸钙	√	—	√	—
钙镁磷肥	√	—		√
硝酸铵	√	—	√	—
硝酸磷肥	√	—	√	—
复混肥料	√	—	√	—
氯化钾	√	—	√	—

注：表中带"√"者，为可以的包装材料；表中带"—"者，为不推荐使用的包装材料。

用于包装固体化学肥料的塑料编织袋应符合GB/T 8946标准的规定；复合塑料编织袋应符合GB/T 8947标准的规定。多层袋中内袋采用聚乙烯薄膜时，应符合GB/T 4456标准的规定；采用聚氯乙烯薄膜时厚度应大于（或等于）0.06毫米，并符合QB 1257标准的规定。可以使用生物分解塑料或可堆肥塑料制作肥料包装的内袋，其技术指标应符合 GB/T 20197 中的要求。

（2）属于危险货物的固体化学肥料包装材料的技术要求

① 氰氨化钙包装材料的技术要求。氰氨化钙包装为以下 3 种：全开口或中开口钢桶（钢板厚 1.0 毫米），内包装为袋厚 0.1 毫米以上的塑料袋；外包装为塑料编织袋或乳胶布袋，内包装为两层塑料袋（每层袋厚 0.1 毫米）；外包装为复合塑料编织袋，内包装袋为 0.1 毫米以上的塑料袋。

② 含硝酸铵的固体化学肥料包装材料的技术要求。对于含有硝酸铵的固体化学肥料，根据 WJ 9050 检测判定为具备抗爆性能的，其包装材料应选用以下三种之一：外袋为塑料编织袋，内袋为聚乙烯薄膜袋；二合一袋（塑料编织布/膜）；三合一袋（塑料编织布/膜/牛皮纸）。

3. 灌装温度及袋型选择

采用塑料编织袋与高密度聚乙烯（包括改性聚乙烯）薄膜袋组成的多层袋灌装时，物料温度应低于 95℃。采用塑料编织袋与低密度聚乙烯薄膜袋组成的多层袋灌装时，物料温度应低于 80℃。采用塑料编织袋灌装时，物料温度应低于 80℃。

采用塑料编织袋或复合塑料编织袋包装，内装物料质量 10 千克时，选用 TA 型袋；内装物料质量 25 千克时，选用 A 型袋；内装物料质量 40 千克时，选用 B 型袋；内装物料质量 50 千克时，选用 B 型袋或 C 型袋（以上 TA 型、A 型、B 型、C 型袋允许装载质量符合 GB/T 8946 或 GB/T 8947 的规定）。

4. 包装件的技术要求

包装件应符合表 1-2 的规定。上缝口应折边（卷边）缝合。当多层袋内衬聚乙烯薄膜袋采用热合封口或扎口时，外袋可不折边（卷边）。缝线应采用耐酸、耐碱合成纤维线或相当质量的其他线。按规定的方法进行试验，试验后化肥包装件应不破裂。撞击时若有少量物质从封口中漏出，只要不出现进一步渗漏，该包装也应视为试验合格。

表 1-2　固体化学肥料包装件的要求

项目名称		技术要求
上缝口针数/(针/10 厘米)		9～12
上缝口强度/(牛/50 毫米)	内装物料质量 10 千克	≥250
	内装物料质量 25 千克	≥300
	内装物料质量 40 千克	≥350
	内装物料质量 50 千克	≥400
薄膜内袋封口热合力/(牛/50 毫米)		≥10
折边宽度/毫米		≥10
缝线至缝边距离/毫米		≥8

5. 标识

化肥包装件应根据内装物料的性质，按 GB 18382 规定进行标识。

二、《肥料标识　内容和要求》解读

中华人民共和国国家质量监督检验检疫总局、中国国家标准化管理委员会 2001 年 7 月 26 日颁布了国家标准《肥料标识　内容和要求》(GB 18382—2001)，自 2002 年 7 月 1 日起实施。该标准规定了肥料标识的基本原则、一般要求及标识内容等。该标准适用于中华人民共和国境内生产、销售的肥料。

1. 原理

规定标识的主要内容及定出肥料包装容器上的标识尺寸、位置、文字、图形等大小，以使用户鉴别肥料并确定其特征。这些规定因所用的容器不同而异：装大于 25 千克（或 25 升）肥料的，装 5～25 千克（或 5～25 升）肥料的，装小于 5 千克（5 升）肥料的。

2. 基本原则

标识所标注的所有内容，必须符合国家法律和法规的规定，并符合相应产品标准的规定。标识所标注的所有内容，必须准确、科学、通俗易懂。标识所标注的所有内容，不得以错误的、引起误解的或欺骗性的方式描述或介绍肥料。标识所标注的所有内容，不得以直接或间接暗示性的语言、图形、符号导致用户将肥料或肥料某一性质与另一肥料产品混淆。

3. 一般要求

标识所标注的所有内容，应清楚并持久地印刷在统一的并形成反差的基底上。

（1）文字　标识中的文字应使用规范汉字，可以同时使用少数民族文字、汉语拼音及外文（养分名称可以用化学元素符号或分子式表示），汉语拼音和外文字体小于相应汉字和少数民族文字。应使用法定计量单位。

（2）图示　应符合 GB 190 和 GB 191 的规定。

（3）颜色　使用的颜色应醒目、突出、易使用户特别注意并能迅速识别。

（4）耐久性和可用性　直接印在包装袋上，应保证在产品的可预计寿命期内的耐久性，并保持清晰可见。

（5）标识的形式　分为外包装标识、合格证、质量证明书、说明书及标签等。

4. 标识内容

（1）肥料名称及商标　应标明国家标准、行业标准已经规定的肥料名称。对商品名称或者特殊用途的肥料名称，可在产品名称下以小 1 号字体予以标注。国家标准、行业标准对产品名称没有规定的，应使用不会引起用户、消费者误解和混淆的常用名称。产品名称不允许添加带有不实、夸大性质的词语，如"高效×""肥王""全元素肥料"等。企业可以标注经注册登记的商标。

（2）肥料规格、等级和净含量　肥料产品标准中已规定规格、等级、类别的，应标明相应的规格、等级、类别。若仅标明养分含量，则视为产品质量全项技术指标符合养分含量所对应的产品等级要求。肥料产品单件包装上应标明净含量。净含量标注应符合《定量包装商品计量监督规定》的要求。

（3）养分含量　应以单一数值标明养分的含量。

① 单一肥料应标明单一养分的百分含量。若加入中量元素、微量元素，可标明中量元素、微量元素（以元素单质计，下同），应按中量元素、微量元素两种类型分别标识各单养分含量及各自相应的总含量，不得将中量元素、微量元素含量与主要养分相加。微量元素含量低于 0.02％ 或（和）中量元素含量低于 2％ 的不得标明。

② 复混肥料（复合肥料）应标明 N、P_2O_5、K_2O 总养分的百分含量，总养分标明值应不低于配合式中单养分标明值之和，不得将其他元素或化合物计入总养分。应以配合式分别标明总氮、五氧化二磷、氧化钾的百分含量，如氮磷钾复混肥料 18-18-18。二元肥料应在不含单养分的位置标以 "0"，如氮钾复混肥料 15-0-10。若加入中量元素、微量元素，不在包装容器和质量说明书上标明（有国家标准或行业标准规定的除外）。

③ 中量元素肥料应分别单独标明各中量元素养分含量及中量元素养分含量之和。含量小于 2％ 的单一中量元素不得标明。若加入微量元素，可标明微量元素，应分别标明微量元素的含量及总含量，不得将微量元素含量与中量元素相加。

④ 微量元素肥料应分别标出各种微量元素的单一含量及微量元素养分含量之和。

⑤ 其他肥料参照单一肥料和复混肥料执行。

（4）其他添加物含量　若加入其他添加物，可标明各添加物的含量及总含量，不得将添加物含量与主要养分相加。产品标准中规定需要限制并标明的物质或元素等应单独标明。

（5）生产许可编号　对国家实施生产许可管理的产品，应标明生产许可证的编号。

（6）生产者或经销者的名称、地址　应标明经依法登记注册并能承担产品质量责任的生产者或经销者名称、地址。

（7）生产日期或批号　应在产品合格证、质量证明书或产品外包装上标明肥料产品的生产日期或批号。

（8）肥料标准　应标明肥料产品所执行的标准编号。有国家或行业标准的肥料产品，如标明标准中未有规定的其他元素或添加物，应制定企业标准，该企业标准应包括所添加元素或添加物的分析方法，并应同时标明国家标准（或行业标准）和企业标准。

（9）警示说明　运输、贮存、使用过程中不当，易造成财产损坏或危害人体健康和安全的，应有警示说明。

（10）其他　法律、法规和规章另有要求的，应符合其规定。生产企业认为必要的，符合国家法律、法规要求的其他标识。

5. 标签

（1）粘贴标签及其他相应标签　如果容器的尺寸及形状允许，标签的标识区最小应为 120 毫米×70 毫米，最小文字高度至少为 3 毫米，其余应符合 GB 18382—2001 中"标识印刷"的规定。

（2）系挂标签　系挂标签的标识区最小应为 120 毫米×70 毫米，最小文字高度至少为 3 毫米，其余应符合 GB 18382—2001 中"标识印刷"的规定。

6. 质量说明书或合格证

应符合 GB/T 14436 的规定。

7. 标识印刷

（1）装大于 25 千克（或 25 升）肥料的容器

① 标识区位置及区面积。一块矩形区间，其总面积至少为所选用面的 40%，该选用面应为容器的主要面之一，标识内容应打印在该面积内。区间的各边应与容器的各边相平行。区内所有标识，均应水平方向按汉字顺序印刷，不得垂直或斜向印刷标识内容。

② 主要项目标识尺寸。根据打印标识区的面积应采用三种标识尺寸，以使标识标注内容能清楚地布置排列，这三种尺寸应为 $X/Y/Z$ 比例，它仅能在如表 1-3 所示范围内变化，最小字体的高

度至少应为 10 毫米。

表 1-3　3 种标识尺寸比例

最小字体尺寸/毫米	尺寸比例 小（X）/中（Y）/大（Z）	
	最小比例	最大比例
≤20	1/2/4	1/3/9
>20	1/1.5/3	1/2.5/7

③ 标识区内主要项目和文字尺寸。标识标注内容应用印刷文字，标识项目的尺寸应符合表 1-4 要求。

表 1-4　标识区内主要项目和文字尺寸

序号	标识标注主要内容		文字		
			小（X）	中（Y）	大（Z）
1	肥料名称及商标			●	●
2	规格、等级及类别			●	
3	组成	作为主要标识内容的养分或总养分		●	●
		配合式（单养分标明值）	●	●	
		产品标准规定应单独标明的项目，如氯含量、枸溶性磷等	●	●	
		作为附加标识内容的元素、养分或其他添加物	●		
4	产品标准编号		●	●	
5	生产许可证号（适用于实施生产许可证管理的肥料）		●	●	
6	净含量			●	●
7	生产或经销单位名称		●	●	
8	生产或经销单位地址		●	●	
9	其他		●	●	

注：进口肥料可不标注表中第 4、5 项，但应标明原产国或地区。

（2）装5～25千克（或5～25升）肥料的容器　最小文字高度至少为5毫米，其余规定与"装大于25千克肥料的容器"要求相同。

（3）装5千克（或5升）以下肥料的容器　如容器尺寸及形状允许，标识区最小尺寸应为120毫米×70毫米，最小文字高度至少为3毫米，其余规定与"装大于25千克肥料的容器"要求相同。

三、《水溶肥料产品标签要求》解读

本要求适用于我国境内登记和销售的肥料（包括水溶肥料）和土壤调理剂，不适用于复混肥料、有机肥料和微生物肥料。

1. 标签必须标明的项目

（1）肥料登记证号　按肥料登记证标明。

（2）通用名称　按肥料登记证标明。

（3）执行标准号　国家/行业标准或经登记备案的企业标准号。

（4）剂型　按肥料登记证标明。

（5）技术指标　大量元素以"$N+P_2O_5+K_2O$"的最低标明值形式标明，同时还应标明单一大量元素的标明值，氮、磷、钾应分别以总氮（N）、磷（P_2O_5）、钾（K_2O）的形式标明；中量营养元素以"$Ca+Mg$"的最低标明值形式标明，同时还应标明单一钙（Ca）和镁（Mg）的标明值；微量营养元素以"$Cu+Fe+Mn+Zn+B+Mo$"的最低标明值形式标明，同时还应标明单一微量元素的标明值，铜、铁、锰、锌、硼、钼分别以铜（Cu）、铁（Fe）、锰（Mn）、锌（Zn）、硼（B）、钼（Mo）的形式标明。有机营养成分按肥料登记证以有机质、氨基酸、腐殖酸等最低标明值形式标明。硫（S）、氯（Cl）按肥料登记执行。

（6）限量指标　标明汞（Hg）、砷（As）、镉（Cd）、铅（Pb）、铬（Cr）、水不溶物和/或水分（H_2O）等最高标明值。

（7）使用说明　包括使用时间、使用量、使用方法及与其他制剂混用的条件和要求。

（8）注意事项　包括不宜使用的作物生长期，作物敏感的光热条件，对人畜存在的危害及防护、急救措施等。

（9）净含量　固体产品以克（g）、千克（kg）表示，液体产品以毫升（mL）、升（L）表示。其余按《定量包装商品计量监督管理办法》规定执行。

（10）贮存和运输要求　对环境条件（如光照、温度、湿度等）有特殊要求的产品，应给予标明；对于具有酸、碱等腐蚀性、易碎、易潮、不宜倒置或其他特殊要求的产品，应标明警示标识和说明。

（11）企业名称　生产企业的名称应与肥料登记证一致。境外产品还应标明境内代理机构的名称。

（12）生产地址　企业生产登记产品所在地的地址。若企业具有2个或2个以上生产厂点，标签上应只标明实际生产所在地的地址。境外产品还应标明境内代理机构的地址。

（13）联系方式　包含企业联系电话、传真等。境外产品还应标明境内代理机构的联系电话、传真等。

2. 标签其他项目

（1）商品名称　按肥料登记证标明。不应使用数字、序列号、外文（境外产品标签需标明生产国文字作为商品名称的，以括弧的形式表述在中文商品名称之后），不应误导消费者。

（2）商标　在我国境内正式注册，注册范围应包含肥料和/或土壤调理剂。

（3）产品说明　包含对产品原料和生产工艺的说明，不应进行夸大、虚假宣传。

（4）适宜范围　适宜的作物和/或适宜土壤（区域），应符合肥料登记要求。

（5）限用范围　不适宜的作物和/或不适宜土壤（区域），应符合肥料登记要求。

（6）生产日期及批号　标明。

（7）有效期 含有机营养成分的产品应标明有效期，其他产品根据其特点酌情标明有效期。有效期应以月为单位，自生产日期开始计。

3. 注意事项

肥料登记标签应符合《肥料登记管理办法》的要求。

标签图示按 GB 190《危险货物包装标志》和 GB/T 191—2008《包装储运图示标志》的规定执行。

标签文字应使用汉字，并符合汉字书写规范。允许同时使用汉语拼音、少数民族文字或外文，但字体应不大于汉字。

一个肥料登记证允许有一个或多个产品标签，允许在单一养分含量、适宜范围、使用说明和包装规格等方面存在差异。标签内容完全相同的，应使用一个标签。

标签应牢固粘贴或直接印刷在包装容器上。最小包装中进行分量包装的，分量包装容器上应标明肥料登记证号、通用名称和净含量。

标签计量单位应使用中华人民共和国法定计量单位。

其余按 GB 18382《肥料标识 内容和要求》的规定执行。

四、《农用微生物产品标识要求》解读

中华人民共和国农业部于 2005 年 1 月 5 日发布了《农用微生物产品标识要求》部颁标准（NY 885—2004），自 2005 年 2 月 1 日起实行。本标准规定了农用微生物产品标识的基本原则、一般要求及标注内容等。本标准适用于中华人民共和国境内生产、销售的农用微生物产品。

1. 基本原则

标识标注的所有内容，必须符合国家法律、法规和规章的规定，并符合相应产品标准的规定。标识标注的所有内容，必须科学、真实、准确、通俗易懂。标识标注的所有内容，不得以错误的、易引起误解的或欺骗性的方式描述或介绍农用微生物产品。标

识标注的所有内容，不得以直接或间接暗示性的文字、图形、符号导致用户或消费者将农用微生物产品或产品的某一性质与另一农用微生物产品混淆。未经国家授权的认证、评奖等内容不得标注。

2. 一般要求

产品标识应当清晰、牢固，易于识别。标注的所有内容应清楚并持久地印刷在统一的并形成反差的基底上，除产品使用说明外，产品标识应当标注在产品的销售包装上。若产品销售包装的最大表面的面积小于 10 厘米^2，在产品销售包装上可以仅标注产品名称、生产者名称、生产日期和保质期，其他标识内容可以标注在产品的其他说明物上。

（1）文字　标识中的文字应使用规范汉字，可以同时使用少数民族文字、汉语拼音及外文（养分名称可以用化学元素符号或分子式表示），汉语拼音和外文字体不大于相应汉字和少数民族文字。应使用国家法定计量单位。

（2）图示　应符合 GB 191—2000 的规定。

图示标志由图形符号、名称及外框线组成，共 17 种，见表 1-5。

表 1-5　标志名称和图形

序号	标志名称	图形符号	标志	含义	说明及示例
1	易碎物品		易碎物品	运输包装件内装易碎品，因此搬运时应小心轻放	应标在包装件所有的端面和侧面的左上角处
2	禁用手钩		禁用手钩	搬运运输包装件时禁用手钩	应标在与标志 1 相同的位置；当标志 1 和标志 3 同时使用时，标志 3 应更接近包装箱角

序号	标志名称	图形符号	标志	含义	说明及示例
3	向上			表明运输包装件的正确位置是竖直向上	
4	怕晒			表明运输包装件不能直接照晒	
5	怕辐射			包装物品一旦受辐射便会完全变质或损坏	
6	怕雨			包装件怕雨淋	
7	重心			表明一个单元货物的重心	应尽可能标在包装件所有六个面的重心位置上，否则至少也应标在包装件2个侧面和2个端面上 本标志应标在实际的重心位置上
8	禁止翻滚			不能翻滚运输包装	

序号	标志名称	图形符号	标志	含义	说明及示例
9	此面禁用手推车		此面禁用手推车	搬运货物时此面禁放手推车	
10	禁用叉车		禁用叉车	不能用升降叉车搬运的包装件	
11	由此夹起		由此夹起	表明装运货物时夹钳放置的位置	只能用于可夹持的包装件上,标注位置应为可夹持位置的两个相对面上,以确保作业时标志在作业人员的视线范围内
12	此处不能卡夹		此处不能卡夹	表明装卸货物时此处不能用夹钳夹持	
13	堆码质量极限	$...\text{kg}_{max}$	$...\text{kg}_{max}$堆码质量极限	表明该运输包装件所能承受的最大质量极限	
14	堆码层数极限	n	n 堆码层数极限	相同包装的最大堆码层数,n 表示层数极限	
15	禁止堆码		禁止堆码	该包装件不能堆码并且其上也不能放置其他负载	

序号	标志名称	图形符号	标志	含义	说明及示例
16	由此吊起		由此吊起	起吊货物时挂链条的位置	至少应标注在包装件的两个相对面上　本标志应标在实际的起吊位置上
17	温度极限		温度极限	表明运输包装件应该保持的温度极限	

标志外框为长方形，其中图形符号外框为正方形，尺寸一般分为 4 种，见表 1-6。如果包装尺寸过大或过小，可等比例放大或缩小。

表 1-6　图形符号及标志外框尺寸　　　单位：毫米

序号	图形符号外框尺寸	标志外框尺寸
1	50×50	50×70
2	100×100	100×140
3	150×150	150×210
4	200×200	200×280

标志颜色一般为黑色。如果包装的颜色使得标志显得不清晰，则应在印刷面上用适当的对比色，黑色标志最好以白色作为底色。必要时，标志也可使用其他颜色，除非另有规定，一般应避免采用红色、橙色或黄色，以避免同危险品标志相混淆。

标志的使用可采用直接印刷、粘贴、拴挂、钉附及喷涂等方法。印制标志时，外框线及标志名称都要印上，出口货物可省略中文标志名称和外框线；喷涂时，处框线及标志名称可以省略。

（3）颜色　使用的颜色应醒目、突出，易引起用户特别注意并能迅速识别。

（4）耐性和可用性　产品标识应保证在产品保质期内的耐久性和可用性，且标注内容保持清晰可见。

（5）标识的形式　分为外包装、合格证、质量证明书、说明书及标签等。

（6）标识印刷　应符合 GB 18382—2001 中第 10 章的规定。

3. 必须标注内容

（1）产品名称　产品应标明国家标准、行业标准已规定的产品名称。国家标准、行业标准对产品名称没有统一规定的，应使用不会引起用户、消费者误解和混淆的通用名称。如标注"奇特名称""商标名称"时，应当在同一部位明显标注"产品名称"或"通用名称"中的一个名称。产品名称中不允许添加带有不实及夸大性质的词语。

（2）主要技术指标　应标注产品登记证中的主要技术指标。

① 有效功能菌种及其总量。应标注有效功能菌的种名及有效活菌总量，单位应为亿/克（毫升），或亿/g（mL）。

② 总养分。标注按 GB 15063—2001 中方法测得的总养分含量，标注为总养分（$N+P_2O_5+K_2O$）≥多少百分含量，或分别标明总氮（N）、有效五氧化二磷（P_2O_5）和氧化钾（K_2O）各单一养分含量。

③ 有机质。标注按 NY 525—2002 中方法测得的有机质含量，标注为有机质≥多少百分含量。

（3）产品适用范围　根据产品的特性标注产品适用的作物和区域。

（4）载体（原料）　标注主要载体（原料）的名称。

（5）产品登记证编号　标明有效的产品登记证号。

（6）产品标准　标明产品所执行的标准编号。

（7）生产者或经销者的名称、地址　应标明经依法登记注册并能承担产品质量责任的生产者或经销者的名称、地址，但应当标明该产品的原产地（国家/地区），以及代理商或者进口商或者销售商在中国依法登记注册的名称和地址。

（8）产品功效（作用）及使用说明　标注产品主要功效或作用，不得使用虚夸语言；使用说明应标注于销售包装上或以标签、说明书等形式附在销售包装内或外，标注内容在保质期内应保持清晰可见。产品使用过程中有特殊要求及注意事项等，必须予以标注。

（9）产品质量检验合格证明　应附有产品质量检验合格证明，证明的标注方式可采用合格证书标注，也可使用合格标签，或者在产品的销售包装上或者产品说明书上使用合格印章或者打上"合格"二字。

（10）净含量　标明产品在每一个包装物中的净含量，并使用国家法定计量单位。净含量标注的误差范围不得超过 $\pm5\%$。

（11）贮存条件和贮存方法　明确标注产品贮存条件。

（12）生产日期或生产批号　产品的生产日期应印制在产品的销售包装上。生产日期按年、月、日顺序标注，可采用国际通用表示方法，如 2003-03-01，表示 2003 年 3 月 1 日；或标注生产批号如 20030301/030301。

（13）保质期　用"保质期×个月（或若干天、年）"表示。

（14）警示标志、警示说明　使用不当，容易造成产品本身损坏或者可能危及人身、财产安全的产品，应有警示标志或者中文警示说明。

4. 推荐标注内容

以下内容生产者可以不标注，如果标注，那么所标注的内容必须是真实、有效的。一是若产品中加入其他添加物，可予以标明。二是企业可以标注经注册登记的商标。三是获得质量认证的产品，可以在认证有效期内标注认证标志。四是获得国家认可的名优称号或者名优标志的产品，可以标注名优称号或者名优标志，同时必须明确标明获得时间和有效期间。五是可标注有效的产品条码。六是若产品质量经保险公司承保，也可予以标注。

第二节 肥料的主要技术指标

一、化学肥料

1. 单质化学肥料

目前，生产上施用的单质化学肥料基本上都有国家标准或行业标准，其标准号、技术指标可参考表 1-7。详细标准内容可根据标准号通过网络、书籍进行查询。

表 1-7 常见单质化学肥料的主要技术指标　　　单位:%

肥料名称	标准号	指标名称		技术指标		
				优等品	一等品	合格品
碳酸氢铵	GB 3559—2001	N	≥	17.2	17.1	16.8
氯化铵	GB/T 2946—2018	N	≥	25.4	24.5	23.5
硫酸铵	GB/T 535—1995	N	≥	21.0	21.0	20.5
尿素	GB/T 2440—2017	N 缩二脲	≥ ≤	46.0 0.9		45.0 1.5
结晶状硝酸铵	GB/T 2945—2017	N	≥		34.0	
颗粒状硝酸铵				34.0		33.5
多孔粒硝酸铵	HG/T 3280—2011	硝酸铵			99.5	
疏松状过磷酸钙	GB/T 20413—2017	P_2O_5	≥	18.0	16.0	Ⅰ 14.0 Ⅱ 12.0
粒状过磷酸钙				18.0	16.0	Ⅰ 14.0 Ⅱ 12.0
粉状重过磷酸钙	GB 21634—2008	P_2O_5	≥	44.0	42.0	40.0
粒状重达磷酸钙				46.0	44.0	42.0

肥料名称	标准号	指标名称		技术指标		
				优等品	一等品	合格品
钙镁磷肥	GB 20412—2006	P_2O_5	$\geqslant$	18.0	15.0	12.0
氯化钾Ⅰ类	GB 6549—2011	K_2O	$\geqslant$	62.0	60.0	58.0
氯化钾Ⅱ类				60.0	57.0	55.0
粉末结晶状硫酸钾	GB/T 20406—2017	K_2O	$\geqslant$	52.0	50.0	45.0
颗粒状硫酸钾				50.0		45.0
粒状磷酸一铵 （传统法）	GB 10205—2009	总养分 P_2O_5 N 水溶性磷	$\geqslant$ $\geqslant$ $\geqslant$ $\geqslant$	64.0 51.0 11.0 87	60.0 48.0 10.0 80	56.0 45.0 9.0 75
粒状磷酸二铵 （传统法）	GB 10205—2009	总养分 P_2O_5 N 水溶性磷	$\geqslant$ $\geqslant$ $\geqslant$ $\geqslant$	64.0 45.0 17.0 87	57.0 41.0 14.0 80	53.0 38.0 13.0 75
粒状磷酸一铵 （料浆法）	GB 10205—2009	总养分 P_2O_5 N 水溶性磷	$\geqslant$ $\geqslant$ $\geqslant$ $\geqslant$	58.0 46.0 10.0 80	55.0 43.0 10.0 75	52.0 41.0 9.0 70
粒状磷酸二铵 （料浆法）	GB 10205—2009	总养分 P_2O_5 N 水溶性磷	$\geqslant$ $\geqslant$ $\geqslant$ $\geqslant$	60.0 43.0 15.0 80	57.0 41.0 14.0 75	53.0 38.0 13.0 70
粉状磷酸一铵 （传统法）	GB 10205—2009	总养分 P_2O_5 N 水溶性磷	$\geqslant$ $\geqslant$ $\geqslant$ $\geqslant$	58.0 48.0 8.0 80	55.0 46.0 7.0 75	
粉状磷酸一铵 （料浆法）	GB 10205—2009	总养分 P_2O_5 N 水溶性磷	$\geqslant$ $\geqslant$ $\geqslant$ $\geqslant$	58.0 46.0 10.0 80	55.0 43.0 10.0 75	50.0 41.0 9.0 70
硝酸磷肥	GB/T 10510—2007	总养分 水溶性磷	$\geqslant$ $\geqslant$	40.5 70	37.0 55	35.0 40

肥料名称	标准号	指标名称	技术指标		
			优等品	一等品	合格品
磷酸二氢钾	HG/T 2321—2016	KH_2PO_4 ≥ P_2O_5 ≥ K_2O ≥	98.0 51.0 33.8	96.0 50.0 33.2	94.0 49.0 30.5
一水硫酸锌	HG 3277—2000	Zn ≥	35.3	33.8	32.3
七水硫酸锌			22.0	21.0	20.0
硼酸（参照工业）	GB/T 538—2018	硼酸 ≥	99.6	99.4	99.0
硼砂	GB/T 537—2009	$Na_2B_4O_7 \cdot 10H_2O$ ≥	99.5	95.0	
硫酸亚铁 （参照饲料）	HG/T 2935—2006	一水硫酸亚铁 Fe ≥	30.0		
		七水硫酸亚铁 Fe ≥	19.7		
农用硫酸铜	GB 437—2009	$CuSO_4 \cdot 5H_2O$ ≥			98.0
农用硫酸锰	NY/T 1111—2006	$MnSO_4 \cdot H_2O$ ≥			30.0
		$MnSO_4 \cdot 7H_2O$ ≥			25.0

2. 复混肥料

复混肥料国家专业标准 GB 15063—2009 提出了复混肥料的技术指标。

（1）外观　粒状、条状或片状产品，无机械杂质。

（2）技术指标　复混肥料应符合表 1-8 要求。

表 1-8　复混肥料主要技术指标

项目	指标		
	高浓度	中浓度	低浓度
总养分（N+P_2O_5+K_2O）质量分数/% ≥	40.0	30.0	25.0
水溶性磷占有效百分率/% ≥	60	50	40
水分（H_2O）的质量分数/% ≤	2.0	2.5	5.0

项目		指标		
		高浓度	中浓度	低浓度
粒度（1.00～4.75 毫米或 3.35～5.60 毫米）/% ≥		90	90	80
氯离子的质量分数/%	未标"含氯"的产品 ≤	3.0		
	标识"含氯（低氯）"的产品 ≤	15.0		
	标识"含氯（中氯）"的产品 ≤	30.0		

二、有机肥料

1. 商品有机肥料

《有机肥料》（NY 525—2012）提出了对商品有机肥料的技术要求。

（1）外观　为褐色或灰褐色，粒状或粉状，无机械杂质，无恶臭。

（2）技术指标　有机质的质量分数（以烘干基计）≥45%，总养分（$N+P_2O_5+K_2O$）的质量分数（以烘干基计）≥5.0%。

2. 有机-无机复混肥料

《有机-无机复混肥料》（GB 18877—2009）提出了对有机-无机复混肥料的技术要求。

（1）外观　颗粒状或条状产品，无机械杂质。

（2）技术指标　有机-无机复混肥料应符合表 1-9 要求，并应符合标明值。

表 1-9　有机-无机复混肥料的技术要求

项目	指标		
	Ⅰ型	Ⅱ型	Ⅲ型
总养分（$N+P_2O_5+K_2O$）的质量分数/%	15.0	25.0	30.0
水分（H_2O）的质量分数/%	12.0	12.0	8.0
有机质的质量分数/%	20	15	8
总腐植酸的质量分数/%	—	—	5.0

项目	指标		
	Ⅰ型	Ⅱ型	Ⅲ型
粒度（1.00～4.75毫米或3.35～5.60毫米）/%	≥70		
pH	3.0～8.0		

3. 生物有机肥

《生物有机肥》（NY 884—2012）提出了生物有机肥技术要求。

（1）外观（感官）　粉剂产品应松散、无恶臭味；颗粒产品应无明显机械杂质、大小均匀、无腐败味。

（2）技术指标　生物有机肥产品剂型包括粉剂和颗粒两种。有效活菌数(CFU)≥0.2亿/克，有机质(以干基计)≥40%，有效期≥6个月。

三、生物肥料

1. 微生物菌剂

《农用微生物菌剂》（GB 20287—2006）提出了农用微生物菌剂技术要求。

（1）产品外观（感官）　粉剂产品应分散；颗粒产品应无明显机械杂质、大小均匀、具有吸水性。

（2）技术指标　农用微生物菌剂产品的技术指标：液体剂型有效活菌数（CFU）≥2.0亿/毫升，粉剂有效活菌数（CFU）≥2.0亿/克，颗粒剂有效活菌数（CFU）≥1.0亿/克；有机物料腐熟剂产品的技术指标：液体剂型有效活菌数（CFU）≥1.0亿/毫升，粉剂有效活菌数（CFU）≥0.50亿/克，颗粒剂有效活菌数（CFU）≥0.50亿/克。以上产品的有效期≥6个月。

2. 复合微生物肥料

《复合微生物肥料》（NY/T 798—2015）提出了对复合微生物肥料的技术要求。

（1）外观（感官）　均匀的液体或固体。悬浮型液体产品应无大量沉淀，沉淀轻摇后分散均匀；粉状产品应松散；粒状产品应无明显机械杂质、大小均匀。

（2）技术指标　复合微生物肥料产品技术指标见表1-10。

表1-10　复合微生物肥料产品技术指标

项目		剂型	
		液体	固体
有效活菌数 /［亿/克(毫升)］	≥	0.50	0.20
总养分(N+P$_2$O$_5$+K$_2$O)/%	≥	6.0～20.0	8.0～25.0
pH 值		5.5～8.5	5.5～8.5
有效期/月	≥	3	6

四、水溶肥料

1. 大量元素水溶肥料

《大量元素水溶肥料》（NY 1107—2010）提出了大量元素水溶肥料技术要求。

（1）外观　均匀液体或固体。

（2）技术指标

① 大量元素水溶肥料（中量元素型）技术指标　大量元素（N+P$_2$O$_5$+K$_2$O）含量≥50%或500克/升，中量元素含量≥1.0%或10克/升。

② 大量元素水溶肥料（微量元素型）技术指标　大量元素（N+P$_2$O$_5$+K$_2$O）含量≥50%或500克/升，微量元素含量0.2%～3.0%或2～30克/升。

2. 微量元素水溶肥料

《微量元素水溶肥料》（NY 1428—2010）提出了微量元素水溶肥料技术要求。

（1）外观　均匀的液体；均匀、松散的固体。

（2）技术指标　微量元素含量≥10.0%或100克/升。微量元素含量指铜、铁、锰、锌、硼、钼元素含量之和，产品应至少包含一种微量元素。

3. 中量元素水溶肥料

《中量元素水溶肥料》（NY 2266—2012）提出了中量元素水溶肥料技术要求。

（1）外观　均匀的液体或固体。

（2）技术指标　中量元素含量≥10.0%或100克/升。中量元素含量指钙含量、镁含量或钙镁含量之和。

4. 含氨基酸水溶肥料

《含氨基酸水溶肥料》（NY 1429—2010）提出了含氨基酸水溶肥料技术要求。

（1）外观　均匀的液体或固体。

（2）技术指标

① 含氨基酸水溶肥料（中量元素型）技术指标　游离氨基酸含量≥10.0%或100克/升，中量元素含量≥3.0%或30克/升。中量元素含量指钙、镁元素含量之和，产品应至少包含一种中量元素。

② 含氨基酸水溶肥料（微量元素型）技术指标　游离氨基酸含量≥10.0%或100克/升，微量元素含量≥2.0%或20克/升。微量元素含量指铜、铁、锰、锌、硼、钼元素含量之和，产品应至少包含一种微量元素。

5. 含腐植酸水溶肥料

《含腐植酸水溶肥料》（NY 1106—2010）提出了含腐植酸水溶肥料技术要求。

（1）外观　均匀的液体或固体。

（2）技术指标

① 含腐植酸水溶肥料（大量元素型）技术指标　腐植酸含量≥3.0%或30克/升，大量元素含量≥20.0%或200克/升。

② 含腐植酸水溶肥料（微量元素型）技术指标　腐植酸含量≥3.0%，微量元素含量≥6.0%。微量元素含量指铜、铁、锰、锌、硼、钼元素含量之和，产品应至少包含一种微量元素。

第三节　科学购买肥料

从近几年肥料产品质量监督检查的结果和肥料用户的投诉来看，我国肥料的产品合格率一直徘徊在 70％左右，其中磷肥、水溶肥料、复混肥料、微生物肥料的产品质量水平较低，部分省市的合格率低于 50％。因此，科学选购合格肥料产品，对于广大肥料用户是十分必要的。

一、肥料选购前准备工作

1. 要搞清肥料的种类及指标

在选用肥料时，首先要知道所选购的肥料的用途，其次要了解肥料的各项指标及使用方法。目前，多数地方的肥料施用方式基本上都是基肥、追肥、叶面喷施和冲施几种。基肥多以有机肥为主，但也有些地方根据地力情况，适当地补充一些复混肥料。追肥一般以补充氮、磷、钾元素为主，有时也需要补充单质微量元素及微生物肥料等。叶面喷施以补充一些微量元素（比如铜、锌、铁、锰、硼、钼等）为主，以满足作物对这些元素的需求。

在明确肥料的用途后，还要了解肥料的主要技术指标，也就是主要元素的含量。如常用的以含氮为主的氮肥，硫酸铵含 $N\geqslant$ 20.5％；尿素含 $N\geqslant46.0\%$；硝酸铵含 $N\geqslant34.6\%$；氯化铵含 $N\geqslant$ 25.0％；碳酸氢铵含 $N\geqslant16.8\%$。以含磷为主的磷肥，重过磷酸钙含 $P_2O_5\geqslant40.0\%$；过磷酸钙含 $P_2O_5\geqslant12.0\%$；钙镁磷肥含 P_2O_5 $\geqslant12.0\%$；钙镁磷钾肥含 $P_2O_5\geqslant12.0\%$，含 K_2O 1.0％。以含钾为主的钾肥，氯化钾含 $K\geqslant54.0\%$；硫酸钾含 $K\geqslant33.0\%$。搞清这些肥料的含量才能进行选择。另外对于一些复混肥料、商品有机肥、微生物肥料、水溶肥料、土壤调理剂等也要弄清其基本技术指标，以此为依据，进行合理选购，避免不足或过量造成的短缺或浪费。

2. 要搞清土壤的肥力情况

在实际的生产过程中，很多种植户在使用肥料时存在盲目施用的情况，用什么肥，用多少，全凭感觉，或是随大帮，完全不考虑地力情况、土质情况以及作物的生长情况，这就造成肥料施用不当，浪费严重而达不到预期的效果。在施用肥料时，要先对种植区的土壤进行测土，然后再根据土壤中所含元素的比例合理选用肥料，缺啥补啥，最后再根据作物整个生长过程所需各种元素的量进行选购，施用时要结合肥料的基本技术指标确定用量。

二、肥料选购时注意事项

1. 查看肥料包装

我国生产和使用的肥料主要是固体肥料，国产肥料在出厂时均已分袋包装，有些进口肥料为了节省运费及便于运输，采用散装运输到岸后再装袋的方法。肥料的包装是否规范，是鉴别化肥优劣的第一印象。符合质量标准的肥料产品，在包装上也应符合标准。伪劣肥料往往在包装上也会粗制滥造。肥料产品除应有正规的包装袋外，在外包装上还应有明确的标识。包装上应清楚地标注出产品名称、执行的标准及编号、商标、主要养分含量、净重，包装上还应标明生产厂名、厂址。如是进口肥料，应标明肥料生产国家。用户选购肥料时，可参考《固体化学肥料包装》（GB 8569—2009）。

尿素、硫酸铵、碳酸氢铵、氯化铵、过磷酸钙、钙镁磷肥、硝酸铵、磷酸铵、硝酸磷肥、复混肥等，大多采用多层袋或复合袋进行包装。多层袋的外袋为塑料纺织袋，内袋为聚乙烯或聚氯乙烯薄膜袋。如用复合袋，应用二合一袋（塑料纺织布/膜）或三合一袋（塑料纺织布/膜/牛皮纸），包装袋的上口应卷边缝合。如用多层袋，内袋采用热合封口或扎口，外袋可不卷边缝合。卷边宽度不能小于 10 毫米，缝线至缝边距离不得少于 8 毫米。上缝口如用工业缝纫机缝合，每 10 厘米不得少于 10 针；如用民用缝纫机缝合，不得少于 20 针。缝合线应选用耐酸、耐碱的合成纤维或相当质量的其他线。肥料装入后，应留有上、下缝口间有效长度 1/5 的预留容量，即肥料不能装得过满，以免在运输或跌落时胀破包装袋。任何肥料产品都应有符合要求的包装，不能用其他产品的包装代替肥料包装。尽管包装并不直接反映化肥的质量，但由包装的质量也可间接衡量产品的优劣。

2. 鉴别肥料标识

肥料包装标识是吸引农民注意力、决定其购买行为的重要因素之一，国家有关部门发布的《肥料标识　内容和要求》（GB 18382—2001）和农业部颁布的《肥料登记管理办法》都对肥料的包装标识作出了规定。在市场抽检中，讲信用、质量优的肥料生产企业的肥料标识相对规范，但也有一些肥料生产企业为了牟利，往往在标识上做文章，存在严重误导农民的行为，使农民的利益受到损害。因此，农民朋友需要了解肥料包装标识方面的有关常识，提高鉴别肥料的能力，保护自己的合法利益。

（1）肥料包装标识应标注的内容　可参考本章第一节《肥料标识　内容和要求》标准解读的相关内容。

（2）肥料包装标识常见的问题　主要表现在如下几方面。

① 产品名称不规范。不标注通用名称，只用商品名称或巧立各种名称。如近年来，随着水肥一体化技术的推广应用，各种水溶肥料应运而生，农业农村部相继出台了一批与之相配套的强制性肥料标准。但一些厂家为了吸引眼球，争取卖点，标注执行标准为 GB 10205 的"粉状滴灌二铵"、标注执行标准为 GB 6459 的"滴灌钾肥"等一批极具滴灌特质的肥料出现在市场上。GB 10205—2009 标准名称为《磷酸一铵、磷酸二铵》，其中磷酸二铵外观为粒状，对粒度有特定要求，不能用于滴灌，况且磷酸二铵也没有粉状的。GB 6549—2001 的正式名称为《氯化钾》，所谓"滴灌钾肥"其实就是氯化钾，之所以易名，完全是为了隐瞒富含氯离子的事实。

② 养分标注不规范。将有机质、中量元素、微量元素计入总养分中。例如，复混肥包装袋上带有误导性的标识，主要有：将

氮、磷、钾三要素与中量元素钙、镁、硅、硫及微量元素锌、硼、铁、锰、钼、铜等养分加在一起作为总养分含量；有机肥料、有机-无机复混肥料将有机质含量作为有效养分含量与氮、磷、钾总养分加在一起。以氯化物为原料的复混肥料包装上没有标注"含氯"；以枸溶性磷为原料的复混肥料没有标注枸溶性磷。还有一些用二元肥料冒充三元肥料销售，如有些复混肥料明明是二元复混肥料，却标明"氮15，磷15，铜锌锰铁15"或者"$N-P_2O_5 \cdot Cl$ 15-15-15"。

③ 标注信息不全。没有标注肥料登记证号（或者伪造肥料登记证号），没有标注肥料执行标准号，实行生产许可证管理的没有标注生产许可证号，需要标注适宜作物的没有标注适宜作物，生产厂家、生产地址、联系方式等标注不准确、不详细等。

④ 使用夸大性质的词语。在包装上使用夸大虚假性词语或模糊概念，如"高效××""××肥王""全元素××肥料""引进国际先进技术""和农科院合作"等。在肥料功效上使用"提高抗病性""减少病虫害"等夸大肥料功效的词语。不使用汉字，改用拼音，误导消费者，让其认为是进口产品，等等。

（3）如何从包装标识鉴别肥料

① 查看肥料包装标识是否规范。主要看包装标识是否规范地标注有：产品名称，养分含量，肥料登记证号，生产许可证号（复混肥料、有机-无机复混肥料、掺混肥料等需要标注），肥料执行标准号，适宜作物或适宜地区（水溶肥料、微生物肥料、土壤调理剂及新型肥料等需要标注），生产厂家，生产地址，生产日期或批号，肥料规格、等级和净含量，产品使用说明，警示说明等。如果上述标识不完整、不规范，则可能是劣质或假冒肥料。

② 查看肥料包装标识是否与肥料登记证内容一致。查看、核实确认包装标识是否与肥料登记证内容一致，主要是看肥料包装标注的肥料登记证号、产品名称、养分含量、生产厂家及地址、肥料执行标准、适宜作物或适宜地区、注册商标是否与肥料登记证内容一致，以及肥料登记证是否在有效期内。肥料登记证的相关信息可在国家化肥质量监督检验中心和省级土肥管理部门查询。

3. 肥料登记证辨别

根据《中华人民共和国工业产品生产许可证管理条例》和《中华人民共和国工业产品生产许可证管理条例实施办法》的规定：复混肥料和磷肥实行生产许可证管理，包括执行 GB 15063—2009 生产的复混肥料、执行 GB 21633—2008 生产的掺混肥料、执行 GB 18877—2009 生产的有机-无机复混肥料、执行 GB/T 20413—2017 生产的过磷酸钙、执行 GB 20412—2006 生产的钙镁磷肥、执行 HG 2598—1994 生产的钙镁磷钾肥。

肥料企业生产的复混肥料（含配方肥料）、掺混肥料、有机-无机复混肥料、有机肥料、床土调酸剂由企业所在省、自治区、直辖市人民政府农业行政主管部门颁发省级肥料登记证。

肥料企业生产的大量元素、中量元素和微量元素水溶肥料，含氨基酸、含腐植酸、海藻酸的水溶肥料，非水溶中量元素和微量元素肥料，以及缓释肥料、土壤调理剂、微生物肥料及其他新型肥料，由企业所在省、自治区、直辖市人民政府农业行政主管部门推荐到农业农村部办理登记，并颁发农业农村部肥料登记证。

商品有机肥料的肥料登记证为省级农业行政主管部门颁发，如河北省农牧厅颁发，标示为：冀农肥（年代号）临（或准）字××××号；执行标准为农业行业标准（NY 525—2012）（图 1-1）。这类肥料的登记证一般可以到各省农业行政主管部门（多为土壤肥料站）网站查询。

微生物肥料的肥料登记证为中华人民共和国农业农村部颁发，标示为：微生物肥（年代号）准字××××号（图 1-2），执行标准为：《生物有机肥》（NY 884—2012）、《复合微生物肥料》（NY/T 798—2015）、《农用微生物菌剂》（GB 20287—2006）。这类肥料的登记证一般可以到中华人民共和国农业农村部网站进行查询：中华人民共和国农业农村部官网（图 1-3）→点击机构中的种植业管理司（图 1-4）→有效肥料登记发布→输入企业或登记证号查询（图 1-5）→获得肥料信息（图 1-6）。

河 南 省
肥料登记证

登记证号：豫农肥（2019）准字13015号

经河南省肥料登记评审委员会审
定，该产品准予正式登记，特此发证。

中华人民共和国农业农村部制

生产企业：郑□市馨通肥业有限公司

产品通用名：有机肥料

产品商品名：——

产品形态：固体

技术指标：

N+P₂O₅+K₂O≥5% 有机质≥45%

适应于：☆☆☆

发证日期：2019 年 08 月 29 日

有效期至：2024 年 08 月 28 日

图 1-1　商品有机肥料登记证

中华人民共和国
肥料登记证

登记证号：微生物肥(2018)准字(6414)号

经农业农村部肥料登记评审委员会审定，该
产品准予肥料登记，特此发证。

中华人民共和国农业农村部制

生产企业：郑州市□□□□肥料有限公司

产品通用名：微生物菌剂

商品名：微生物菌剂

产品形态：颗粒

有效菌种名称：枯草芽孢杆菌☆☆☆

主要技术指标：有效活菌数≥2.0 亿/g

适用于：水稻、葡萄、草莓、番茄☆☆☆

发证日期：2018 年 10 月 11 日

有效期至：2023 年 10 月

图 1-2　微生物肥料登记证

图 1-3　中华人民共和国农业农村部官网

图 1-4　种植业管理司网站

图1-5 微生物肥料登记证查询网页

图1-6 微生物肥料登记证查询信息网页

水溶肥料的肥料登记证为农业农村部颁发，标示为：农肥（年代号）准字×××号（图 1-7），执行标准为：《大量元素水溶肥料》（NY 1107—2010）、《中量元素水溶肥料》（NY 2266—2012）、《微量元素水溶肥料》（NY 1428—2010）、《含腐植酸水溶肥料》（NY 1106—2010）、《含氨基酸水溶肥料》（NY 1429—2010）、有机水溶肥料（执行企业标准）。另外，土壤调理剂、微量元素肥料、中量元素肥料、缓释肥料、农业用硫酸钾镁、农业用氯化钾镁、农业用硝酸铵改性产品、农业用硫酸镁，含氨基酸、含腐植酸、含海藻酸等有机水溶肥料，以及进口肥料产品等的肥料登记证也归农业农村部颁发。这类肥料的登记证一般可以到中华人民共和国农业农村部网站进行查询：中华人民共和国农业农村部官网→种植业管理司→有效肥料登记发布→输入企业或登记证号查询（图 1-8）→获得肥料信息（图 1-9）。

生产企业：

产品通用名：中量元素水溶肥料
商品名：/
产品形态：水剂
主要技术指标：
Ca+Mg≥100g/L
（主要原料：硝酸钙、硝酸镁）

适用于：小白菜☆☆☆

发证日期：2018年9月5日
有效期至：2023年9月（第　次续展）

中华人民共和国
肥料登记证

登记证号：农肥（2018）准字 11288 号
经农业农村部肥料登记评审委员会审定，该产品准予肥料登记，特此发证。

中华人民共和国农业农村部制

图 1-7　水溶肥料登记证

图 1-8　水溶肥料登记证查询网页

图 1-9　水溶肥料登记证查询信息网页

4. 购买肥料时的注意事项

为防止上当受骗，农民朋友在购买肥料时一定要注意以下几点。

（1）看肥料的化验报告 无论是进口肥料还是国产肥料都要查看肥料的化验报告。化验报告最好是本地质检部门检测的。一是看氮、磷、钾的含量各为多少。注意水溶性磷的含量是否高，水溶性磷越高越好。二是看总养分（氮、磷、钾）含量是多少。总养分不同，价格也不同。三是看颗粒强度与含水量，强度高、含水量低的为好；然后与其外包装上的标识进行比较，注意看标识的养分偏差，偏差越小越好。四是看肥料中是否含氯，含氯过高，对忌氯作物有不良的影响，如对蔬菜、柑橘、马铃薯等作物施用含氯的化肥时轻则影响其品质，重则造成减产减收。

（2）在正规销售单位购买 现在经销肥料的主体机构是农业生产资料公司及农村合作商店，也存在其他经营机构（如农业技术推广部门及肥料厂等）。这些单位经营的规范程度不同，为生产人员提供的农化服务及售后服务水平也参差不齐，销售价格可能也存在差异。应该引起生产人员注意的是，除以上部门外，其他部门所销售肥料属于非法经营，其中也包括个体户在内。按照以上几条核对无误后，即可购买复混肥料。

购买化肥时要挑选一些信誉较好的经销单位，要到有经营资格、证照齐全的合法经营商店购买，不要购买流动商贩和无证、无照经营的肥料，不要盲目轻信广告宣传。购买时尽量选一些知名品牌或以前曾经用过的、效果不错的肥料。一般来说，规模比较大、实力比较强、全国连锁经营的大企业的肥料品质比较有保障。买肥种田是一年大计，切忌为贪图便宜而买杂牌或假冒伪劣肥料。

三、购肥凭证

购买肥料后，要向经营者索要销售凭证，并妥善保存，以备作索赔依据。票中应详细注明所购复混肥料的名称、数量、等级或含量、价格等内容。因为发票或小票是确立购买与经销关系的凭证，也是发生纠纷时投诉的重要证据。

依据《中华人民共和国消费者权益保护法》第三章第二十二条规定："经营者提供商品或者服务，应当按照国家有关规定或者商业惯例向消费者出具购货凭证或者服务单据；消费者索要购货凭证或者服务单据的，经营者必须出具。"如果经销单位拒绝出具购买肥料的凭证，农民可以向工商管理部门举报。

四、样品保留

样品是所购买产品的实样，也是重要的物证之一。

如果农民所购买的肥料数量仅一袋或几袋，保留一袋肥料样品则不太现实。如果所购买的肥料数量在半吨以上，则有必要保留一整袋肥料作为样品。保留样品时应注意贮放在通风干燥阴凉的地方，避免样品潮湿及直接接受阳光照射而分解。

五、消费维权

1. 法律法规、规章和规范性文件要求

《中华人民共和国农业法》第二十五条规定："农药、兽药、饲料和饲料添加剂、肥料、种子、农业机械等可能危害人畜安全的农业生产资料的生产经营，依照相关法律、行政法规的规定实行登记或者许可制度。"

《中华人民共和国农产品质量安全法》第二十一条规定："对可能影响农产品质量安全的农药、兽药、饲料和饲料添加剂、肥料、兽医器械，依照有关法律、行政法规的规定实行许可制度"。

2000年农业部32号令颁布了《肥料登记管理办法》，规定对部分肥料实行登记许可。

2009年8月国务院下发了《关于进一步深化化肥流通体制改革的决定》（国发〔2009〕31号），进一步放开了化肥经营限制，允许具备条件的各种所有制及组织类型的企业、农民专业合作社和

个体工商户等市场主体进入化肥流通领域，参与经营，公平竞争。申请从事化肥经营的企业要有相应的住所，申请从事化肥经营的个体工商户要有相应的经营场所；企业注册资本（金）、个体工商户的资金数额不得少于 3 万元人民币；申请在省域范围内设立分支机构、从事化肥经营的企业，企业总部的注册资本（金）不得少于1000 万元人民币；申请跨省域设立分支机构、从事化肥经营的企业，企业总部的注册资本（金）不得少于 3000 万元人民币。满足注册资本（金）数额条件的企业、个体工商户等可直接向当地工商行政管理部门申请办理登记，从事化肥经营业务。企业从事化肥连锁经营的，可持企业总部的连锁经营相关文件和登记材料，直接到门店所在地工商行政管理部门申请办理登记手续。

《关于进一步深化化肥流通体制改革的决定》（国发〔2009〕31号）规定：化肥经营者应建立进货验收制度、索证索票制度、进货台账和销售台账制度，相关记录必须保存至化肥销售后两年，以备查验。化肥经营应明码标价，化肥的包装、标识要符合有关法律法规规定和国家标准。化肥生产者和经营者不得在化肥中掺杂、掺假，以假充真，以次充好，或者以不合格商品冒充合格商品。化肥经营者要对所销售化肥的质量负责，在销售时应主动出具质量保证证明，如果化肥存在质量问题，消费者可根据质量保证证明向销售者索赔。化肥经营者应掌握基本的化肥业务知识，并应主动向化肥使用者提供化肥特性、使用条件和方法等有关咨询服务。

《中华人民共和国产品质量法》第四十九条规定："生产、销售不符合保障人体健康和人身、财产安全的国家标准、行业标准的产品的，责令停止生产、销售，没收违法生产、销售的产品，并处违法生产、销售产品（包括已售出和未售出的产品，下同）货值金额等值以上三倍以下的罚款；有违法所得的，并处没收违法所得；情节严重的，吊销营业执照；构成犯罪的，依法追究刑事责任。"

《中华人民共和国产品质量法》第五十条规定："产品中掺杂、掺假，以假充真，以次充好，或者以不合格产品冒充合格产品的，责令停止生产、销售，没收违法生产、销售的产品，并处违法生产、销售产品货值金额百分之五十以上三倍以下的罚款；有违法所得的，并处没收违法所得；情节严重的，吊销营业执照；构成犯罪的，依法追究刑事责任。"

2. 受害后及时维权

买到不合格肥料怎么办？如何依法维护自身的合法权益？

（1）找经营者协商解决　当购买肥料后发现有质量问题，如果不是很严重，可以直接找经营者协商解决。在协商解决时要注意以下三个问题。

① 如果人身权利和财产遭受重大损失，或经营者的侵害行为手段恶劣，绝不能大事化小，尤其是构成刑事责任的，坚决不能姑息。

② 如果商家推卸责任，认为是生产厂家的过失，要求购肥料者直接找厂家交涉时，应该加以拒绝。因为，根据《中华人民共和国消费者权益保护法》第三十五条的规定，消费者索赔可直接找销售者即经营者交涉，这是我国法律明确赋予消费者的权利。

③ 在与商家交涉、协商时，不必为店堂内的告示所约束。根据《中华人民共和国消费者权益保护法》第二十四条规定，经营者不得以格式合同、通知、声明、店堂告示等方式作出对消费者不公平、不合理的规定，或者减轻、免除其损害消费者合法权益应当承担的民事责任。

与经营者协商和解，虽然这种方式便利快捷，可以在任何时候进行，但是达成的协议却不具有法律效力，如果当事人一方不履行协议，即不能被强制执行。此时，农民还可以采取以下措施。

（2）请求消费者协会调解　购买到假肥料后，可以向当地的消费者协会或其分会投诉，请求消费者协会调解。调解时，应携带下列证据：一是应出示经营者的名称、地址以及联系电话；二是购货发票及肥料的包装物；三是有关假肥料的证明文件；四是遭受假肥料损害的严重程度以及相关证明。

（3）向有关部门申诉　购买假肥料后，可向当地农业行政主管部门即农业局或工商行政管理部门申诉，在申诉时，应当符合下列条件：一是有明确的被申诉方；二是有具体的申诉请求、事实和理由；三是属于农业行政主管部门即农业局或工商行政管理机关管辖的范围。在申诉时应当采用书面形式，并标明下列事项：一是购买者的姓名、住址、电话号码、邮政编码；二是被申诉人的名称、地址；三是申诉的要求、理由及相关事实依据；四是申诉的日期；五是购买者委托代理人进行申诉活动的，应当向农业行政主管部门即农业局或工商行政管理机关提交授权委托书。

（4）向法院提起诉讼　到人民法院起诉经营者，要注意以下几点：①必须是自己与经营者发生权利义务的争执，别人不能代替起诉。②必须有明确的被告。③必须有具体的诉讼请求和事实、理由。④购买者的诉讼必须向有管辖权的法院提出。一般来说，购买者应向被告所在地的基层人民法院提起诉讼；如果被告是代销的，可向法人所在地的基层人民法院提起诉讼；如果购买者人身受到伤害，也可向伤害行为地的法院提起诉讼。⑤必须在诉讼时效的范围内。因假劣肥料存在缺陷而造成损害要求赔偿的，其诉讼时效为三年。诉讼时效自当事人知道或应知道其权益受损时起计算。

（5）拨打热线投诉　拨打"12315"消费者权益保护热线或"12316""三农"服务热线进行投诉，请求帮助解决。切忌不能错过田间作物典型性状表现期。

第二章　肥料的真假鉴别

当前，市场上流通的肥料可谓品类繁多，生产人员应掌握识别肥料真假的常识，以在鱼龙混杂的肥料品类中选出称心如意的真品。

第一节　肥料的简易识别

随着化肥市场的放开经营和新型肥料的不断出现，假冒伪劣肥料在市场上时有出现，为了提高肥料用户的市场识别能力，减少坑农害农现象发生，在此，有必要介绍一些肥料简易识别知识。

可以简单地将肥料的简易识别方法总结为"一看、二闻、三溶、四烧"。

一、直观识别法

直接用肉眼观察虽然是非常不准确的鉴别方法，但是在没有任何仪器、药品，且不掌握分析方法的情况下，凭经验和直观也可以对肥料的真伪作出初步判断。

1. 直观识别的具体方法

直观识别法就是凭感官对肥料的色、味、态及肥料的包装和标识进行观察、对比，从而作出判断。

（1）看肥料包装和标识　国家对肥料的包装材料和包装袋上的标识都有明确的规定。肥料的国家标准 GB 8569 规定：肥料的包装上必须印有产品的名称、商标、养分含量、净重、厂名、厂址、标准编号、生产许可证与肥料登记证号等标志。如果没有上述主要标志或标志不完整，就有可能是假冒伪劣肥料。另外，要注意肥料包装是否完好，有无拆封痕迹或重封现象，以防那些使用旧袋充装伪劣肥料的情况。还有，肥料包装上的标识要符合 GB 18382 的要求。

（2）看颜色　各种肥料都有其特殊颜色，据此可大体区分肥料和种类。氮肥除石灰氮为黑色，硝酸铵为棕、黄、灰等杂色外，其他品种一般为白色或无色。钾肥为白色和红色两种（磷酸二氢钾为白色）。磷肥大多为灰色、深灰色或黑灰色。硅肥、磷石膏、硅钙钾肥也为灰色，但有冒充磷肥的现象。磷酸二铵为半透明、褐色。

（3）闻气味　一些肥料有刺鼻的氨味或强烈的酸味。如碳酸氢铵有强烈氨味，硫酸铵略有酸味，石灰氮有特殊的腥臭味，过磷酸钙有酸味，其他肥料无特殊气味。

（4）看结晶状况　氮肥除石灰氮外，多为结晶体。钾肥为结晶体。磷酸二氢钾、磷酸二氢钾铵和一些微肥（硼砂、硼酸、硫酸锌、铁肥、铜肥）均为晶体。磷肥多为块状或粉状、粒状的非晶体。

2. 主要氮肥品种的直观识别

① 碳酸氢铵。白色、淡黄色、淡灰色细小结晶，结晶呈粒状、板状或柱状，易吸湿分解，有浓烈的氨味。

② 尿素。结晶型尿素为白色针状或棱柱状结晶。肥料尿素一般为粒状，粒状尿素为半透明白色、乳白色或淡黄色颗粒，易吸湿。

③ 硝酸铵。白色斜方形晶体。产品有两种，一种为白色粉状结晶，另一种为白色或浅黄色颗粒。极易吸水自溶。

④ 氯化铵。白色结晶，造粒呈白色球状。农用氯化铵允许带有微灰色或微黄色。易吸湿潮解。

3. 主要磷肥品种的直观识别

① 过磷酸钙。深灰色、灰白色或淡黄色的疏松粉状物。

② 重过磷酸钙。灰色或灰白色，粉状。

③ 钙镁磷肥。深灰色、灰绿色、墨绿色或棕色粉末，干燥。

4. 主要钾肥品种的直观识别

① 氯化钾。纯品为白色结晶体。农用氯化钾呈乳白色、粉红色或暗红色，不透明，稍有吸湿性。由苦卤制成的氯化钾常呈浅黄色小颗粒。

② 硫酸钾。白色或淡黄色细结晶，吸湿性小，不易结块。

③ 磷酸二氢钾。白色或浅黄色结晶，吸湿性小。

④ 硝酸钾。外观为白色，通常以无色柱状晶体或细粒状存在。

5. 复混肥料的直观识别

复混肥料呈黑灰色、灰色、乳白色、淡黄色等多种颜色，颜色因原料和制作工艺不同而异。但是，无论什么颜色，外观均为小球形，表面光滑，颗粒均匀，无明显的粉料和机械杂质。一般造粒的复混肥料均应加入防结块剂，吸湿性小且无紧实的结块。

6. 微量元素肥料的直观识别

① 七水硫酸锌。七水硫酸锌为无色斜方晶体，农用硫酸锌因含微量的铁而显淡黄色。由于生产工艺不同，结晶颗粒大小不同。七水硫酸锌在空气中部分失水，成为一水硫酸锌。一水硫酸锌为白色粉状。无论是一水硫酸锌还是七水硫酸锌均不易吸水，久存不结块，都是很好的肥料。

② 硫酸锰。淡粉色细小结晶，在干燥空气中失去结晶水呈白色，但不影响肥效。

③ 硫酸铜。蓝色三斜晶体。一般硫酸铜含 5 个结晶水，失去部分结晶水变为蓝绿色，失去全部结晶水则变为白色粉末，但均不影响肥效。

④ 硫酸亚铁。为绿中带蓝色的单斜晶体，在空气中渐渐风化

和氧化而呈黄褐色，这表明铁已由二价转变成三价。大部分植物不能直接吸收三价铁。为了避免硫酸亚铁的失效，应将其存放在密闭的容器中。

⑤ 硼砂。化学名称为四硼酸钠，为单斜晶系。常见短柱状晶体，其集合体多为粒状或皮壳状，呈鳞片形。白色，有时微带浅灰色、浅黄色、浅蓝色或淡绿色，有玻璃光泽。

⑥ 硼酸。无色微带珍珠光泽的三斜晶体或白色粉末。

⑦ 钼酸铵。淡黄色或略带浅绿色的菱形晶体。

⑧ 钼酸钠。白色晶体粉末。

二、溶解识别法

绝大部分化肥都可以溶于水，但其溶解度（在标准大气压和20℃的条件下，100毫升水中能溶解的最大质量）不同。可以把化肥在水中溶解的情况作为判断化肥品种的参考。

1. 溶解识别法的主要用具

溶解法判断化肥品种需要准备一些用具，主要有：玻璃烧杯（200～300毫升）、小天平（称量200～500克）、量筒或量杯（100毫升）、温度计（100℃）、玻璃研钵、三角架、石棉网、酒精灯、95%酒精、纯净水。

2. 主要溶解方法

常用的溶解方法如下。

（1）水溶法 如果外表观察不易识别肥料品种，则可根据肥料在水中的溶解情况加以区别。取肥料样品一小匙，慢慢倒入装有半杯清洁凉开水的玻璃烧杯中，用玻璃棒充分搅动，静置一会儿观察：全部溶解的多为硫酸铵、硝酸铵、氯化铵、尿素、硝酸钾、硫酸钾、磷酸铵、磷酸二氢钾等，以及铜、锌、铁、锰、硼、钼等微量元素单质肥料；部分溶解的多为过磷酸钙、重过磷酸钙、硝酸铵钙等；不溶或绝大部分不溶的多为钙镁磷肥、磷矿粉、钢渣磷肥、磷石膏、硅肥、硅钙肥等。绝大部分不溶于水，发生气泡，并闻到有"电石"臭味的为石灰氮。

（2）醇溶法 大部分肥料都不溶于酒精，只有硝酸铵、尿素、磷酸钙等少数几个品种可在酒精中溶解。

通过肥料在酒精中和水中溶解的情况就可以初步判断肥料的成分。

3. 主要氮肥品种的溶解识别

由颜色上看，主要氮肥品种均为白色，但是在水中的溶解量有明显不同。在20℃水中，每100毫升能溶解100克以上的氮肥有硝酸铵、尿素、硝酸钙，这些肥料同时均能溶于酒精。每100毫升水能溶解80克以下的氮肥有碳酸氢铵、硫酸铵、氯化铵，这些肥料均不能溶于酒精。此外，肥料在水中溶解的多少与水的温度有关。温度高时溶解得多，温度低时溶解得少。为了便于了解不同氮肥的溶解情况，现将不同温度下100毫升水中能溶解肥料的量列于表2-1中。

表2-1　不同温度下100毫升水中不同氮肥的溶解情况　单位：克

肥料名称	水温			在酒精中溶解情况
	20℃	80℃	100℃	
碳酸氢铵	21	109	357	不溶
硫酸铵	75	95	103	不溶
氯化铵	37	80	100	微溶
硝酸铵	192	580	871	溶解
尿素	105	400	733	溶解
硝酸钙	129	358	363	溶解

检验的具体做法是：首先用量筒量取100毫升左右酒精放入烧杯中，将1克左右肥料投入酒精中，不断摇动，观察酒精中的肥料是否溶解。如果溶解，可能是硝酸铵、尿素或硝酸钙；如果不溶解，可能是碳酸氢铵、硫酸铵或氯化铵。然后，进一步进行检验。如果是不溶于酒精的肥料，用量筒量取10毫升水放入烧杯中，用

天平称取 2 克肥料放入水中，不停摇动，肥料溶解后再称 1.5 克肥料投入其中，不停摇动，如不能溶解，这种肥料是碳酸氢铵。如果加入的 1.5 克肥料也能再度溶解，再称 1.5 克肥料放入已经溶解了 3.5 克肥料的溶液中，如果不能继续溶解，这种肥料是氯化铵；如果仍能溶解，再称 3 克肥料继续投入已溶解 5 克肥料的溶液中，经摇动不再继续溶解，则这种肥料是硫酸铵。

如果这种肥料溶于酒精，先用量筒量取 10 毫升水放入烧杯中，称 10 克肥料放入水中，不停摇动，肥料溶解后再称 2 克肥料放入其中，不停摇动，如不再溶解，这种肥料是尿素。如果溶解，再称 5 克肥料放入其中，如不再溶解，这种肥料是硝酸钙。如果仍能溶解，这种肥料是硝酸铵。

为了便于对上述操作过程能有更直观的了解，现列出示意图如图 2-1 所示。

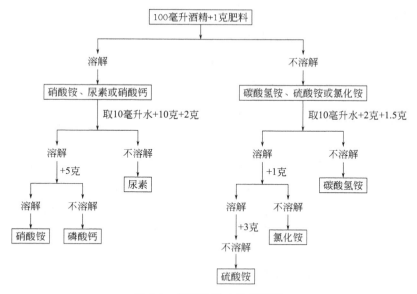

图 2-1　氮肥检验方法示意图

此外，还可以根据表 2-1 提供的数据，采取变化水温的方法对上述结果进行验证。先称取 20℃水温能溶解的数量，然后逐渐加温至 80℃或 100℃，观察是否能溶解相应温度时的数量。

4. 主要磷肥品种的溶解识别

磷肥与氮肥不同，在生产上是将磷矿石粉碎加酸加热，使磷矿中不容易被植物吸收的磷转化为容易被植物吸收的磷，因此常会有由矿石带来的杂质和化学反应中伴生的不溶解的化合物。此外，磷酸盐本身的溶解性也不如含氮化合物。所以，大部分磷肥不能完全溶于水。采用水溶法判断磷肥品种远不如氮肥准确。

用溶解法检验磷肥的方法是：称 1 克肥料放入约 20 毫升水中，不停摇动，观察溶解情况。如果可以在水中溶解一部分，这种肥料可能是过磷酸钙或重过磷酸钙。溶解多、沉淀少的是重过磷酸钙；溶解少、沉淀多的是过磷酸钙。如果在水中几乎不溶解，则可能是钙镁磷肥或磷酸二钙，这两种肥料单纯依靠溶解的方法很难区分。

5. 主要钾肥品种的溶解识别

我国常用的钾肥品种是氯化钾和硫酸钾。硫酸钾不溶于酒精，氯化钾微溶于酒精。这两种肥料在水中的溶解量也不相同，用量筒量取 20 毫升水放入烧杯中，加入 4 克肥料，不停摇动，如果肥料能顺利完全溶解，这种肥料是氯化钾；如果只溶解一部分，这种肥料是硫酸钾。

6. 主要复合肥料的溶解识别

① 硝酸磷肥。硝酸磷肥的生产是用硝酸分解磷矿粉然后加氨中和，其主要成分是硝酸铵、硝酸钙、磷酸一铵、磷酸二铵、磷酸一钙和磷酸二钙，这些主要成分中有些易溶于水，有些难溶于水。所以，尽管硝酸磷肥作为一个肥料品种，属水溶肥料，但是其溶解量不能用纯化合物的溶解量去衡量，因此无法用溶解法对其进行判别。

② 磷酸铵。包括磷酸一铵和磷酸二铵，这两种化合物水溶性都很好。每 100 毫升 25℃的水中可溶解磷酸一铵 41.6 克，或磷酸

二铵72.1克。因此，可以用20毫升水加入10克肥料进行判别，如能完全溶解是磷酸二铵，不能完全溶解是磷酸一铵。

③硝酸钾和磷酸二氢钾。二者均不溶于酒精，在常温下在水中的溶解量也相差不大，但在水温升高后两种肥料在水中的溶解量则有很大差别。识别的具体做法是：用量筒量取20毫升水放在烧杯中，加入20克肥料，缓慢加热并不停搅拌，当水温达到80℃时，肥料能完全溶解的是硝酸钾；如不能完全溶解则是磷酸二氢钾。

7. 主要复混肥料的溶解识别

复混肥料是肥料和添加剂的混合物。添加剂大多不溶于水，所以复混肥料一般不能完全溶于水，也没有固定的溶解度。

复混肥料遇水会产生溶散现象，即颗粒崩散变成粉状，如放在水中，颗粒会逐渐散开，但是不会变成完全溶解的透明溶液。肥料颗粒的溶散速率部分地反映养分的释放速率，不过也并不是溶散得愈快，肥料质量就愈好。因为造粒的复混肥料一方面要考虑氮、磷、钾养分的平衡与均匀，另一方面也要考虑降低肥料中养分释放速率，以达到延长肥效的目的。因此，不能用肥料溶散的快慢作为衡量肥料质量的唯一标准。当然，颗粒状复混肥料放入水中像小石子一样毫无变化，这样的肥料也不会是好肥料。

8. 微量元素肥料的溶解识别

一般不同的微量元素肥料都具有其特有的颜色，比较容易分辨。此外，不同微量元素肥料在水中的溶解度也有很大不同（表2-2）。

表2-2　不同温度下100毫升水中不同微量元素肥料的溶解情况

肥料名称	100毫升水中的溶解量/克		
	20℃	80℃	100℃
硼酸	5.04	23.6	40.25
硼砂	2.56	31.4	52.5

肥料名称	100 毫升水中的溶解量/克		
	20℃	80℃	100℃
硫酸锰	62.9	45.6	35.3
硫酸铜	32.0	83.8	114
硫酸锌	53.8	71.1	60.5
硫酸亚铁	48.0	79.9	57.3

三、灼烧识别法

1. 灼烧用具及方法

（1）灼烧用具　用灼烧法检验化肥，除需要有酒精灯外，还要准备1个铁片（铁片长15厘米左右、宽2厘米左右，最好装1个隔热的手柄）、若干吸水纸（最好是滤纸，剪成1厘米宽的纸条）、1块木炭、1把镊子。

（2）灼烧方法　取少许肥料放在薄铁片或小刀上，或直接放在烧红的木炭上，观察现象。

2. 主要氮肥品种的灼烧识别

① 碳酸氢铵。用小铁片铲取少许肥料（约0.5克），在酒精灯上加热，发生大量白烟并有强烈的氨味，铁片上无残留物。

② 硫酸铵。用小铁片铲取约0.5克肥料在酒精灯上加热，肥料慢慢熔融，产生一些氨味，但是熔融物滞留在铁片上，不会很快挥发消失。用吸水纸条吸饱硫酸铵溶液，晾干后在酒精灯上加热，纸片不燃烧而产生大量白烟。

③ 氯化铵。用小铁片铲取约0.5克肥料在酒精灯上加热，肥料直接由固体变成气体或分解，没有先变成液体再蒸发的现象，发生大量白烟，有强烈的氨味和酸味，铁片上无残留物。

④ 尿素。放在铁片上的少量尿素在酒精灯上加热时会迅速熔化，冒白烟，有氨味。将固体尿素撒在烧红的木炭上能够燃烧。

⑤ 硝酸铵。在铁片上加热时不燃烧，逐渐熔化并出现沸腾状，冒出有氨味的烟。

⑥ 磷酸钙。在铁片上加热时能够燃烧，发出亮光，铁片上残留白色的氧化钙。

3. 主要磷肥品种的灼烧识别

无论是在铁片上加热还是撒在烧红的木炭上，均无明显变化。因此，无法用灼烧法检验磷肥。

4. 主要钾肥品种的灼烧识别

无论是硫酸钾还是氯化钾，在铁片上加热均无变化；将肥料撒在烧红的木炭上，会发出噼啪的声音。用吸水纸条吸饱钾肥溶液，晾干后在酒精灯上燃烧，会发出紫红色的光。如不是钾肥而是氯化钠（食盐），燃烧时会发出黄白色的光，以此可判别是不是钾肥。但是，硫酸钾、氯化钾两种肥料无法用灼烧法区分。

5. 复合肥料的灼烧识别

不是所有的复合肥料都可以用灼烧法分辨。

① 硝酸钾。将少量肥料放在铁片上加热，加热时会放出氧气，这时如果用 1 根擦燃后熄灭但还带有红火的火柴放在上方，熄灭的火柴会重新燃起。

② 磷酸二氢钾。将磷酸二氢钾放在铁片上加热，肥料会溶解为透明的液体，冷却后凝固为半透明的玻璃状物质——偏磷酸钾。

6. 复混肥料的灼烧识别

复混肥料成分复杂，无法用灼烧法加以检验。

四、碱性物质反应识别法

1. 基本原理

铵盐与碱性物质反应放出氨气，通过闻味或试纸颜色变化可以判断。

2. 基本方法

取少量肥料样品与等量的熟石灰或生石灰或纯碱等碱性物质加水搅拌，有氨臭味产生，或用湿润的广泛 pH 试纸检查放出的气体为碱性，证明为铵态氮肥或含铵的其他肥料。

通过上述 4 种简易识别方法，基本上可将化肥的类别区分开来，并且能把氮肥中常见的一些品种确定下来。但对磷肥某些品种还不能确定，对钾肥也只能判断其类别，不能完全区别其品种。上述简易识别中，由于识别方法简单，某些现象的观察和确认，还带有一定的经验性，特别是对初学者掌握有一定的难度。因此，建议初学者在上述识别试验时，最好带一个与待识别化肥同类的已知肥料作为对照样品。如果在识别某种肥料时，它根本不表现出上述某种肥料应具有的特征，那么供试肥料可能是假冒产品。

第二节　肥料的定性鉴定

肥料出厂时在包装上一般标明该肥料的名称、有效成分含量和厂家。但在运输或贮存过程中，有时因包装损坏或转换容器而混杂。为此，需对混杂的肥料进行定性鉴定，以利于合理贮存和施用。

一、肥料定性鉴定的方法原理

各种化学肥料都有其特殊的外表形态、物理和化学性质，因此，可以通过外表观察、溶解于水的程度、在火上灼烧的反应和化学分析检验等方法，鉴定出化肥的种类、成分和名称。

二、肥料定性鉴定的流程

肥料定性鉴定流程可参见图 2-2。

图 2-2　肥料定性鉴定流程示意图

三、肥料定性鉴定的物质准备

1. 试剂配制

（1）10％盐酸　每升溶液中含相对密度 1.19 的盐酸（HCl）237 毫升。

（2）1％盐酸　由 10％盐酸稀释 10 倍而成。

（3）10％氢氧化钠溶液　10 克氢氧化钠溶于 100 毫升水中。

（4）5％草酸溶液　5 克草酸溶于 100 毫升水中（可加热促溶）。

（5）1％二苯胺溶液　1 克二苯胺溶于 100 毫升浓硫酸中。

（6）钼酸铵-硝酸溶液　将 15 克钼酸铵溶于 100 毫升蒸馏水中，将钼酸铵溶液倒入 100 毫升相对密度为 1.2 的硝酸溶液中，不断搅动至最初生成的白色钼酸沉淀溶解后，放置 24 小时备用。如有沉淀可用倾泻法除去。

（7）奈氏试剂（或钠氏试剂）　溶解 45.5 克碘化汞和 35.0 克碘化钾于少量水中，转入 1 升容量瓶中，加 112 克氢氧化钠，加水至 800 毫升，混匀冷却，稀释至 1 升，放置几天，吸取上清液备用。

（8）2.5％氯化钡溶液　称取 2.5 克氯化钡（BaCl$_2$）溶于 100 毫升水中。

（9）氯化亚锡溶液　溶解 10 克二水氯化亚锡（SnCl$_2$ · 2H$_2$O）于 25 毫升浓盐酸（HCl）中，使用前吸 2 毫升稀释至 66 毫升（宜新鲜配制）。

（10）1％硝酸银溶液 称取 1 克硝酸银（AgNO$_3$）溶于适量水中，加 10 毫升浓硝酸，加水至 100 毫升。

（11）0.5％硫酸铜溶液 0.5 克硫酸铜（CuSO$_4$）溶于 100 毫升水中。

（12）3％四苯硼钠 称取 3 克四苯硼钠溶于 100 毫升水中。

（13）镁试剂 0.1 克镁试剂（对硝苯偶氮-1-萘酚）溶于 100 毫升 50％甲醇溶液中。

2. 主要仪器设备

煤炉或火盆、酒精灯、烧杯、试纸、试管及一般玻璃仪器。

四、肥料定性鉴定的程序

1. 物理性状鉴定

根据各种化肥所特有的物理性状，如颜色、气味、结晶、溶解度、酸碱性等，来区别化肥所属类别。再通过灼烧反应，即将化肥在红热的炭火或铁板上灼烧，视其分解与否、分解快慢、烟气颜色、烟气气味以及一些特有特征，进一步判定肥料种类。若要判定主成分离子，必须借助于化学试剂，以检出 SO$_4^{2-}$、Cl$^-$、NO$_3^-$、CO$_3^{2-}$、Ca^{2+}、K$^+$、NH$_4^+$ 等。

2. 化学鉴定

在初步判断的基础上利用肥料具有的化学性质进一步定性鉴定。

（1）加碱反应 对易溶于水的肥料，可取肥料溶液 2～3 毫升放于试管中，加 0.5～1 克/毫升氢氧化钠（或石灰水）1～2 毫升，加热，有氨臭味逸出，之后用湿润的红色石蕊试纸置于试管口，红色石蕊试纸变蓝色，证明是氮肥。硫酸铵、氯化铵、硝酸铵与碱反应会放出氨，要区别这三种肥料，可再取肥料溶液 1～2 毫升，分别加 0.1 克/毫升硝酸银 4～6 滴，有白色絮状沉淀生成者为氯化铵；再取肥料溶液，分别加入 0.5 克/毫升氯化钡 4～6 滴，有大量白色沉淀生成者为硫酸铵；分别加两种试剂均无沉淀者为硝酸铵。

（2）加酸反应　对于微溶或难溶于水的化肥，可取少量样品，放于比色盘或试管中，加 1 克/毫升盐酸溶液 1～2 毫升，观察有无气泡发生。若发泡并形成黑色泡沫者为石灰氮，有气泡产生为石灰肥料。

（3）肥料样品中离子鉴定　取少量肥料样品溶于适量水中，供鉴定用。

① NH_4^+ 鉴定。取待鉴定的肥料液体约 1 毫升于试管中，加 5 滴 10％氢氧化钠，在酒精灯上加热，有氨味产生，能使湿润的红色石蕊试纸变蓝，表示有 NH_4^+。或取 3～5 滴肥料溶液置于白瓷比色板凹穴中，加奈氏试剂 1 滴，出现橘黄色沉淀证明有 NH_4^+，反应如下：

$$NH_4^+ + OH^- \longrightarrow NH_3 \cdot H_2O \rightarrow NH_3 \uparrow + H_2O$$

$$NH_4^+ + 奈氏试剂 \longrightarrow 橘黄色沉淀 \downarrow$$

② K^+ 鉴定。取待鉴定肥料溶液 1 毫升，加入 10 滴 10％氢氧化钠，于酒精灯上充分加热，以去除可能存在的 NH_4^+，否则 NH_4^+ 也与四苯硼钠作用产生白色沉淀。冷却后，加 2 滴 3％四苯硼钠，如有白色沉淀，表示有钾存在。将试管静置，使沉淀物逐渐积累在试管底部，缓慢将上清液倒掉，加入丙酮后摇动，沉淀物溶解。

$$K^+ + Na[B(C_6H_5)_4] \longrightarrow K[B(C_6H_5)_4] \downarrow （白色） + Na^+$$

③ Ca^{2+} 的鉴定。取待鉴定肥料溶液 1 毫升，加 2 滴 5％草酸溶液，如有白色沉淀产生，表示有 Ca^{2+} 存在。

$$Ca^{2+} + C_2O_4^{2-} \longrightarrow CaC_2O_4 \downarrow （白色）$$

④ Mg^{2+} 的鉴定。取待鉴定肥料溶液 2 滴于白瓷比色板凹穴中，加 10％氢氧化钠 4 滴、镁试剂 2 滴，如有砖红色沉淀产生，表示有 Mg^{2+} 存在。

$$Mg^{2+} + OH^- \longrightarrow Mg(OH)_2 \downarrow （砖红色沉淀）$$

⑤ Cl^- 的鉴定。取待鉴定肥料溶液 1 毫升，加 1％硝酸银试剂 1 滴，如有白色沉淀产生，再加入 5 滴稀硝酸（浓硝酸：水＝1：2），沉淀也不溶解，表示有 Cl^- 存在。

$$Cl^- + Ag^+ \longrightarrow AgCl \downarrow$$

⑥ SO_4^{2-} 的鉴定。取待鉴定肥料溶液 1 毫升，加 1 滴 2.5% 氯化钡溶液，产生白色沉淀，再加 1% 盐酸时，沉淀不再溶解，表示有 SO_4^{2-} 存在。

$$SO_4^{2-} + Ba^{2+} \longrightarrow BaSO_4 \downarrow$$

⑦ PO_4^{3-} 的鉴定。取待鉴定肥料溶液 1 毫升，加入 2～3 滴钼酸铵溶液，摇匀，加入 2 滴氯化亚锡（$SnCl_2$），如有蓝色产生，表示有 PO_4^{3-} 存在。

$$PO_4^{3-} + MoO_4^- + H^+ \longrightarrow [PMo_{12}O_{40}]^{3-}（磷钼杂多酸根）\longrightarrow$$
$$(MoO_2 \cdot 4MoO_3) \cdot H_3PO_4 + SnCl_2 \longrightarrow 磷钼杂多蓝$$

或者取样品 12 克，加 10 毫升水及 10 毫升 6 摩尔/升硝酸，摇动，加热促使溶解，过滤。取部分滤液（约 3 毫升），加钼酸铵溶液 5～6 滴，有黄色沉淀生成时，说明有磷酸根离子存在，是磷肥。

⑧ NO_3^- 的鉴定。取待鉴定肥料溶液 2～3 滴于白瓷比色板凹穴中，加 1% 二苯胺 2 滴，如出现蓝色，表示有 NO_3^- 存在。

$$二苯胺 + NO_3^- \longrightarrow 缩二苯胺氧化物（蓝色）$$

也可用硝酸试粉检查，取待鉴定肥料溶液 2～3 滴于白瓷比色板中，加一小匙硝酸试粉，有粉红颜色表示有 NO_3^- 存在。

⑨ HCO_3^- 鉴定。取待鉴定肥料溶液 2 毫升，加入 10% 盐酸 10 滴，有气泡产生，表示有 HCO_3^- 或 CO_3^{2-} 存在。

$$HCO_3^- + H^+ \longrightarrow H_2CO_3 \longrightarrow CO_2 \uparrow + H_2O$$

⑩ 尿素的鉴定。方法一，取尿素样品 1 克加入试管中，加水约 1 毫升溶解，再加浓硝酸 20 滴，混合均匀后放置冷却 5～10 分钟，若有白色结晶产生就证明存在尿素。

方法二，取尿素样品 1 克放入试管中，在酒精灯上加热熔化，稍冷却，加入蒸馏水 2 毫升及 1 克/毫升氢氧化钠溶液 5 滴，溶解后，再加入 0.05 克/毫升硫酸铜溶液 3 滴，若出现紫色，也证明是尿素。

$$2CO(H_2N)_2（尿素）\longrightarrow NH_2O{=}CNHC{=}ONH_2（缩二脲）+$$
$$NH_3 \uparrow + CuSO_4 + NaOH \longrightarrow 紫色络合物（缩二脲铜络合物）$$

当阳离子被分别鉴别出来以后，就可知道未知肥料的成分和品种。

3. 未知肥料的定性鉴别

有些肥料在外观颜色、结晶形状等方面有很多相似之处，在运输、贮存过程中，因标识磨损而辨认不清或缺乏必要的说明时，无法确定是哪一种肥料。如果盲目施用会给农业生产带来损失，同时也造成肥料资源的浪费。因此，有必要对未知肥料进行定性鉴别。下面介绍一种用检索表的形式判断肥料种类的方法（表2-3）。

表2-3　未知肥料的定性鉴别检索表

鉴别顺序			鉴别内容
1			肥料在水中完全溶解或几乎完全溶解
	2.1		肥料溶液与氢氧化钠溶液混合产生氨气
		3.1	肥料溶液与硝酸银溶液起作用生成沉淀，生成的沉淀不溶于硝酸
		4.1	沉淀颜色为黄色——磷酸一铵或磷酸二铵
		4.2	沉淀颜色为白色。干燥的肥料放在烧红的木炭上不产生爆裂声，但发出白烟且有氨味和盐酸味——氯化铵
		3.2	肥料溶液与硝酸银溶液起作用不生成沉淀，可能有浑浊现象
		4.1	肥料溶液与氯化钡溶液作用生成白色沉淀，沉淀不溶于稀盐酸和乙酸
		5.1	干燥肥料在铁片上加热不被熔化，将其投入烧红的木炭上不燃烧，但发出氨味——硫酸铵
		5.2	干燥肥料在烧红木炭上不燃烧，但发出爆裂声——硫酸钾
		4.2	肥料溶液与氯化钡溶液作用不产生白色沉淀，但可能发生浑浊
		5.1	干燥肥料在烧红的木炭上迅速熔化、沸腾，发出带有氨味的白烟——硝酸铵
		5.2	干燥肥料在烧红的木炭上发出噼啪声而燃烧，火焰为紫色——硝酸钾

鉴别顺序			鉴别内容
1	2.2		肥料溶液与氢氧化钠溶液混合不产生氨气
		3.1	肥料溶液与硝酸银溶液起作用生成白色乳状沉淀，这种沉淀不溶于稀硝酸
			4.1 细小白色或暗红色结晶，干燥，不吸湿——氯化钾
			4.2 白色细结晶或污白色晶块，具吸湿性——食盐
		3.2	肥料溶液与磷酸银溶液作用不生成沉淀，但产生浑浊现象
			4.1 肥料溶液与草酸铵作用生成白色沉淀，干燥肥料在烧红的木炭上熔化并且燃烧发亮，最后留下白色的石灰——硝酸钙
			4.2 肥料溶液与草酸铵作用不生成白色沉淀，但可能出现浑浊现象。干燥肥料在铁片上的灼烧或在烧红的木炭上燃烧时，产生一种很易辨别的氨味——尿素
			肥料在水中几乎不溶解或溶解不显著
	2.1		干燥肥料为白色
		3.1	将肥料放入试管中，加水10～15毫升，用玻璃棒搅动5分钟后静置，加入硝酸银溶液，上层产生黄色沉淀——磷酸氢钙
		3.2	将肥料放入试管中，加水10～15毫升，用玻璃棒搅动5分钟后静置，加入硝酸银溶液，上层沉淀不是黄色——硫酸钙
			干燥肥料不是白色
	2.2	3.1	肥料颜色为浅灰色或灰色，有酸味，浸出液呈酸性反应——过磷酸钙
		3.2	肥料深灰色，其浸出液与氯化钡溶液产生明显沉淀；在水溶液中加入硝酸银溶液也浑浊——硫酸钾镁肥

第三节　常用肥料的鉴别

为了方便农民对准备购买或已经购买的肥料，能够快速准确地进行鉴别，笔者将生产中常用的肥料鉴别进行汇总。

一、氮素肥料的鉴别

1. 尿素

（1）农化性质　尿素是一种高浓度氮肥，含氮（N）46%，属中性速效肥料，也多用于生产复合肥料的基础肥料。在土壤中不残留任何有害物质，长期施用没有不良影响。尿素是有机态氮肥，经过土壤中的脲酶作用，水解成碳酸铵或碳酸氢铵后，才能被作物吸收利用。因此，尿素要在作物的需肥期前4～8天施用。尿素可作基肥、追肥，适用于各种作物。

（2）简易识别

① 颜色和形态。肥料级尿素一般为半透明白色、乳白色或淡黄色颗粒。

② 气味。无特殊气味。取少许样品放入石灰水中，闻不到氨味的为真尿素。如果能闻到氨味的为其他化肥或掺入了其他物质的氮素肥料。

③ 溶解性。尿素完全溶于水。

④ 灼烧性。点燃几块木炭，或将铁片或瓦片用火烧红，将少许尿素样品放在其上灼烧，冒出白烟，有刺鼻氨味，同时很快熔化的为真尿素；若灼烧时看到轻微沸腾状，且发生"吱吱"响声，则表明掺有硫酸铵，为劣品；若散发出盐酸味，则表明其中掺有氯化铵；若灼烧时出现轻微火焰，则其中掺混了硝酸铵；如样本在灼烧前就有较强的氨臭味，说明尿素中掺有碳酸氢铵；若灼烧时发出噼

噼啪啪的爆炸声，又有轻微的氨味，说明掺有食盐。

（3）定性鉴定　称取 0.5～1 克肥料样品，放在干燥的坩埚内，加热熔化成液体，液体透明，有氨味放出。用湿润的酸碱试纸放在坩埚上方，试纸变为蓝色，呈碱性反应。将熔化物继续加热，液体逐渐由透明变得浑浊，尿素变成缩二脲。待坩埚冷却后，加入 10 毫升水和 0.5 毫升 20% 氢氧化钠溶液，熔融物溶解后，加 1 滴硫酸铜溶液，即呈现紫红色。

2. 硫酸铵

（1）农化性质　硫酸铵施于土壤中，会使土壤溶液变酸，属化学酸性、生理酸性肥料。硫酸铵是一种速效氮肥，含氮（N）约为 21%，含硫（S）25%，也是一种重要的硫肥。硫酸铵可作基肥、追肥和种肥，适用于各种作物。因其物理性状好，特别适于作种肥，但用量不宜过大。

（2）简易识别

① 颜色和形态。白色或浅灰色结晶体。

② 气味。无特殊气味。与纯碱相混发出氨臭味。

③ 溶解性。易溶于水。

④ 灼烧性。在烧红木炭上缓慢地熔化，不燃烧，冒白烟，有氨臭味。肥料溶液浸纸条晾干后，不易燃烧，只发生白烟。取少许样品放在烧烫的铁片或瓦块上，既不熔化也不燃烧，能闻到氨味。铁片上有黑色痕迹，即证明为硫酸铵，否则为伪劣产品。

（3）定性鉴定

① 铵离子的检验。用试管 1 支加入 10 毫升水，取肥料样品 0.5～1 克放入水中，加入 1～2 勺氢氧化钠溶解、摇匀，在酒精灯上加热即会产生氨气。用湿的 pH 试纸放在试管口上，试纸显蓝色（碱性）。

② 硫酸根的检验。用试管 1 支加入 10 毫升水，取肥料样品 0.5～1 克放入水中溶解后，加几滴稀盐酸摇匀，再加入几滴氯化钡溶液，稍摇动，即产生白色的硫酸钡沉淀。与奈氏试剂相遇产生

黄色沉淀。

3. 硝酸铵

（1）农化性质　含氮（N）35％（其中铵态氮、硝态氮各占一半），是一种速效性氮肥。硝酸铵极易潮解，贮运时应注意防潮，一般应尽量在雨季前用完。具有助燃性和爆炸性，不能与易燃物存放在一起。硝酸铵宜作追肥，一般不作基肥，也不能作种肥。

（2）简易识别

① 颜色和形态。白色、黄色或黄白色结晶（粒状）。

② 气味。无味。与纯碱相混发出氨臭味，水溶液加碱时也会发出氨臭味。

③ 溶解性。能完全溶于水。

④ 灼烧性。取少许样品放在烧红的铁板上，立即熔化并出现沸腾状，熔化快结束时可见火光，冒大量白烟，有氨味、鞭炮味，是硝酸铵。晶粒在烧红木炭上迅速熔化，沸腾，并发生白烟，有氨臭味。肥料溶液浸透纸条晾干后易燃，冒白烟并发亮。

（3）定性鉴定

① 铵离子的检验。用试管 1 支加入 10 毫升水，取肥料样品 0.5～1 克放入水中，加入 1～2 勺氢氧化钠溶解、摇匀，在酒精灯上加热即会产生氨气。用湿的 pH 试纸放在试管口上，试纸显蓝色（碱性）。

② 硝酸根的检验。取试管 1 支加入 10 毫升水，取肥料样品 0.5 克放入水中，溶解、摇匀、过滤。取滤液 4 毫升放入另一试管中，加 1 毫升乙酸-铜离子混合试剂，摇匀，加一小勺硝酸试粉（0.1～0.2 克），摇动后溶液立即呈现紫红色。

③ 其他特征。与奈氏试剂相遇产生黄色沉淀。取少许产品溶于水，再将此溶液倒入白色瓷皿或白底碗中，加入 4 滴二苯胺溶液，变成蓝色的为真品。反之，则为伪劣产品。

4. 氯化铵

（1）农化性质　含氮（N）24％～25％，是一种速效氮肥。易溶于水，水溶液呈弱酸性，在土壤中铵被作物吸收后，残留下的氯离子，能使土壤溶液变酸，属化学酸性、生理酸性肥料。某些"忌氯作物"，如甘薯、马铃薯、甜菜、甘蔗、亚麻、烟草、葡萄、柑橘、茶树等不宜施用氯化铵，否则对其品质有不良影响。氯化铵可作基肥和追肥，但不能作种肥，以免影响种子发芽及幼苗生长。

（2）简易识别

① 颜色和形态。氯化铵的外观同食盐差不多，为白色或略带黄色的结晶，有咸味。

② 气味。无味。与纯碱相混发出氨臭味，水溶液加碱时也会发出氨臭味。

③ 溶解性。能完全溶于水。

④ 灼烧性。将少量氯化铵放在火上加热，可闻到强烈的刺激性气味，并伴有白色烟雾，氯化铵会迅速熔化并全部消失，在熔化过程中可见到未熔部分呈黄色。

（3）定性鉴定

① 铵离子的检验。用试管 1 支加入 10 毫升水，取肥料样品 0.5～1 克放入水中，加入 1～2 勺氢氧化钠溶解、摇匀，在酒精灯上加热即会产生氨气。用湿的 pH 试纸放在试管口上，试纸显蓝色（碱性）。

② 氯离子的检验。用试管 1 支加水 10 毫升，取肥料样品 0.5～1 克，放入水中溶解，加入几滴稀硝酸摇匀，再加入几滴硝酸银溶液，摇动，即产生白色氯化银沉淀。

5. 碳酸氢铵

（1）农化性质　含氮（N）16.5%～17.5%，是速效性氮肥。其为化学碱性、生理中性肥料。在不同类型土壤上（潮土、红壤和水稻土）与其他氮肥品种比较，土壤对碳酸氢铵中铵的吸附量最大。在土壤溶液中碳酸氢铵解离，生成 HCO_3^-，还能以 CO_2 的形式为作物提供碳源，碳酸氢铵由于不残留酸根，长期施用对土壤性质无不良影响。碳酸氢铵可作基肥和追肥，但不能作种肥。

（2）简易识别

① 颜色和形态。为白色松散结晶，由于其水分含量高，外观上显出潮湿感，当水分超过5％以上时，碳酸氢铵有结块现象，故盛碳酸氢铵的容器壁上易附着产品，并有细水珠存在。

② 气味。有特殊的氨臭味，易挥发，刺鼻、熏眼。强烈的氨臭味是区别于其他固体无机氮肥的主要标志。简易鉴别碳酸氢铵时，用手指拿少量样品进行摩擦，即可闻到较强的氨臭味。

③ 溶解性。吸湿性强，易溶于水，水溶液呈弱酸性。水溶性试验：将肥料溶于水，如果手摸有滑腻感，即为碳酸氢铵；没有滑腻感，则为其他肥料。

④ 灼烧性。将肥料放在烧红的木炭上，如果立即分解，并放出氨臭味，则为碳酸氢铵。

（3）定性鉴定

① 铵离子的检验。用试管1支加入10毫升水，取肥料样品0.5～1克放入水中，加入1～2勺氢氧化钠溶解、摇匀，在酒精灯上加热即会产生氨气。用湿的pH试纸放在试管口上，试纸显蓝色（碱性）。

② 碳酸氢根的检验。用试管1支加入10毫升水，取肥料样品0.5～1克放入水中，溶解后再加硫酸镁溶液5毫升。在常温下不产生沉淀，但在酒精灯上加热后，会出现白色的碳酸镁沉淀。

③ 与酸反应试验。将肥料溶于水，将食用醋酸倒入上述水溶液中，若有气泡产生，即为碳酸氢铵。

二、磷素肥料的鉴别

磷肥与氮肥不同，氮肥都是水溶性的，而磷肥分为水溶性磷和枸溶性磷，二者对植物生长均是有效的。所以，在磷肥的检验中既要检验水溶性磷，也要检验枸溶性磷。具体的检验方法是：取肥料样品0.5～1克放入试管或烧杯内，加水15～20毫升，用玻璃棒搅动数分钟后过滤。取5毫升滤液放入试管中，加入钼酸铵硝酸溶液2～3毫升，观察有无黄色沉淀析出。如果有黄色沉淀，表明肥料中含有水溶性磷；如果没有黄色沉淀，表明没有水溶性磷，但不能证明没有枸溶性磷。因此，需要再进行枸溶性磷检验。取肥料样品0.5～1克放入试管或烧杯内，加2％柠檬酸溶液15～20毫升，用玻璃棒搅动数分钟后过滤，取5毫升滤液放入试管中，加入钼酸铵硝酸溶液2～3毫升，搅动，再观察有无黄色沉淀产生。如有黄色沉淀，表明肥料中含有枸溶性磷。如果2次试验均无黄色沉淀产生，表明这个肥料中没有有效磷。

1. 过磷酸钙

（1）农化性质　过磷酸钙含有效磷（P_2O_5）12％～20％（其中80％～95％溶于水），属于水溶性速效磷肥，也可作复合肥料的配料。过磷酸钙供给植物磷、钙、硫等元素，具有改良碱性土壤的作用。可用作基肥、根外追肥、叶面喷洒。与氮肥混合使用，有固氮作用，可减少氮的损失。

（2）简易识别

① 颜色和形态。外观为深灰色、灰白色、浅黄色等疏松粉状物，块状物中有许多细小的气孔，俗称"蜂窝眼"。

② 气味。稍带酸味。

③ 溶解性。一部分能溶于水，水溶液呈酸性。

④ 灼烧性。在火上加热时，可见其微冒烟，并有酸味。

（3）定性鉴定

① 磷的检验。过磷酸钙是水溶性磷肥，磷的检验按水溶性磷的方法进行检验，对产生的黄色沉淀可加入氢氧化钠溶液或氨水搅动，黄色沉淀溶解。

② 硫酸根的检验。取肥料样品0.5～1克放入烧杯中，加入约15毫升稀盐酸，加热，过滤。取滤液5毫升放入试管中，加入4～5滴氯化钡溶液，即有大量白色沉淀析出。

③ 钙离子的检验。在试管中加入10毫升水，取肥料样品0.5～1克，在水中溶解后，加入0.2克固体草酸铵和4～5滴氨水，摇动，产生白色草酸钙沉淀。加乙酸5滴，白色沉淀不溶解。

2. 重过磷酸钙

（1）农化性质　重过磷酸钙的有效施用方法与普通过磷酸钙相同，可作基肥或追肥。因其有效磷含量比普通过磷酸钙高，其施用量根据需要可以按照五氧化二磷含量，参照普通过磷酸钙适量减少。重过磷酸钙属微酸性速效磷肥，肥效高，适应性强，具有改良碱性土壤的作用。主要供给植物磷元素和钙元素等，促进植物发芽、根系生长、植株发育、分枝、结实及成熟。可用作基肥、种肥、根外追肥、叶面喷洒及生产复混肥料的原料，既可以单独施用，也可与其他养分混合使用，若与氮肥混合使用，具有一定的固氮作用。

（2）简易识别

① 颜色和形态。外观呈深灰色或灰白色的颗粒或粉末。

② 气味。微酸。

③ 溶解性。微溶于冷水。

④ 灼烧性。在火上加热时，可见其微冒烟，并有酸味。

（3）定性鉴定

① 磷的检验。与过磷酸钙中的磷的检验方法相同。

② 硫酸根的检验。按过磷酸钙中硫酸根检验的方法，也应生成白色沉淀，但是，一般商品重过磷酸钙均只产生少量或微量白色结晶。因此，可以用产生白色沉淀的多少来区别过磷酸钙与重过磷酸钙。

3. 钙镁磷肥

（1）农化性质　钙镁磷肥含磷（P_2O_5）8％～14％，还含有镁和少量硅等元素。镁对形成叶绿素有利，硅能促进作物纤维组织的生长，使植物有较强的防止倒伏和抗病虫害的能力。钙镁磷肥不溶于水，无毒，无腐蚀性，不吸湿，不结块，为化学碱性肥料。它广泛地适用于各种作物和缺磷的酸性土壤，特别适用于南方钙镁淋溶较严重的酸性红壤土。最适合于作基肥深施。钙镁磷肥施入土壤后，其中磷只能被弱酸溶解，要经过一定的转化过程，才能被作物利用，所以肥效较慢，属缓效肥料。一般要结合深耕，将肥料均匀施入土壤，使它与土层混合，以利于土壤酸对它的溶解，并利于作物对它的吸收。

（2）简易识别

① 颜色和形态。钙镁磷肥多呈灰白色、浅绿色、墨绿色、黑褐色等几种不同颜色，为粉末状。粉末看起来极细，在阳光的照射下，一般可见到粉碎的、类似玻璃体的物体存在，闪闪发光。钙镁磷肥属于枸溶性磷肥，溶于弱酸，呈碱性，用手触摸无腐蚀性，不吸潮，不结块。

② 气味。钙镁磷肥没有任何气味。

③ 溶解性。不溶于水。

④ 灼烧性。在火上加热时，看不出变化。

（3）定性鉴定　钙镁磷肥是枸溶性磷肥。磷的检验同枸溶性磷的检验方法。由于钙镁磷肥的成分比较复杂，对其他成分可不进行检验。

三、钾素肥料的鉴别

常见的单质钾肥有氯化钾、硫酸钾等。钾肥的真假辨别是很复杂的，最终要靠化验。因此，要到正规的销售网点选购化肥，以免上当受骗。这里所介绍的钾肥简易鉴别方法只是一种定性的鉴别方法，不能鉴定钾含量的高低。

1. 氯化钾

（1）农化性质　氯化钾含 K_2O 60%。其肥效快，直接施用于农田，能使土壤下层水分上升，有抗旱的作用。但盐碱地烟草、甘薯、甜菜等地不宜施用。适宜作基肥或早期追肥，但一般不宜作种肥。

（2）简易识别

① 颜色和形态。白色结晶小颗粒粉末，外观如同食盐。

② 气和味。无臭，味咸。

③ 溶解性。溶于水。

④ 灼烧性。没有变化，但有爆裂声，没有氨味。焰色反应：紫色（透过蓝色钴玻璃）。

（3）定性鉴定

① 钾离子的检验。取肥料样品 1 克放入试管中，加 10 毫升水溶解，然后滴加四苯硼钠溶液 5～10 滴，即有白色沉淀产生。将试管静置，使沉淀逐渐积累在试管底部，缓慢将上清液倒掉，加入丙酮后摇动，沉淀物溶解。焰色反应：紫色（透过蓝色钴玻璃）。

② 氯离子的检验。检验方法与氯化铵相同。

2. 硫酸钾

（1）农化性质　硫酸钾是无色结晶体，吸湿性小，不易结块，物理性状良好，施用方便，是很好的水溶性钾肥。硫酸钾也是化学中性、生理酸性肥料。广泛地适用于各类土壤和各种作物，特别适宜在烟草、葡萄、甜菜、茶树、马铃薯、亚麻及各种果树等忌氯作物田施用；也是优质氮磷钾三元复合肥的主要原料。

（2）简易识别

① 颜色和形态。无色或白色结晶、颗粒或粉末。质硬。

② 气和味。无气味，味苦。

③ 溶解性。1 克溶于 8.3 毫升水、4 毫升沸水、75 毫升甘油，不溶于乙醇。氯化钾、硫酸铵可以增加其水中的溶解度，但几乎不溶于硫酸铵的饱和溶液。水溶液呈中性，pH 值约为 7。

④ 灼烧性。没有变化，但有爆裂声，没有氨味。焰色反应；紫色（透过蓝色钴玻璃）。

（3）定性鉴定

① 钾离子的检验。检验方法与氯化钾相同。

② 硫酸根的检验。检验方法与硫酸铵相同。

四、复混（合）肥料的鉴别

1. 硝酸磷肥

（1）农化性质　适用于酸性土壤和中性土壤，对多种作物都有较好的效果。可作基肥，也可作种肥，集中施用效果更好。易随水流失，应优先用于旱地和喜硝作物上，在水田中施用要注意氮素流失。

（2）简易识别

① 颜色和形态。灰白色颗粒，光滑明亮。硝酸磷肥硬度较大，一般不能用手捏碎。

② 气和味。无特殊气味。

③ 溶解性。易溶于水，在水中搅拌片刻，很快溶解。

④ 灼烧性。取几粒硝酸磷肥放在红热的烟头上，马上会有刺激性气体产生，并可观察到气泡。硝酸磷肥在烧红的木炭上灼烧能很快熔化并放出氨气。

（3）定性鉴定

① 铵离子的检验。用试管 1 支加入 10 毫升水，取肥料样品 0.5～1 克放入水中，加入 1～2 勺氢氧化钠溶解、摇匀，在酒精灯上加热即会产生氨气。用湿的 pH 试纸放在试管口上，试纸显蓝色（碱性）。

② 磷酸根的检验。硝酸磷肥成分复杂，它既含有水溶性磷，也含有枸溶性磷。所以，对硝酸磷肥中磷的检验，既要检验水溶性磷，也要检验枸溶性磷。具体方法与磷肥中磷的检验方法相同。

③ 硝酸根的检验。取试管 1 支加入 10 毫升水，取肥料样品 0.5 克放入水中，溶解、摇匀、过滤。取滤液 4 毫升放入另一试管中，加 1 毫升乙酸-铜离子混合试剂，摇匀，加一小勺硝酸试粉（0.1～0.2 克），摇动后溶液立即呈现紫红色。

④ 钙离子的检验。在试管中加入 10 毫升水，取肥料样品 0.5～1 克，在水中溶解后，加入 0.2 克固体草酸铵和 4～5 滴氨水，摇动，产生白色草酸钙沉淀。加乙酸 5 滴，白色沉淀不溶解。

2. 磷酸二铵

（1）农化性质　磷酸二铵是一种高浓度的速效肥料，适用于各种作物和土壤，特别适用于喜铵需磷的作物，作基肥或追肥均可，宜深施。

（2）简易识别

① 颜色和形态。磷酸二铵在不受潮情况下，中间为黑褐色，边缘微黄，颗粒外观稍有半透明感，表面略光滑，是不规则颗粒；受潮后颗粒颜色加深，无黄色和边缘透明感；湿过水后颗粒同受潮颗粒表现一样，并在表面泛起极少量的粉白色。真的磷酸二铵油亮而不渍手，很硬，不易被碾碎。

② 气味。无特殊气味。

③ 溶解性。溶于水。磷酸二铵溶解摇匀后，静置状态下可长时间保持悬浊液状态。合格磷酸二铵的水溶性磷达 90% 以上，溶解度高，只有少许沉淀。

④ 灼烧性。磷酸二铵在烧红的木炭上灼烧能很快熔化并放出氨气。真的磷酸二铵因含氮（氨）加热后冒泡，并有氨味溢出，灼烧后只留下痕迹较少的渣滓。真磷酸二铵因含磷量高而易被"点燃"，假的磷酸二铵不易被"点燃"。

（3）定性鉴定　磷酸二铵，含有水溶性磷和枸溶性磷。所以，磷酸二铵中磷的检验，既要检验水溶性磷，也要检验枸溶性磷。

① 磷素的检验方法与磷肥相同。

② 铵离子的检验方法与碳酸氢铵相同。

3. 硝酸钾

（1）农化性质　硝酸钾是无氯钾氮复合肥料，钾、氮的总含量可达 60% 左右。主要用于复合肥料及花卉、蔬菜、果树等经济作物的叶面喷施肥料等。

（2）简易识别

① 颜色和形态。无色透明斜方晶系结晶或白色粉末。

② 味。味辛辣而咸，有凉感。

③ 溶解性。易溶于水。

④ 灼烧性。将一定量的木炭和硝酸钾固体混合加热，现象为：硝酸钾固体熔解，木炭剧烈燃烧，同时放出大量的白烟。硝酸钾放

在灼红的木炭上会爆出火花。将少量硝酸钾放在铁片上加热时，会释放出氧气，这时如果用一根擦燃后熄灭但还带有红火的火柴放在上方，熄灭的火柴会重新燃烧。

（3）定性鉴定

① 钾离子的检验。方法与氯化钾相同。

② 硝酸根的检验。方法与硝酸铵相同。

③ 其他特征。如将硝酸钾放在酒精灯上，可发出紫色火焰。与亚硝酸钴钠溶液作用，生成黄色沉淀物。

4. 磷酸二氢钾

（1）农化性质　属新型高浓度磷钾二元复合肥料，其中含五氧化二磷 52% 左右，含氧化钾 34% 左右。磷酸二氢钾产品广泛适用于粮食、瓜果、蔬菜等几乎全部类型的作物，具有显著的增产增收、改良优化品质、抗倒伏、抗病虫害、防治早衰等许多优良作用，并且具有克服作物生长后期因根系老化吸收能力下降而导致的营养不足的作用。

（2）简易识别

① 颜色和形态。一般为白色、浅黄色或灰白色的结晶体或粉末。

② 气味。没有特殊气味。

③ 溶解性。完全溶解于水，没有沉淀，并且溶解的速度很快。检查溶液的酸碱性，能够发现 pH 试纸变红，说明溶液呈酸性。

④ 灼烧性。观察磷酸二氢钾灼烧时的火焰，能够发现钾离子特有的紫色火焰。在铁片上燃烧没有反应。将磷酸二氢钾放在铁片上加热，肥料会熔解为透明的液体，冷却后凝固为半透明的玻璃状物质——偏磷酸钾。

（3）定性鉴定

① 磷的检验。磷酸二氢钾中的磷全部是水溶性磷，磷的检验方法与过磷酸钙相同。由于磷酸二氢钾能完全溶于水，没有不溶物，所以可以省去过滤的步骤，即用磷酸二氢钾溶液直接进行磷的

检验。取 3～5 克样品放入试管中，加入 20 毫升蒸馏水，再加入 5％酒石酸 15 毫升，充分搅拌，再加入 10％钼酸铵溶液 10 毫升。如果出现黄色沉淀，那么样品里边一定含有磷酸根；如果没有出现黄色沉淀，那就是假的磷酸二氢钾。

② 钾离子的检验。方法与氯化钾相同。钾的特点：钾离子在中性或醋酸（HAC）性溶液中与亚硝酸钴钠 $[Na_2Co(NO_2)_6]$ 反应生成黄色结晶形沉淀，为了排除干扰，要事先灼烧样品到不冒白烟，再溶解后取上清液，加入亚硝酸钴钠，若有黄色结晶形沉淀产物，则样品中一定含钾，否则就是假的。

③ 其他特征。磷酸二氢钾肥料溶液中加氯化钡后生成白色沉淀为磷酸钡，易溶于盐酸。肥料溶液中加硝酸银后生成黄色磷酸银沉淀，但易溶于硝酸。肥料水溶液中加硫酸钼酸铵和氯化亚锡溶液后，显蓝色。其他和硫酸钾、氯化钾相同。

目前，磷酸二氢钾的包装标志很乱，一些厂家采用欺骗手法，以磷酸二氢钾铵或混合肥料冒充磷酸二氢钾，其手法如下：其一，把"磷酸二氢钾"几个字写得很大，"铵"字写得很小；其二，在包装袋右上方标上小字"高效复合肥Ⅰ（Ⅱ）型"，中间则用大字标上磷酸二氢钾；其三，磷酸二氢钾Ⅱ型。这 3 种情况，在说明中均标明了该肥料由氮、磷、钾组成。众所周知，磷酸二氢钾只含磷、钾，并不含氮，国家标准中磷酸二氢钾没有Ⅰ型、Ⅱ型之分。

5. 复混肥料

（1）农化性质　外观应是灰褐色或灰白色颗粒状产品，无可见机械杂质存在。有的复混肥料中伴有粉碎不完全的尿素的白色颗粒结晶，或在复混肥料中尿素以整粒的结晶单独存在。复混肥稍有吸湿性，吸潮后复混肥颗粒易粉碎，无毒、无味、无腐蚀性，仅能部分溶于水。复混肥料在火焰上加热时，可见到白烟产生，并可闻到氨的气味，不能全部熔化。

（2）简易识别

① 颜色与形态。复混肥多为白色颗粒状，也有的由于采用红

色的氯化钾作为原料，呈红色颗粒状，1～4毫米颗粒占90％以上。假冒复混肥颗粒性差，多为粉末状，颜色为灰色或黑色。国家标准规定三元低浓度复混肥料的水分含量应小于或等于5％，如果超过这个指标，抓在手中会感觉黏手，并可以捏成饼状。优质复混肥颗粒一致，无大硬块，粉末较少，可见红色细小钾肥颗粒或白色尿素颗粒。含氮量较高的复混肥，存放一段时间肥粒表面可见许多附着的白色微细晶体。劣质复混肥没有这些现象。

②气味。复混肥料一般来说无异味（有机-无机复混肥除外），如果有异味，则是由于基础原料氮肥农用碳酸氢铵，或是基础原料磷肥中含有毒物质三氯乙醛（酸）。三氯乙醛（酸）进入农田后轻则引起烧苗，重则使农作物绝收，而且毒性残留期长，影响下季作物生长。因此，农民朋友最好不要买有异味的复混肥。

③溶解性。复混肥溶解性能良好。将几粒复混肥放入容器中，加少量水后迅速搅动，颗粒会迅速消失，消失越快，复混肥的质量越好。溶解后即使有少量沉淀物，也较细小。假冒的复混肥溶解性差，放入水中搅动后不溶解或溶解少许，留下大量不溶的残渣，残渣粗糙而坚硬。

④灼烧性。将复混肥放在烧红的木炭上或燃烧的香烟头上，化肥会马上熔化并呈泡沫沸腾状，同时有氨气放出；假的复混肥不会熔化或熔化极少的一部分。取少量复混肥置于铁皮上，放在明火中灼烧，有氨臭味说明含有氮，出现黄色火焰说明含有钾。氨味浓、紫色火焰长的是优质复混肥；反之，为劣质品。

（3）定性鉴定　由于复混肥料是多种单质肥料的物理混合，而且在生产过程中加入填充物、黏结剂、防结块剂等多种成分，一般不能完全溶于水，在成分检验时必须过滤。另外，有些复混肥料溶散性差，颗粒放入水中不能自行溶散，需要研磨成粉后才能进行检验。

①氮素鉴定。取肥料样品3～5克，放在研钵中碾成粉状，将粉碎后的肥料样品放在烧杯中，加水50毫升，用玻璃棒搅动5～10分钟，过滤到另一个玻璃烧杯中备用。然后，取10毫升滤液，

按碳酸氢铵中铵的检验方法，检验铵态氮的存在。或取 4～5 毫升滤液，按硝酸铵中硝酸根的检验方法，检验硝态氮的存在。

② 磷素鉴定。取 4～5 毫升滤液，按过磷酸钙中水溶性磷的检验方法，检验水溶性磷的存在。检验枸溶性磷的存在应另做提取液，即取肥料样品 1 克，在研钵内碾成粉状，放入烧杯中加 2％柠檬酸溶液 10 毫升，用玻璃棒搅动 5～10 分钟后过滤。取滤液 5～6 毫升放入试管中，用钙镁磷肥中磷的检验方法，检验枸溶性磷的存在。

③ 钾素鉴定。取 10 毫升滤液，按氯化钾中钾离子的检验方法，检验钾的存在。由于混合肥料中含有的铵态氮、钙离子、镁离子会干扰钾的检验，所以在加四苯硼钠之前应加几滴甲醛以消除铵离子的干扰，加几滴 EDTA 溶液以消除钙、镁离子的干扰，然后再加四苯硼酸钠。

五、微量元素肥料的鉴别

1. 农业用硫酸锌

（1）农化性质　锌与植物生长素、氮代谢、有机酸代谢及酶反应均有密切关系，在植物生命活动中的生理作用是极大的。锌肥具有促进作物早发与早熟、增强作物抗逆性、增加粒重等作用。在农业生产中，施用锌肥能获得大幅度的增产效果。

（2）简易识别

① 颜色与形态。七水硫酸锌为无色斜方晶体，农用硫酸锌因含微量的铁而显淡黄色。七水硫酸锌在空气中部分失水而成为一水硫酸锌。一水硫酸锌为白色粉状。两种硫酸锌均不易吸收水分，外存不结块。

② 气和味。无臭，味涩。

③ 溶解性。在水中极易溶解，在甘油中易溶，在乙醇中不溶。水溶液无色、无味，水溶液显酸性。

（3）定性鉴定　将样品用蒸馏水溶解，分成 2 份试样。一份加入经硝酸酸化处理的硝酸钡溶液，以检验硫酸根离子。另一份加入氢氧化钠溶液，会生成沉淀而后逐渐溶解（氢氧化锌有两性），但也有可能是硫酸铝，需要再加入氢硫酸（硫化氢水溶液），生成硫化锌，烘干，置于空气中会生成硫酸锌，质量会增加，所以可以用称质量的方法加以判别。

目前，硫酸锌的质量问题很多，农民在购买时一定要慎重。目前市场上大量销售的"镁锌肥""铁锌肥"，含锌量只有真正锌肥的20％左右，是一种质量差、价格高、肥效低的锌肥，请大家购买时一定要认清商品名称。

2. 农用硫酸铜

（1）农化性质　农用硫酸铜在农业上作为杀菌剂，也作为微量元素肥料使用。铜在植物体内的功能是多方面的，它是多种酶的组成成分，铜与植物的碳素同化、氮素代谢、吸收作用以及氧化还原过程均有密切联系。铜有利于作物生长发育，影响光合作用，能提高作物的抗寒、抗旱能力，增强植株抗病能力。

（2）简易识别

① 颜色和形态。硫酸铜为三斜晶体，若含钠、镁等杂质，其晶块的颜色随杂质含量的增加而逐渐变淡。如果含铁，其结晶颜色常为蓝绿色、黄绿色或者淡绿色，色泽不等，观察时可用质量较好的硫酸铜作参照。

② 气味。无臭。

③ 溶解性。溶于水，水溶液具有弱酸性。

④ 灼烧性。加热至110℃时，失去4个结晶水变为蓝绿色，高于150℃形成白色易吸水的无水硫酸铜。加热至650℃高温，可分解为黑色氧化铜并有刺鼻气味放出。

（3）定性鉴定

① 方法一。第一步，将少量样品放入瓷碗中，加20倍左右样品体积的水进行溶解，溶解后观察颜色是天蓝色还是蓝绿相间，后者含铁杂质。第二步，如果溶液是天蓝色，将一根普通铁丝放入其

中，静置一天后取出铁丝冲洗后观察，如铁丝表面有一层颜色均匀、手感平滑的黄红色金属，即证明了该物品为真的硫酸铜。

② 方法二。第一步，取预先研细的待测样品和纯品硫酸铜各 1 克左右（花生米大小），分别放入 2 只水杯中，加洁净水 100 毫升，摇动几分钟，使晶块完全溶解为止。第二步，量取上述浑浊液各 5 毫升左右，分别置于 2 只玻璃杯中，均加入碳酸氢铵约 0.5 克，摇动 1～2 分钟，使其充分反应，显色，放置 10 分钟后，进行观察比较。若两种溶液的颜色相同，不产生沉淀或沉淀物很少，则证明样品质量合格；若待测样品溶液的蓝色比纯品显淡时，说明其有效成分含量较低，可能含有部分钠、镁、钾等杂质；若样品中出现大量沉淀，则表明样品中含有较多的铁、铝、锌或钙等杂质，沉淀越多，其有效成分含量越低。

3. 硫酸亚铁

（1）农化性质　铁在植物体内是一些酶的组成成分，它居于一些重要氧化酶和还原酶的活性部位，起着电子传递的作用。具体说有以下几点作用：有利于叶绿素的形成；促进氮素代谢正常进行；增强植株抗病性。

（2）简易识别

① 颜色和形态。硫酸亚铁为绿中带蓝色的单斜晶体，在空气中渐渐风化和氧化而呈黄褐色，此时的铁已变成三价，大部分植物不能直接吸收三价铁。

② 气和味。无臭，味咸、涩；具有刺激性。

③ 溶解性。溶于水，水溶液为浅绿色，水溶液呈酸性。

④ 灼烧性。将硫酸亚铁放在坩埚内，置于电炉上加热，真品硫酸亚铁首先失去结晶水，变成灰色粉末，继续加热，则硫酸亚铁被氧化成硫酸铁粉末变成土黄色，高热时放出刺鼻气味。如无上述现象，则样品为假冒硫酸亚铁。

（3）定性鉴定

① 亚铁离子检验。将样品溶于水中，取少许溶液置于试管中，

加 1 滴冰醋酸，再加 10％铁氰化钾溶液 1 滴，若出现蓝色沉淀，则表明溶液含有亚铁离子。

② 硫酸根离子检验。检验方法与硫酸铵相同。

4. 硼砂

（1）农化性质　硼是农作物生长发育不可缺少的微量元素之一。硼对作物生理过程有三大作用。一是促进作用，硼能促进碳水化合物（糖类）的运转，植物体内含硼量适宜，能改善作物各器官的有机物供应，使作物生长正常，提高结实率和坐果率。二是特殊作用，硼对受精过程有特殊作用。它在花粉中的量，以柱头和子房含量最多，能刺激花粉的萌发和花粉管的伸长，使授粉能顺利进行。三是调节作用，硼在植物体内能调节有机酸的形成和运转。此外，硼还能增强作物的抗旱、抗病能力和促进作物早熟。

（2）简易识别

① 颜色和形态。真品硼砂为白色细小晶体，看起来与绵白糖极像；而假冒品为白色柱状结晶颗粒，晶粒大小类似白砂糖，甚至比白砂糖粒还大，有的略带微黄色，挤压其假冒品包装会发出沙沙声。

② 味。味甜略带咸。

③ 溶解性。可溶于水，易溶于沸水或甘油中。取硼砂样品如花生粒大小，置于杯中，加水半杯。真品硼砂在冷水中溶解度极小，所以溶解速度很慢，而假冒品稍微搅拌便迅速溶解。还可用 pH 试纸测试硼砂溶液的酸碱性，硼砂为弱酸强碱盐，pH 值在 9～10，而假冒品 pH 值为 6～7。

④ 灼烧性。易熔融，初则体质膨大，松似海绵，继续加热则熔化成透明的玻璃球状。

（3）定性鉴定

① 检查硼酸盐。取本品水溶液，加盐酸成酸性后，能使姜黄试纸变成棕红色；放置干燥，颜色即变深，用铵试液湿润，即变为绿黑色。

② 检查钠盐。取铂丝，用盐酸湿润后，蘸取样品粉末，在无色火焰中燃烧，火焰即显鲜黄色。

六、缓释肥料的鉴别

目前市场上的缓释肥料品种多，良莠不齐，其真假优劣让人困扰。如何简单有效地鉴别缓释肥的产品的真伪，下面给出几种简便易行的方法。

1. 检查包膜法

缓释肥料的包衣材料是树脂，如果是热塑性树脂一般用指甲盖就可以拨开膜，一般厚度只有 20～100 微米，膜可揭下，它是包在肥料上的一个完整的膜；如果是热固性树脂，膜比较难拨开，可用小刀轻轻切开，然后再撕开膜，厚度也是 20～100 微米。包衣比例一般 3%～10%。包硫尿素，一般是金黄色的，如果染色，也很容易看到它的底色是金黄色的。包硫尿素不是控释肥，现在之所以控释肥满天飞，就是因为很多小厂把包硫尿素冒充为控释肥。这就是大家所说的概念炒作。

2. 水溶对比法

分别将普通复合肥和缓释肥料放在 2 个盛满水的玻璃杯里，轻轻搅拌几分钟，复合肥会较快溶解，颗粒变小或完全溶解，水呈浑浊状；而缓释肥则不会溶解，且水质清澈，无杂质，颗粒周围有气泡冒出。因为缓释肥的核心是三元复合肥料，所以将剥去外壳的缓释肥放在水中，会较快溶解，若剥去外壳不溶解的，是劣质肥料或是假肥料。

不能根据颜色辨别。有些厂家仿冒缓释肥的颜色，把普通肥做成与缓释肥相同的颜色，如果放在水里缓释肥脱色，水质浑浊且带色，说明是仿冒产品，真正的缓释肥外膜是不脱色的。

3. 热水冲泡法

这种方法比较容易快速地检测。缓释肥在热水中虽然释放加快，但比普通肥料要慢很多。将热水倒入装有肥料的容器中，等水冷却到常温后，用手指用力地捏肥料，如果发软的或一捏就碎的肥料占大多数，则不是缓释肥；如果发软的是极少数，则可以基本确定是缓释肥。

如果将上述几种方法结合起来，就可以确定是否是真正的缓释肥。缓释肥鉴别必须用热水，这叫"真缓释肥不怕热水炼"。

七、生物有机肥的鉴别

生物有机肥是我国新型肥料中技术含量最高的产品之一，近年来以其特有的促进生长、防病抗病效果得到认可。生物有机肥产生明显作用的关键因素是"活的＋具有特殊功能的＋微生物菌种"，因其技术太强，一般肥料行政监管部门检测技术跟不上，导致市场鱼目混珠，农民分不清，很难识别质量的真伪。特别是生物有机肥与普通商品有机肥更难辨别，主要原因是从外形上看，生物有机肥与普通商品有机肥十分相似，普通方法无法区分，而特定功能又是看不见摸不着的，那么怎样区别它们呢？

1. 查看包装是否规范

（1）产品登记证　规范产品，包装右上角应有农业农村部微生物肥料登记证号（注：省级部门无登记权），证号的正确表示方法为："微生物肥（登记年）临字（编号）号"或"微生物肥（登记年）准字（编号）号"。

（2）产品技术指标　包装中上部应有有效活菌数（CFU）的技术指标，表示方式为有效活菌数（CFU）$\geqslant 0.2$ 亿个/克，登记时农业农村部只允许标注 $\geqslant 0.2$ 亿个/克、0.5 亿个/克。一些企业为了迎合市场，刻意标成几十个亿，这是不科学的（目前的技术很难达到），是错误的。

（3）产品有效期　包装的背面下部应有产品有效期规定，标准规定不大于 6 个月。因为生物有机肥的特殊功能菌种是活的、有生命的，随着产品保存时间的延长，特殊功能菌种的有效活菌数会不断减少，所以产品有效期标得太长（超过 6 个月）是对用户不负责。

2. 检查肥料外观是否正常

（1）看含水量　生物有机肥料的关键作用是靠"特殊功能微生物菌种"，产品含水量太高或太低都不利于菌种的存活，所以从含水量参考判断比较直接。判断方法：抓一把肥料在阳光下观察物料是否阴潮，抛起来看是否起灰尘。阴潮结块、干燥成灰都非正常产品。

（2）闻气味　在生物有机肥料中所使用的有机肥料载体是由多种有机营养物质组成的"套餐"（如菜粕、黄豆粉等发酵制成），即是多种原料组合，在光线下观察应该能看到多种原料组成的痕迹，或能闻到原料的特殊气味。在选购该肥料时在晴天选购较易分辨。

3. 进行效果试验

生物有机肥料的特殊作用是通过"特殊功能微生物菌种"体现的，假如产品中没有"特殊功能微生物菌种"或者含量不高、能力不强，则影响使用效果。一是取少量产品，加一点自来水调成面团状，放在冰箱里使之结成冰块，第二天在太阳下融化，这样经过至少3次反复冻融，肥料中的菌种将会冻死（细胞结冰，形成冰针刺破细胞），数量将会大幅度减少，通过菌种所起的作用也就基本消除了。二是将原产品与反复冻融过的肥料，在相同的田块里进行试验比较或者进行小盆钵试验（用量根据说明），定期观察比较两者差异，如果差异不明显，则说明该生物有机肥产品中的"特殊功能菌种"的功能不强或者数量不够，甚至没有。

需要注意的是，在效果试验中，如果原产品与反复冻融的肥料的促生长效果差异不明显，也只能理解为厂商为了提高效果在肥料生产过程中可能添加了一些促进生长的物质，而不是功能微生物菌种的作用，这种肥料作用效果有限，不能作为生物有机肥。

4. 快速有效鉴别有机肥、生物有机肥优劣的方法

（1）操作方法　取30～50克有机肥或生物有机肥，放入玻璃杯或透明杯中，倒入100毫升清水，用玻璃棒或细木棒搅拌1分

钟，放在明亮处静置 10 分钟。

（2）观察和判断　通过观测杯中的沉淀来区分有机肥或生物有机肥中杂质含量，沉淀在杯底浅灰色区的是泥沙石；中间区域褐色部分为有机物料；最上层是草、烟丝等。通过观察水溶液来区分有机肥或生物有机肥腐熟程度并鉴别肥效。水溶液颜色越浅肥效越差（浅色、浅黄色肥效低；褐色肥效佳）。1 小时内水溶液完全变成褐色说明该有机肥或生物有机肥腐熟过头，肥效有速效而无后效，作物生长中后期会脱劲；1 天后水溶液变化不大、颜色浅说明该有机肥或生物有机肥肥效差；水溶液慢慢变深，1 天后完全变成褐色，说明该有机肥或生物有机肥迟速效兼备且肥效好。

除此之外，一些用户的经验（"一看二泡三火燎"）也可借鉴。

一看：优质生物有机肥一般以优质鸡粪为原料，养分较高，比较松散，颜色呈黑褐色；劣质生物有机肥一般呈黑色，并且不够松散。

二泡：正宗的颗粒有机肥会在短时间内溶解在水中，颜色灰黑，但没有杂质；假的会有大量不溶解于水的杂质。

三火燎：将少量有机肥放在铁板上，置于火源上，在短时间内真品会起烟、焦化，很少有残留物；假的会留下大量残留物。

八、水溶肥料的鉴别

随着我国农业现代化水平的提高和水肥一体化技术的推广，水溶肥料越来越得到广泛应用，逐渐成为市场热点，众多厂商开始涉足水溶肥料的生产和销售，相关产品也可谓琳琅满目。但由于我国水溶肥料发展较晚，标准尚不健全，市场集中度低，导致产品质量参差不齐，给种植者选择水溶肥料造成了一定难度。对于如何鉴别水溶肥料的好坏，有关专家给出了一些建议。

1. 看配方

大量元素水溶肥料实际上就是配方肥，即根据不同作物、不同土壤和不同水质配制不同的配方，以最大限度地满足作物营养需要，提高肥料利用率，减少浪费，所以配方是鉴别水溶肥好坏的关键。

（1）看氮磷钾的配比　一般高品质的水溶肥料都会有好几个配方，从苗期到采收一般都会找到适宜的配方使用。如常用的高钾配方，根据一般作物坐果期的营养需求，氮：磷：钾控制在2：1：4效果最好，配比不同效果会有很大差异。一般，市场上效果表现好的产品，都会遵循这一配比。

（2）微量元素全不全、配比是否合理　好的水溶肥料，6种微量元素必须都含有，而且要有一个科学的配比，因为各营养元素之间有拮抗和协同的问题，不是一种或者几种元素含量高了就好，而是配比科学合理了才好。我国市场上有不少水溶肥料，个别微量元素（如硼、铁等）含量比较高，实际上效果并不见得好，吸收利用率也不见得高。

2. 看登记作物

目前我国水溶肥料实行的是农业部《肥料登记证管理办法》，一般都会在包装上注明适宜的作物，对于没有登记的作物需要有各地使用经验说明。

3. 看含量

好的水溶肥料选用的是工业级甚至是食品级的原材料，纯度很高，而且不会添加任何填充料，因而含量都是比较高的，100％都是可以被作物吸收利用的营养物质，氮磷钾总含量一般不低于50％，单一元素含量不低于4％；微量元素含量是铜、锌、铁、锰、钼、硼等元素含量之和，产品应至少包含一种微量元素，单一微量元素含量应不低于0.05％。

差的水溶肥料一般含量低，每少一点含量，成本就会有差异，肥料的价格也就会有不同；同时低含量的水溶肥料对原料和生产技术要求比较低，一般采用农业级的原材料，含有比较多的杂质和填充料，这些杂质和填充料，不仅对土壤和作物没有任何益处，还会对环境造成破坏。

4. 看标识养分标注

高品质的水溶肥料对保证成分（包括大量元素和微量元素）标注得非常清楚，而且都是单一标注，养分含量明确。非正规厂家的养分含量一般会以几种元素含量总和大于百分之几的字样出现。

5. 看标准和证号

通常说的水溶肥料都有执行标准，一般为农业部颁布的行业标准（表2-4）。如果出现以 GB 开头的或与表2-4不符的标准产品都是不合格产品。水溶肥料目前实行的《肥料登记证管理办法》，一般都有登记证号，可按前述方法在农业农村部官网上查询。

表 2-4　水溶肥料的标准与技术指标

水溶肥料	标准号	指标		技术指标/%
大量元素水溶肥料	NY 1107—2010	大量元素	≥	50.0
		中量元素	≥	1.0
		大量元素	≥	50.0
		微量元素	≥	0.2～3.0
微量元素水溶肥料	NY 1428—2010	微量元素	≥	10.0
含氨基酸水溶肥料	NY 1429—2010	游离氨基酸	≥	10.0
		中量元素	≥	3.0
		游离氨基酸	≥	10.0
		微量元素	≥	2.0
含腐植酸水溶肥料	NY 1106—2010	腐植酸	≥	3.0
		大量元素	≥	20.0
		腐植酸	≥	3.0
		微量元素	≥	6.0

6. 看防伪标识

一般正规厂家生产的水溶肥料在肥料包装袋上都有防伪标识，它是肥料的"身份证"，每包肥料的防伪标识是不一样的，刮开后在网上或打电话输入数字后便可知肥料的真假。

7. 看重金属标注

正规厂家生产的水溶肥料的重金属离子含量都是低于国家标准的，并且有明显的标注。

8. 看水溶性

植物没有牙齿，不能"吃"肥料，只可以"喝"肥料，因而只有完全溶解于水的肥料才可以被作物吸收和利用。鉴别水溶肥料的水溶性只需要把肥料溶解到清水中，看溶液是否清澈透明，如果除了肥料的颜色之外和清水一样，则水溶性很好；如果溶液有浑浊甚至有沉淀，水溶性就很差，不能用在滴灌系统，肥料的浪费也会比较多。

9. 闻味道

作物和人一样，喜欢"吃"味道好的东西，有刺鼻气味或者其他异味的肥料作物同样也不喜欢。因此，可以通过闻味道来鉴别水溶肥料的品质。好的水溶肥料都是用高纯度的原材料做出来的，没有任何味道或者有一种非常淡的清香味。而有异味的肥料要么是添加了激素，要么是有害物质太多，这种肥料用起来见效很快，但对作物的抗病能力和持续的产量和品质没有任何好处。

10. 做田间对比

通过以上几点简易方法对水溶肥料进行初步筛选后，可做田间对比，通过实际的应用效果确定选用什么水溶肥料。好的肥料见效不会太快，因为养分有个吸收转化的过程。好的水溶肥料用上两三次就会在植株长势、作物品质、作物产量和抗病能力上看出明显的不同来，用的次数越多区别越大。

第三章　农药的科学选购

我国市场上流通销售的农药种类与品种繁多，如何购买正规农药产品，识别假冒伪劣农药，是科学用药的关键一步。

第一节　农药的包装与标识

农药的包装及标识是否规范，是鉴别农药优劣的第一印象。符合质量标准的农药产品，在包装、标识上也应符合标准。假冒伪劣农药产品往往在包装、标识上也会粗制滥造。农药产品除应有正规的包装袋外，在外包装上还应有明确的标识。

一、《农药包装通则》解读

《农药包装通则》是一项重要的农药产品基础标准。该标准于1993 年首次发布，1999 年第一次修订，代号为 GB 3796—1999；2006 年第二次修订，代号为 GB 3796—2006，于 2007 年 11 月 1 日起实施。农药包装通则规定了农药的包装类别、包装技术要求、包装件运输、包装件贮存、试验方法和检验规则。农药包装通则适用于农药包装。批号由产品的生产日期（年、月、日）和批次（一天生产多批产品时）组成。

1. 包装类别

农药产品按危险程度分为两级：一级属于危险品；二级属于非危险品。一级产品包装使用钢桶、塑料桶、铝瓶、玻璃瓶、高密度聚乙烯氟化瓶、塑料瓶、塑料袋、高密度纸桶、箱和铝箔袋等。二级产品包装使用钢桶、塑料桶、玻璃瓶、塑料瓶、塑料袋、高密度聚乙烯氟化瓶、箱和纸袋等。

2. 包装技术要求

（1）包装环境　包装农药场所应地面平整、保持清洁，而且通风良好。应有相应的安全防护措施，如：防毒面具、防护眼镜、口罩和灭火设备等。

（2）农药产品　农药产品在包装前应经质检部门检验，并应符合相应产品标准的有关规定。

（3）包装材料　农药的包装材料应保证农药在正常的贮存、运输中不破损，并符合相应包装材料标准的要求。

① 农药的外包装材料应坚固耐用，保证内装物不受破坏。可采用的外包装材料有：木材、金属、合成材料、复合材料、带防潮层的瓦楞纸板、瓦楞钙塑板、纸袋纸、纺织品以及经运输部门、用户同意的其他包装材料。

② 农药的内包装材料应坚固耐用，不与农药发生任何物理和化学作用而损坏产品，不溶胀，不渗漏，不影响产品的质量。可采用的内包装材料有：玻璃、高密度聚乙烯氟化材料、塑料、金属、复合材料、铝箔和纸袋纸等。

③ 防震材料。农药包装常用的防震材料有瓦楞纸套板、气泡塑料薄膜和发泡聚苯乙烯成型膜等。

（4）包装要求　农药制剂根据剂型、用途、毒性及物理化学性质进行包装。液体制剂每箱净含量不得超过 15kg，固体制剂每袋净含量不得超过 20kg。桶装产品每件净含量不得超过 250kg。当产品标准中有规定时以产品标准为准。

瓶装液体制剂包装容器要配有合适的内塞及外盖或带衬垫的外

盖，倒置不应渗漏。桶装液体农药原药的桶盖要有衬垫，应拧紧盖严，避免渗漏。包装量应符合 GB/T 1605 规定。

盛装液体农药的玻璃瓶装入外包装容器后，用防震材料填紧，避免互相撞击而造成破损。

（5）包装标志　外包装容器上应有标志。标志直接印刷、标打。标志部位见表 3-1。

表 3-1　标志部位

包装形式	标志部位
金属桶或其他桶类	圆柱形面
瓶（玻璃或塑料等）	圆柱形面
袋或小包	正面、背面
箱（包括木、纸板、钙塑箱）	正面、侧面

农药的内包装容器表面上应粘贴标签，标签应符合 GB 20813《农药产品标签通则》规定。农药的外包装应标明：各有效成分中文通用名、含量和剂型；农药登记证号；生产许可证（生产批准证书）号；相应的农药产品标准号；商标；生产厂（公司）名称；生产厂（公司）地址、电话、传真和邮政编码等；毒性标志按产品急性经口毒性实测数据（分为剧毒、高毒、中等毒、低毒和微毒）进行标志；除毒性标志外其他危险货物包装标志如"易燃""防潮"等，按 GB 190 和 GB 191 的规定进行标志；贮运图示标志（按 GB 191 的规定进行标志。运输包装收发货标志按 GB 6388—1986 执行）；毛含量和净含量；箱体体积，长×宽×高（毫米）；生产日期或批号；产品质量保证期。

各类农药采用不褪色的特征颜色标志条进行标志，并应符合 GB 20813《农药产品标签通则》要求。

二、《农药乳油包装》解读

《农药乳油包装》是在 GB 4838—1984《乳油农药包装》的基础上修订的版本。现行版是 GB 4838—2000，于 2001 年 3 月 1 日起实施。本标准规定了农药乳油产品的包装技术要求、包装标志以及包装件的运输、贮存、试验方法和包装验收。本标准适用于农药乳油包装。

1. 包装类别

农药乳油包装分为两类：一类为大桶包装，应使用钢桶或塑料桶，容量为250升（千克）、200升（千克）、100升（千克）、50升（千克）；另一类包装为瓶（袋）装，应使用玻璃瓶、高密度聚乙烯氟化瓶和等效的其他材质的瓶（袋）等，每瓶净含量为1000毫升（克）、500毫升（克）、250毫升（克）、100毫升（克）等。

农药乳油包装形式应符合贮存、运输、销售及使用要求。允许使用本标准之外的等效包装或更先进的包装，但必须满足本标准规定的试验要求。

2. 包装技术要求

（1）包装环境　农药乳油包装环境应保持清洁、干燥、通风良好、采光充分，有排毒、防火设施。

包装桶和包装瓶必须清洁、干燥，不与内装物发生任何物理化学反应，且能保护产品不受外部环境条件的不利影响；并应在产品标准或订货协议中，对包装容器的具体要求加以规定。

见光易分解的农药乳油，应采用不透光的包装瓶，如高密度聚乙烯氟化瓶、棕色玻璃瓶。遇水易分解的农药乳油，不应用一般塑料瓶和聚酯瓶包装。

农药乳油包装时要防止不同品种的混淆，如杀虫、杀菌剂包装，绝对不能混入除草剂，以免造成严重药害。

（2）农药产品　农药乳油产品在包装前，应经过质检部门检验符合相应的产品标准，并出具质量合格报告单后，方可进行包装。

（3）包装材料

① 玻璃瓶。外观：瓶体光洁，色泽纯正，瓶口圆直，厚薄均匀，无裂缝，少气泡。受急冷温差35℃，无爆裂。将装有甲基红酸性溶液的玻璃瓶，在85℃水浴中保持30分钟，淡红色应不

消失。

② 高密度聚乙烯氟化瓶。应不与内装物发生任何物理化学反应；应能有效地防止空气中的潮气（水分）渗透到瓶内；应有足够的机械强度，符合 GB 3796 中对 II 类塑料瓶的要求。

③ 安瓿。应符合 GB 2637 的规定。

④ 钢桶和塑料桶。钢桶应符合 GB/T 325 的规定，并应符合 GB 3796 中对 II 类钢桶的试验定量值的要求；塑料桶应符合 GB 3796 中对 II 类塑料桶的试验定量值的要求。

⑤ 瓦楞纸箱。应符合 GB 6543 的规定。

⑥ 钙塑瓦楞箱。应符合 GB/T 6980 的规定。

⑦ 防震材料。常用的防震材料有草套，瓦楞纸套、垫、隔板，气泡塑料薄膜和发泡聚苯乙烯成型膜等。

（4）产品包装要求

① 内包装。农药乳油内包装，应采用玻璃瓶和高密度聚乙烯氟化瓶或等效的瓶子。玻璃瓶和氟化瓶应具有适宜的内塞和螺旋外盖或带衬垫的外盖。包装好的瓶子，倒置，不应有渗漏。

农药乳油内包装单位一般为 100 毫升（克）、200 毫升（克）、250 毫升（克）、500 毫升（克）、1000 毫升（克）几种（也可根据用户要求采用不同的包装单位）。包装计量偏差应符合国家有关规定。

植物生长调节剂和一些其他高效农药乳油，可以采用安瓿包装，热熔封口。每安瓿包装量一般为 2 毫升（克）、5 毫升（克）、10 毫升（克）。通常每 10 安瓿装入一瓦楞纸盒（或其他材质的盒子），作为中包装。

作为分装用的农药乳油，一般用大桶（钢桶、塑料桶）包装，每桶净含量为 50 千克（升）、100 千克（升）、200 千克（升）、250 千克（升）。桶盖要有衬垫，拧紧后，倒置，不应有渗漏。

装入农药乳油的包装瓶（桶、袋），应留有适当的确保安全的预留量。

② 外包装。农药乳油的外包装，主要采用瓦楞纸箱和钙塑瓦

楞箱。每箱净质量应不超过 15 千克。外包装的组装量是根据包装单位和净含量确定的。推荐组装量如表 3-2 所示。

表 3-2　外包装的组装量

包装单位 /克（或毫升）	组装量	
	瓶数	净含量/千克（或升）
1000	10～15	10～15
500	20～30	10～15
250	40～60	10～15
200	40～60	8～12
100	60～80	6～8

上述包装单位与组装量，也可根据用户要求，作适当调整。

③ 装箱和封箱。将检验合格的农药乳油装入规定好的包装瓶中，盖好内塞和外盖，并封口。

瓶上粘贴醒目、牢固的标签。对玻璃瓶子，要套瓦楞纸套或气泡塑料套等防震材料。

在瓦楞纸箱（钙塑箱）底放入一衬垫后，按规定的组装量将包装瓶有序地排放于箱内，上面盖一块瓦楞纸板或泡沫塑料板等其他防震材料。

对于瓦楞纸箱和钙塑箱，其箱底和箱盖用胶带封口或用钉封口。再根据包装箱总质量，用聚丙烯捆扎带横打两条、三条、纵两条横一条或纵横各打两条使成"井"字形。捆扎好的外包装，在正常的贮运条件下，不应松脱。对于 5 千克以下的轻包装箱，可不加捆扎，但要符合本标准试验要求。

（5）包装标志

① 包装箱部位识别。根据 GB/T 4857.1— 1992 中 2.1，平行六面体包装箱各面规定如图 3-1 所示。

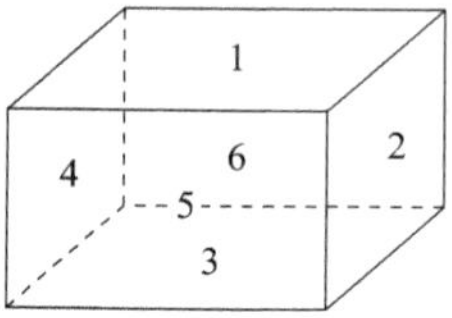

② 内包装（中包装）标签。内包装瓶和

图 3-1　包装箱各部位识别

中包装盒上，应粘贴牢固、醒目的标签。标签内容应包括：产品名称（有效成分含量＋中文通用名称＋剂型）；E-ISO 通用名；有效成分及其含量（单一有效成分制剂可略）；农药登记证号；生产许可证（农药生产批准证书）号；产品标准号；净含量［以质量计（克）或以体积计（毫升）］；商标；生产日期或（和）批号；生产厂（公司）名称；生产厂（公司）地址、电话、传真和邮政编码等；毒性标志和其他危险性标志如"易燃""防潮"等；产品使用说明；注意事项（特别是使用安全注意事项和使用范围）；保证期；根据条件，可加批准的商品名和条形代码标志。此外，标签还应符合国家其他相关规定。

③ 大桶包装的标志。供分装用大桶包装的标志，可参考内包装，但产品使用说明等内容可省略。

④ 外包装标志。箱的 5 面和 6 面（见图 3-1），左上角标示商标；中上部标产品名称（有效成分含量＋中文通用名称＋剂型）；产品名称上面自左至右依次标农药登记证号、生产许可证（农药生产批准证书）号和产品标准号。5 面和 6 面的下部标生产厂（公司）名称，名称下面是生产厂（公司）地址、电话、传真和邮政编码等（上述标志内容的具体编排也可作适当调整）。箱的 2 面和 4 面上部标毒性和其他危险性标志，中下部标包装单位及组装量、净含量、箱体规格［长×宽×高（毫米）］以及生产日期或（和）批号和保证期。颜色条标志按农药生物活性的不同，分为：除草剂——绿色，杀虫剂——红色，杀菌剂——黑色，杀鼠剂——蓝色，植物生长调节剂——深黄色。标签及其包装箱正面下方的颜色条标志，应与 GB 3796 的规定一致。

三、《农药产品标签通则》解读

农药产品标签是指包装农药容器上的，以文字、图形、符号说明农药产品内容的一切说明物，也就是向消费者提供农药产品的名称、含量、适用范围、使用方法、使用注意事项以及产品的生产企业名称、生产日期、净含量等信息的媒质。《农药产品标签通则》

（GB 20813—2006）是在原农业部发布实施的《农药产品标签通则》（NY 608—2002）基础上修订而成的，该标准发布，解决了《农药包装通则》（GB 3796—1999）和原《农药产品标签通则》（NY 608—2002）标准存在的许多不足。该标准于2007年11月1日起实施。本标准规定了农药产品标签设计制作的基本原则、标签标示的基本内容和要求。本标准适用于商品农药（用于销售，包括进口）产品的标签设计和制作。本标准不适用于出口农药以及属农药管理范畴的转基因作物、天敌生物产品的标签设计和制作。

1. 基本原则

农药标签标示的内容应符合国家有关法律、法规的规定，并符合相应标准的规定和要求。农药标签标示的内容应真实，并与产品登记批准内容相一致。农药标签标示的内容应通俗、准确、科学，并易于用户理解和掌握该产品的正确使用。

2. 应标注的基本内容

（1）产品的名称、含量及剂型 农药产品名称可以为农药的商品名称，也可以为农药的通用名称或由两个或两个以上的农药通用名称简称词组成的名称。一个农药产品，应使用一个产品名称。农药产品名称应以醒目大字表示，并位于整个标签的显著位置。在标签的醒目位置应标注产品中含有的有效成分通用名称的全称及含量，相应的国际通用名称等。农药通用名称执行GB 4839的规定。农药国际通用名称执行国际标准化组织（ISO）批准的名称。农药暂无规定的通用名称或国际通用名称的，可使用备案的建议名称；特殊情况，经批准后，暂时可以不标注。

使用商品名称（包括已注册的文字商标）、农药通用名称简称词组成的名称作为产品名称时，应经农药登记审批部门批准后方可使用。

农药产品的有效成分含量通常采用质量百分数（%）表示，也可采用质量浓度（克/升）表示。特殊农药可用其特定的通用单位表示。

农药产品的剂型标注应执行国家有关标准或规定；没有规定的，采用备案的建议名称。

（2）产品的批准证（号）　标签上应注明该产品在我国取得的农药登记证号（或临时登记证号）；实施农药生产许可证或农药批准文件号管理的产品，应注明有效的农药生产许可证号或农药生产批准文件号；境内生产使用的产品，应注明执行的产品标准号。

（3）使用范围、剂量和使用方法　按照登记批准的内容标注产品的使用范围、剂量和使用方法。包括适用作物、防治对象、使用时期、使用剂量和施药方法等。

用于大田作物时，使用剂量采用每公顷（hm^2）使用该产品总有效成分质量（克）表示，或采用每公顷使用该产品的制剂量（克或毫升）表示；用于树木等作物时，使用剂量可采用总有效成分量或制剂量的浓度值（毫克/千克、毫克/升）表示；种子处理剂的使用剂量采用农药与种子质量比表示。其他特殊使用的，使用剂量应以农药登记批准的内容为准。

为了用户使用方便，在规定的使用剂量后，可用括号注明亩用制剂量或稀释倍数。

（4）净含量　在标签的显著位置应注明产品在每个农药容器中的净含量，用国家法定计量单位克（g）、千克（kg）、吨（t）或毫升（mL）、升［L（或 l）］、千升（kL）表示。净含量值应符合产品标准的规定。

（5）产品质量保证期　农药产品质量保证期可以用以下三种形式中的一种方式标明：一是注明生产日期（或批号）和质量保证期。如生产日期（批号）"2000-06-18"，表示 2000 年 6 月 18 日生产，注明"产品保证期为 2 年"。二是注明产品批号和有效日期。三是注明产品批号和失效日期。分装产品的标签上应分别注明产品的生产日期和分装日期，其质量保证期执行生产企业规定的质量保证期。

（6）毒性标志　应在显著位置标明农药产品的毒性等级及其标志。农药毒性标志的标注应符合国家农药毒性分级标志及标识的有关规定。

（7）标签注意事项　应标明该农药与哪些物质不能相混使用。按照登记批准内容，应注明该农药限制使用的条件、作物和地区（或范围）。应注明该农药已制定国家标准的安全间隔期，一季作物最多使用的次数等。应注明使用该农药时需穿戴的防护用品、安全预防措施及避免事项等。应注明施药器械的清洗方法、残剩药剂的处理方法等。应注明该农药中毒急救措施，必要时应注明对医生的建议等。应注明该农药国家规定的禁止使用的作物或范围等。

（8）贮存和运输方法　应详细注明该农药贮存条件的环境要求和注意事项等。

（9）生产者的名称和地址　应标明与其营业执照上一致的生产企业的名称、详细地址、邮政编码、联系电话等。分装产品应分别标明生产企业和分装企业的名称、详细地址、邮政编码、联系电话等。进口产品应用中文注明其原产国名（或地区名）、生产者名称以及在我国的代理机构（或经销者）名称和详细地址、邮政编码、联系电话等。

（10）农药类别特征颜色标志带　各类农药采用在标签底部加一条与底边平行的、不褪色的农药类别特征颜色标志带，以表示不同类别的农药（卫生用农药除外）。除草剂为"绿色"；杀虫（螨、软体动物）剂为"红色"；杀菌（线虫）剂为"黑色"；植物生长调节剂为"深黄色"；杀鼠剂为"蓝色"。

（11）象形图　标签上应使用有利于安全使用农药的象形图。象形图应用黑白两种颜色印刷，通常位于标签的底部。象形图的尺寸应与标签的尺寸相协调。象形图的使用应根据产品安全使用措施的需要而选择使用，但不能代替标签中必要的文字说明。象形图的种类和含义见图 3-2。

（12）其他内容　标签上可以标注必要的其他内容。如对消费者有帮助的产品说明、有关作物和防治对象图案等。但标签上不得出现未经登记批准的作物、防治对象的文字或图案等内容。

贮存象形图:
　　放在儿童接触不到的地方，并加锁。
操作象形图:

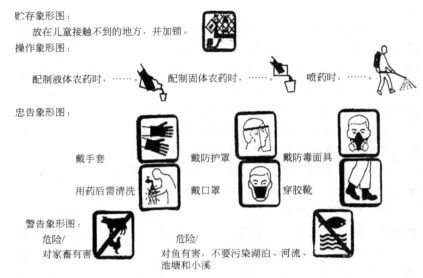

配制液体农药时，……。　　配制固体农药时，……。　　喷药时，……。

忠告象形图:

戴手套　　　　戴防护罩　　　戴防毒面具

用药后需清洗　　戴口罩　　　穿胶靴

警告象形图:
危险/
对家畜有害
　　　　　　　危险/
　　　　　　　对鱼有害，不要污染湖泊、河流、
　　　　　　　池塘和小溪

图 3-2　象形图的种类和含义

3. 标签的其他要求

　　农药标签应粘贴于包装容器上。标签上内容也可直接印刷于包装容器上。如果包装容器过小，标签不能说明全部内容的，应随外包装附上与标签内容要求相同的说明书，但此时标签上至少应有产品的名称、含量、剂型、净含量等内容。

　　农药标签的印制材料应结实耐用，不易变质。

　　农药在流通中，标签不得脱落，其内容不得变得模糊，应保证用户在购买或使用时，标签上的文字、符号、图形清晰，易于辨认和阅读。

　　版面设计时，重要内容应尽可能配置大的空间或置于显著位置。如产品名称、含量、剂型、有效成分中文及英文通用名称、防治对象、使用方法、毒性标志等。

　　农药标签应使用规范的中文简体汉字，少数民族地区可以同时使用少数民族文字。

分装产品的标签设计内容应与其生产企业的标签基本一致，仅在原标签基础上加注有关证号、分装日期、净含量以及分装企业的名称、详细地址、邮政编码、联系电话等。

一种标签适用一种农药产品；一种包装规格的产品，应使用一种标签；不同包装规格的同一种产品，其标签的设计和内容应基本一致。

四、《农药标签和说明书管理办法》解读

《农药标签和说明书管理办法》业经农业部 2017 年第 6 次常务会议审议通过，以中华人民共和国农业部令 2017 年第 7 号公布，自 2017 年 8 月 1 日起施行。

1. 总则

在中国境内经营、使用的农药产品应当在包装物表面印制或者贴有标签。产品包装尺寸过小、标签无法标注本办法规定内容的，应当附具相应的说明书。

本办法所称标签和说明书，是指农药包装物上或者附于农药包装物的，以文字、图形、符号说明农药内容的一切说明物。

标签和说明书的内容应当真实、规范、准确，其文字、符号、图形应当易于辨认和阅读，不得擅自以粘贴、剪切、涂改等方式进行修改或者补充。

标签和说明书应当使用国家公布的规范化汉字，可以同时使用汉语拼音或者其他文字。其他文字表述的含义应当与汉字一致。

2. 标注内容

（1）标注内容　农药标签应当标注下列内容：农药名称、剂型、有效成分及其含量；农药登记证号、产品质量标准号以及农药生产许可证号；农药类别及其颜色标志带、产品性能、毒性及其标识；使用范围、使用方法、剂量、使用技术要求和注意事项；中毒急救措施；储存和运输方法；生产日期、产品批号、质量保证期、净含量；农药登记证持有人名称及其联系方式；可追溯电子信息

码；象形图；农业部要求标注的其他内容。

下列农药标签标注内容还应当符合相应要求：原药（母药）产品应当注明"本品是农药制剂加工的原材料，不得用于农作物或者其他场所"，且不标注使用技术和使用方法。但是，经登记批准允许直接使用的除外；限制使用农药应当标注"限制使用"字样，并注明对使用的特别限制和特殊要求；用于食用农产品的农药应当标注安全间隔期；杀鼠剂产品应当标注规定的杀鼠剂图形；直接使用的卫生用农药可以不标注特征颜色标志带；委托加工或者分装农药的标签还应当注明受托人的农药生产许可证号、受托人名称及其联系方式和加工、分装日期；向中国出口的农药可以不标注农药生产许可证号，应当标注其境外生产地，以及在中国设立的办事机构或者代理机构的名称及联系方式。

（2）说明书　农药标签过小，无法标注规定全部内容的，应当至少标注农药名称、有效成分含量、剂型、农药登记证号、净含量、生产日期、质量保证期等内容，同时附具说明书。说明书应当标注规定的全部内容。登记的使用范围较多，在标签中无法全部标注的，可以根据需要，在标签中标注部分使用范围，但应当附具说明书并标注全部使用范围。

（3）对标注内容的要求　农药名称应当与农药登记证的农药名称一致。

联系方式包括农药登记证持有人、企业或者机构的住所和生产地的地址、邮政编码、联系电话、传真等。

生产日期应当按照年、月、日的顺序标注，年份用四位数字表示，月、日分别用两位数字表示。产品批号包含生产日期的，可以与生产日期合并表示。

质量保证期应当规定在正常条件下的质量保证期限，质量保证期也可以用有效日期或者失效日期表示。

净含量应当使用国家法定计量单位表示。特殊农药产品，可根据其特性以适当方式表示。

产品性能主要包括产品的基本性质、主要功能、作用特点等。

对农药产品性能的描述应当与农药登记批准的使用范围、使用方法相符。

使用范围主要包括适用作物或者场所、防治对象。

使用方法是指施用方式。

使用剂量以每亩使用该产品的制剂量或者稀释倍数表示。种子处理剂的使用剂量采用每 100 千克种子使用该产品的制剂量表示。特殊用途的农药，使用剂量的表述应当与农药登记批准的内容一致。

使用技术要求主要包括施用条件、施药时期、使用次数、最多使用次数，对当茬作物、后茬作物的影响及预防措施，以及后茬仅能种植的作物或者后茬不能种植的作物、间隔时间等。

限制使用农药，应当在标签上注明施药后设立警示标志，并明确人畜允许进入的间隔时间。

安全间隔期及农作物每个生产周期的最多使用次数的标注应当符合农业生产、农药使用实际。下列农药标签可以不标注安全间隔期：用于非食用作物的农药；拌种、包衣、浸种等用于种子处理的农药；用于非耕地（牧场除外）的农药；用于苗前土壤处理剂的农药；仅在农作物苗期使用一次的农药；非全面撒施使用的杀鼠剂；卫生用农药；其他特殊情形。

毒性分为剧毒、高毒、中等毒、低毒、微毒五个级别，分别用"▨"标识和"剧毒"字样、"▧"标识和"高毒"字样、"▨"标识和"中等毒"字样、"◇低毒◇"标识、"微毒"字样标注。标识应当为黑色，描述文字应当为红色。由剧毒、高毒农药原药加工的制剂产品，其毒性级别与原药的最高毒性级别不一致时，应当同时以括号标明其所使用的原药的最高毒性级别。

注意事项应当标注以下内容：对农作物容易产生药害，或者病虫容易产生抗性的，应当标明主要原因和预防方法；对人畜、周边作物或者植物、有益生物（如蜜蜂、鸟、蚕、蚯蚓、天敌及鱼、水蚤等水生生物）和环境容易产生不利影响的，应当明确说明，并标注使用时的预防措施、施用器械的清洗要求；已知与其他农药等物质不能混合使用的，应当标明；开启包装物时容易出现药剂撒漏或者造成人身伤害的，应当标明正确的开启方法；施用时应当采取的安全防护措施；国家规定禁止的使用范围或者使用方法等。

中毒急救措施应当包括中毒症状及误食、吸入、眼睛溅入、皮肤沾附农药后的急救和治疗措施等内容。有专用解毒剂的，应当标明，并标注医疗建议。剧毒、高毒农药应当标明中毒急救咨询电话。

储存和运输方法应当包括储存时的光照、温度、湿度、通风等环境条件要求及装卸、运输时的注意事项，并标明"置于儿童接触不到的地方""不能与食品、饮料、粮食、饲料等混合储存"等警示内容。

农药类别应当采用相应的文字和特征颜色标志带表示。不同类别的农药采用在标签底部加一条与底边平行的、不褪色的特征颜色标志带表示。农药类别的描述文字应当镶嵌在标志带上，颜色与其形成明显反差。

可追溯电子信息码应当以二维码等形式标注，能够扫描识别农药名称、农药登记证持有人名称等信息。信息码不得含有违反本办法规定的文字、符号、图形。可追溯电子信息码格式及生成要求由农业部另行制定。

象形图包括储存象形图、操作象形图、忠告象形图、警告象形图。象形图应当根据产品安全使用措施的需要选择，并按照产品实际使用的操作要求和顺序排列，但不得代替标签中必要的文字说明。

标签和说明书不得标注任何带有宣传、广告色彩的文字、符号、图形，不得标注企业获奖和荣誉称号。法律、法规或者规章另有规定的，从其规定。

3. 制作、使用

每个农药最小包装应当印制或者贴有独立标签，不得与其他农药共用标签或者使用同一标签。标签上汉字的字体高度不得小于1.8毫米。

农药名称应当显著、突出，字体、字号、颜色应当一致，并符合以下要求：对于横版标签，应当在标签上部三分之一范围内中间位置显著标出；对于竖版标签，应当在标签右部三分之一范围内中间位置显著标出；不得使用草书、篆书等不易识别的字体，不得使用斜体、中空、阴影等形式对字体进行修饰；字体颜色应当与背景颜色形成强烈反差；除因包装尺寸的限制无法同行书写外，不得分行书写。除"限制使用"字样外，标签其他文字内容的字号不得超过农药名称的字号。

有效成分及其含量和剂型应当醒目标注在农药名称的正下方（横版标签）或者正左方（竖版标签）相邻位置（直接使用的卫生用农药可以不再标注剂型名称），字体高度不得小于农药名称的二分之一。

混配制剂应当标注总有效成分含量以及各有效成分的中文通用名称和含量。各有效成分的中文通用名称及含量应当醒目标注在农药名称的正下方（横版标签）或者正左方（竖版标签），字体、字号、颜色应当一致，字体高度不得小于农药名称的二分之一。

农药标签和说明书不得使用未经注册的商标。标签使用注册商标的，应当标注在标签的四角，所占面积不得超过标签面积的九分之一，其文字部分的字号不得大于农药名称的字号。

毒性及其标识应当标注在有效成分含量和剂型的正下方（横版标签）或者正左方（竖版标签），并与背景颜色形成强烈反差。象形图应当用黑白两种颜色印刷，一般位于标签底部，其尺寸应当与标签的尺寸相协调。安全间隔期及施药次数应当醒目标注，字号大于使用技术要求其他文字的字号。

"限制使用"字样，应当以红色标注在农药标签正面右上角或者左上角，并与背景颜色形成强烈反差，其字号不得小于农药名称的字号。

标签中不得含有虚假、误导使用者的内容，有下列情形之一的，属于虚假、误导使用者的内容；误导使用者扩大使用范围、加大用药剂量或者改变使用方法的；卫生用农药标注适用于儿童、孕妇、过敏者等特殊人群的文字、符号、图形等；夸大产品性能及效果、虚假宣传、贬低其他产品或者与其他产品相比较，容易让使用者误解或者混淆的；利用任何单位或者个人的名义、形象作证明或者推荐的；含有保证高产、增产、铲除、根除等断言或者保证，含有速效等绝对化语言和表识的；含有保险公司保险、无效退款等承诺性语言的；其他虚假、误导使用者的内容。

标签和说明书上不得出现未经登记批准的使用范围或者使用方法的文字、图形、符号。

除本办法规定应当标注的农药登记证持有人、企业或者机构名称及其联系方式之外，标签不得标注其他任何企业或者机构的名称及其联系方式。

产品毒性、注意事项、技术要求等与农药产品安全性、有效性有关的标注内容经核准后不得擅自改变，许可证书编号、生产日期、企业联系方式等产品证明性、企业相关性信息由企业自主标注，并对真实性负责。

农药登记证持有人变更标签或者说明书有关产品安全性和有效性内容的，应当向农业部申请重新核准。农业部应当在三个月内作出核准决定。

第二节　常用农药的特性

常用农药按用途和防治对象分类，主要有杀虫剂、杀菌剂、除草剂、植物生长调节剂、杀鼠剂等几大类。

一、杀虫剂

杀虫剂是指主要用于防治农业害虫和城市卫生害虫的药品。杀虫剂使用历史长远，用量大，品种多。常见杀虫剂的种类与特性见表 3-3。

表 3-3　常见杀虫剂的种类与特性

名称	其他名称	主要剂型	防治对象
阿维菌素	爱福丁、绿菜宝、虫螨光、7051 杀虫素	0.5％ 颗粒剂，0.05％、0.12％可湿性粉剂，0.3％、0.9％、1％、1.8％乳油	小菜蛾、菜青虫、金纹细蛾、潜叶蛾、潜叶蝇、美洲斑潜蝇、白粉虱、甜菜夜蛾、黏虫、跳甲、叶螨、瘿螨、蚜虫、茶黄螨、根结线虫等
胺菊酯	阿斯、似虫菊、四甲菊酯、福马克拉、诺毕那命、拟菊酯、酰胺菊酯	5％乳油，0.37％气雾剂	蚊、蝇、蟑螂等庭园害虫和食品仓库害虫
苯螨特	西斗星、西塔宗、西脱螨、杀螨特	5％、10％、20％、40％、73％乳油，73％悬浮剂	叶螨、红蜘蛛、始叶螨、全爪螨等
苯醚菊酯	苯诺茨林、聚醚菊酯、苯氧司林、速灭灵、酚丁灭虱	10％水乳剂	苍蝇、蚊虫、蟑螂等
苯氧威	双氧威、苯醚威、虫净、蓟危	25％可湿性粉剂，5％粉剂，3％高渗苯醚威乳油，5％苯氧·高氯乳油	木虱、蚧类、卷叶蛾、松毛虫、美国白蛾、尺蠖、杨树舟蛾、苹果蠹蛾、蝉螨、线虫，以及双翅目（包括蚊、虻、蝇类，如韭蛆、潜叶蝇）、鞘翅目（如甲虫）、同翅目（叶蝉、稻褐飞虱、蚜虫、粉蚧）、鳞翅目（如小菜蛾、苹果金纹细蛾、旋纹潜叶蛾、各种小食心虫、亚洲玉米螟）、异亚翅目、缨翅目（如蓟马）、脉翅目（如大草蛉）、啮虫目等的各种害虫
吡丙醚	灭幼宝、蚊蝇醚	5％ 微乳剂，10％乳油，5％水乳剂，0.5％颗粒剂	家蝇、蚊子、孑孓、红火蚁、家白蚁、动物保健上的害虫、烟粉虱、温室白粉虱、桃蚜、矢尖蚧、红棉蚧、红蜡蚧、棕榈蓟马、小菜蛾、啮卷书虱、德国小蠊、跳蚤、异色瓢虫、中华通草蛉、粉虱、介壳虫、蕈蠓

名称	其他名称	主要剂型	防治对象
吡虫啉	高巧、咪蚜胺、大功臣、蚜恒净、扑虱蚜、一遍净	10％、25％可湿性粉剂，5％乳油，20％可溶粉剂，350克/升种子悬浮处理剂，0.2％缓释粒剂，10％种子处理微囊悬浮剂，20％可溶液剂，1.1％胶饵	蚜虫、叶蝉、飞虱、蓟马、粉虱，以及鞘翅目、双翅目、鳞翅目害虫
吡螨胺	心螨立克、治螨特	10％、20％可湿性粉剂，20％乳油，60％水分散粒剂	叶螨、全爪螨、神泽叶螨、棉叶螨、红叶螨、小爪螨、蚜虫、叶蝉、粉虱等
吡蚜酮	吡嗪酮、拒嗪酮	25％悬浮剂，25％、50％、70％可湿性粉剂，50％、60％、70％水分散粒剂	蚜科、飞虱科、叶蝉科、粉虱科等害虫
丙硫磷	代磷酸酯、丙虫硫磷、氯丙磷	40％、50％乳油，32％、40％可湿性粉剂，20％粉剂，3％微粒剂	二化螟、三化螟、棉铃虫、玉米螟、马铃薯块茎蛾、甘薯夜蛾、梨小食心虫、烟青虫、白粉蝶、小菜蛾、菜蚜，以及蚊、蝇等
丙溴磷	布飞松、菜乐康、多虫清、多虫磷、溴氯磷	40％、50％、720克/升乳油，40％可湿性粉剂	棉铃虫、烟青虫、红蜘蛛、棉蚜、叶蝉、小菜蛾、稻飞虱、稻纵卷叶螟等
残杀威	残虫畏、安丹、拜高	15％、20％、50％乳油，40％可湿性粉剂	稻螟虫、稻叶蝉、稻飞虱、棉蚜、介壳虫、锈壁虱，以及蚊、蝇、蟑螂（即蜚蠊）等
虫酰肼	米满、抑虫肼	20％、24％、30％悬浮剂，10％乳油	甜菜夜蛾、菜青虫、甘蓝夜蛾、卷叶蛾、玉米螟、松毛虫、美国白蛾、天幕毛虫、舞毒蛾、尺蠖等
陈虫脲	脲敌灭灵、二福隆、伏虫脲、灭幼脲一号	20％悬浮剂，25％、75％可湿性粉剂，5％乳油	甜菜夜蛾、菜青虫、甘蓝夜蛾、卷叶蛾、玉米螟、松毛虫、美国白蛾、天幕毛虫、舞毒蛾、尺蠖等
哒螨灵	达螨尽、灭特灵、牵牛星、速螨酮	20％可湿性粉剂，15％乳油，30％、40％、45％悬浮剂	叶螨、全爪螨、小爪螨、跗线螨、瘿螨、粉虱、叶蝉、飞虱、棉蚜、蓟马、白背飞虱、桃蚜、角蜡蚧、矢尖盾蚧、水稻象等

名称	其他名称	主要剂型	防治对象
哒嗪硫磷	苯哒嗪硫磷、哒净松、杀虫净、达净松、苯哒嗪	2%粉剂，20%乳油	二化螟、三化螟、稻纵卷叶螟、稻飞虱、稻叶蝉、稻蓟马、棉红蜘蛛、棉蚜、红铃虫、棉铃虫等
稻丰散	爱乐散、益而散、甲基乙酯磷	50%乳油	负泥虫、蝗虫、稻螟虫、稻叶蝉、稻飞虱、棉铃虫、菜青虫、小菜蛾、菜蚜、棉叶蝉、斜纹夜蛾、蓟马等
敌百虫	三氯松、毒霸、得标、雷斯顿、荔虫净	30%乳油，80%、90%可溶粉剂	黏虫、稻螟虫、稻飞虱、稻苞虫、红铃虫、家鼻虫、叶蝉、金刚钻、玉米螟虫、菜青虫、菜螟、斜纹夜蛾，以及家蝇、臭虫、蟑螂等
丁虫腈	丁烯氟虫腈	80%水分散粒剂，5%乳油，0.2%杀蝉饵剂	稻纵卷叶螟、稻飞虱、二化螟、三化螟、蝽象、蓟马，以及蝇类等
丁硫克百威	好安威、好年冬、丁呋丹	5%颗粒剂，20%乳油，30%微囊悬浮剂，25%种子处理干粉剂	蚜虫、螨、金针虫、马铃薯甲虫、梨小食心虫、苹果卷叶蛾、锈壁虱、蓟马、叶蝉等
啶虫丙醚	三氟甲吡醚、氟氯吡啶	10.5%、100克/升乳油	鳞翅目幼虫
啶虫脒	莫比朗、吡虫清、乙虫脒、蚜克净、乐百农、赛特生	5%可湿性粉剂，5%乳油，70%水分散粒剂，20%可溶液剂，10%微乳剂	蚜虫、飞虱、蓟马，以及鳞翅目害虫等
毒死蜱	乐斯本、氯吡硫磷、锐矛、佳斯本、搏乐丹、氯蜱硫磷	25%、30%、40%、50%微乳剂，0.5%、3%、5%、10%、15%、25%颗粒剂，20%、40%、48%乳油，25%、30%微囊悬浮剂，30%可湿性粉剂，15%烟雾剂，25%、30%、40%水乳剂，30%种子处理微囊悬乳剂，0.1%、0.2%、0.52%、1%、2.6%、2.8%饵剂	棉蚜、棉红蜘蛛、棉铃虫、稻飞虱、稻叶蝉、小麦黏虫、玉米螟、菜青虫、小菜蛾、斑潜蝇、茶毛虫、落叶蛾、根蛆、蝼蛄、蛴螬、地老虎等

名称	其他名称	主要剂型	防治对象
多杀菌素	菜喜、催杀	2.5%、48%、60%悬浮剂	鳞翅目小菜蛾、甜菜夜蛾等，双翅目、缨翅目、鞘翅目、直翅目某些吞食叶片的害虫
二嗪磷	二嗪农、地亚农	25%、50%、60%乳油，4%、5%、10%颗粒剂，50%水乳剂	鳞翅目、双翅目害虫，蚜虫、叶蝉、飞虱、蓟马、介壳虫、二十八星瓢虫、锯蜂、叶螨、蝼蛄、蟋蟀、玉米螟，以及蠹蛾、跳蚤、虱子、苍蝇、蚊子等
二溴磷	二溴灵、万丰灵	50%乳油，4%粉剂	防治蔬菜、果树等作物的害虫，如葱蓟马、菜螟、白粉虱、棉红蜘蛛、菜青虫、黄曲条跳甲、斜纹夜蛾等
呋虫胺	呋啶胺、呋喃烟碱、丁诺特呋喃	20%可溶粒剂，25%可湿性粉剂，20%、40%水分散粒剂，20%可分散油悬浮剂	蚜虫、叶蝉、飞虱、蓟马、粉虱，鞘翅目、双翅目和鳞翅目害虫，以及蠹蛾、白蚁、家蝇等
呋喃虫酰肼	福先、忠臣	10%悬浮剂	甜菜夜蛾、斜纹夜蛾、稻纵卷叶螟、二化螟、大螟、豆荚螟、玉米螟、甘蔗螟、棉铃虫、桃小食心虫、小菜蛾、潜叶蛾、卷叶蛾等鳞翅目害虫、鞘翅目害虫、双翅目害虫
伏虫隆	氟苯脲、农梦特、特氟脲、四氟脲、得福隆	5%乳油，15%胶悬剂	用于蔬菜、果树、棉花、茶叶等作物，防治菜青虫、小菜蛾、甜菜夜蛾、斜纹夜蛾、棉铃虫、红铃虫等
氟胺氰菊酯	氟胺氰戊菊酯、马扑立克、福化剂	5.7%水乳剂，10%、20%乳油	棉铃虫、棉红铃虫、棉蚜、棉红蜘蛛、玉米螟、菜青虫、小菜蛾、柑橘潜叶蛾、茶毛虫、茶尺蠖、桃小食心虫、绿盲蝽、叶蝉、粉虱、黏虫、大豆食心虫、大豆蚜虫、甜菜夜蛾等
氟虫脲	卡死克、氟芬隆	3.5%、5%乳油，5%可分散液剂，20%微乳剂	苹果叶螨、苹果代卷叶虫、苹果小卷叶蛾、果树尺蠖、梨木虱、柑橘叶螨、柑橘木虱、柑橘潜叶蛾、蔬菜小菜蛾、菜青虫、豆荚螟、茄子叶螨、棉花叶螨、棉铃虫、棉红铃虫等

名称	其他名称	主要剂型	防治对象
氟虫酰胺	垄歌、氟虫双酰胺	10%悬浮剂,20%水分散粒剂	二化螟、卷叶螟等
氟啶虫胺腈	砜虫啶	22%悬浮剂,5%、50克/升乳油,50%水分散粒剂	盲蝽象、蚜虫、粉虱、飞虱、介壳虫等
氟啶虫酰胺	氟烟酰胺	10%、50%水分散粒剂	棉蚜、粉虱、车前圆尾蚜、假眼小绿叶蝉、桃蚜、褐飞虱、小黄蓟马、麦长管蚜、蓟马、温室白粉虱等
氟啶脲	抑太保、定虫脲、克福隆、定虫隆、氟虫隆	25%悬浮剂,5%、50克/升乳油,10%水分散粒剂	小菜蛾、甜菜夜蛾、菜青虫、银纹夜蛾、斜纹夜蛾、烟青虫、棉铃虫、豆荚螟、豆野螟等
氟铃脲	伏虫灵、果蔬保、六伏隆	5%微乳剂,20%悬浮剂,5%乳油,15%水分散粒剂	黏虫、棉铃虫、棉红铃虫、菜青虫、苹果小卷蛾、墨西哥棉铃象、舞毒蛾、木虱、柑橘锈螨,以及家蝇、厩螫蝇等
氟氯氰菊酯	百树得、百树菊酯、百治菊酯	10%水乳剂,10%可湿性粉剂,0.3%、0.55%粉剂,5.7%乳油	鳞翅目幼虫、蚜虫和蚊、蝇等
氟螨嗪	氟螨、溴苄氟乙酰胺	36%悬浮剂,15%、30%乳油,40%可湿性粉剂	螨虫、梨木虱、榆蛎盾蚧、叶蝉等
氟氰戊菊酯	氟氰菊酯、保好鸿、甲氟菊酯、中西氟氰菊酯	30%乳油	鳞翅目、同翅目、双翅目、鞘翅目等多种害虫,叶螨
氟噻虫砜	联氟砜、氟砜灵	480克/升乳油	根结线虫、线虫等
氟酰脲	双苯氟脲	10%乳油	鳞翅目害虫,粉虱等
高效氟氯氰菊酯	保得、β-氟氯氰菊酯	5%水乳剂,4.3%、25克/升乳油,2.5%微乳剂,6%、12.5%、20%悬浮剂	水稻钻心虫、稻纵卷叶螟、棉铃虫、桃小食心虫、金纹细蛾、菜青虫、蚜虫、蛴螬、蝼蛄、金针虫、地老虎等

名称	其他名称	主要剂型	防治对象
高效氯氟氰菊酯	三氟氯氟氰菊酯、功夫菊酯、普乐斯、γ-氟氯氰菊酯	2.5%乳油，2.5%水乳剂，2.5%微囊悬浮剂，10%可湿性粉剂	麦蚜、吸浆虫、黏虫、玉米螟、甜菜夜蛾、食心虫、卷叶蛾、潜叶蛾、凤蝶、吸果夜蛾、棉铃虫、棉红铃虫、菜青虫、草地螟等
高效氯氰菊酯	高效百灭可、高效安绿宝、奋斗呐、快杀敌、好防星、甲体氯氰菊酯	4.5%乳油，3%水乳剂，4.5%微乳剂，4.5%可湿性粉剂	棉蚜、蓟马、棉铃虫、红铃虫、菜青虫、小菜蛾、无翅蚜、柑橘潜叶蛾、柑橘红蜡蚧、茶尺蠖、烟青虫、松毛虫、杨树舟蛾、美国白蛾，以及蚊、家蝇等
核型多角体病毒	棉铃虫核型多角体病毒、甜菜夜蛾核型多角体病毒、甘蓝夜蛾核型多角体病毒	20亿孢子/克可湿性粉剂，600亿孢子/克水分散粒剂，20亿孢子/克悬浮剂	棉铃虫、松黄叶蜂、松叶蜂、舞毒蛾、毒蛾、天幕毛虫、苜蓿粉蝶、粉纹夜蛾、实夜蛾、斜纹夜蛾、金合欢树蓑蛾、小菜蛾、美国白蛾、二化螟等
环虫酰肼	苯并虫肼、克虫敌	5%悬浮剂，5%乳油，0.3%粉剂	蔬菜、果树、茶树、水稻等作物上的鳞翅目害虫
甲基嘧啶磷	甲螨磷、巡得利、保安定、亚特松、安定磷	2%粉剂，55%、500克/升乳油，20%水乳剂，8.5%泡腾片剂，200克/升微胶囊剂	谷盗、米象、谷蠹、粉斑螟、麦蛾等
甲醚菊酯	甲苄菊酯、对甲氧甲菊酯	20%乳油，0.2%煤油喷射剂	蚊、蝇等卫生害虫
甲萘威	西维因、胺甲萘	25%、85%可湿性粉剂，6%颗粒剂，30%粉剂	稻飞虱、稻纵卷叶螟、稻苞虫、棉铃虫、棉卷叶虫、茶小绿叶蝉、茶毛虫、桑尺蠖、蓟马、豆蚜、大豆食心虫、红铃虫、斜纹夜蛾、桃小食心虫、苹果刺蛾、叶蝉、飞虱、烟青虫等
甲氨基阿维菌素苯甲酸盐	甲维盐、威克达、抗螨斯、饿死虫、真功劲、扫青风、世美、欧品、品胜、定康、高护、凯强、强势、奥翔	0.5%、1%、1.5%乳油，2%、3.2%、4%微乳剂，6%、9%、10%、12%、14%、20%悬浮剂，25%、30%、45%水乳剂，13%、15%、25%水分散粒剂，34%、60%可湿性粉剂，0.1%杀蟑饵剂	红带卷叶蛾、烟蚜夜蛾、棉铃虫、烟草天蛾、小菜蛾、甜菜夜蛾、旱地贪夜蛾、粉纹夜蛾、甘蓝银纹夜蛾、菜粉蝶、菜心螟、番茄天蛾、马铃薯甲虫、墨西哥瓢虫、红蜘蛛、食心虫、蓟马，以及鳞翅目、双翅目害虫等

名称	其他名称	主要剂型	防治对象
甲氧虫酰肼	氧虫酰肼、雷通、美满	5%乳油、5%、24%悬浮剂、0.3%粉剂	甜菜夜蛾、斜纹夜蛾、甘蓝夜蛾、菜青虫、棉铃虫、苹果食心虫、二化螟、水稻螟虫、金纹细蛾、美国白蛾、松毛虫、尺蠖等
抗蚜威	灭定威、劈蚜雾	95%原药、25%和50%可湿性粉剂、25%和50%水分散粒剂	粮食、果树、蔬菜、花卉、林业上的蚜虫
喹螨醚	喹唑啉、螨即死	10%乳油	真叶螨、全爪螨、红叶螨、紫红短须螨、苹果二斑叶螨、山楂叶螨、柑橘红蜘蛛等害螨
藜芦碱	藜芦胺、藜芦铵、哌啶醇	0.5%可溶液剂、1%母药	菜青虫、叶蝉、棉蚜、棉铃虫、蓟马、蜡象、家蝇、蚕蛾、虱等
联苯肼酯	爱卡螨	24%、43%悬浮剂	防治果树、蔬菜、棉花、玉米和观赏植物等作物上的害螨，如苹果红蜘蛛、二斑叶螨、McDaniel螨、Lewis螨
联苯菊酯	氟氯菊酯、天王星、虫螨灵、毕芬宁	2%、10%乳油、2.5%、10%水乳剂、5%微乳剂、5%悬浮剂	棉铃虫、潜叶蛾、食心虫、卷叶蛾、菜青虫、小菜蛾、茶尺蠖、茶毛虫、白粉虱、蚜虫、棉红蜘蛛、山楂叶螨、柑橘红蜘蛛、菜蚜、茄子红蜘蛛、叶蝉、瘿螨等
浏阳霉素	四活菌素、华秀绿、绿生	2.5%悬浮剂、5%、10%、20%乳油	各种螨类、茶瘿螨、梨瘿螨、柑橘锈螨、枸杞锈螨、小菜蛾、甜菜夜蛾、蚜虫等
硫丙磷	甲丙硫磷、甲硫硫磷、保达、棉铃磷、戴奥辛	40%乳油	鳞翅目、缨翅目、鞘翅目、双翅目等害虫
硫双威	硫双灭多威、双灭多威、拉维因、硫敌克、多田静、天佑、索斯、胜森、双捷	35%、37.5%悬浮剂、25%、75%可湿性粉剂、37.5%悬浮种衣剂、80%水分散粒剂	鳞翅目（如棉铃虫、棉红铃虫、卷叶虫、食心虫、菜青虫、小菜蛾、茶细蛾）、鞘翅目、双翅目、膜翅目害虫等

名称	其他名称	主要剂型	防治对象
硫肟醚	硫肟醚菊酯	10％水乳剂	菜青虫、茶尺蠖、茶毛虫、茶小绿叶蝉、棉铃虫等
氯胺磷	乐斯灵	30％乳油	稻纵卷叶螟、三化螟、稻飞虱、叶蝉、蓟马、棉铃虫、柿绵蚧等
氯虫酰胺	氯虫苯甲酰胺、康宽、普尊、奥德腾	5％、20％悬浮剂，35％水分散粒剂，50％悬浮种衣剂	菜青虫、小菜蛾、粉纹夜蛾、甜菜夜蛾、欧洲玉米螟、亚洲玉米螟、二点委夜蛾、小地老虎、黏虫、棉铃虫、二化螟、三化螟、大螟、稻纵卷叶螟、稻水象甲、甘蔗螟、马铃薯象甲、烟粉虱、烟青虫、桃小食心虫、梨小食心虫、金纹细蛾、苹果蠹蛾、苹小卷叶蛾、黑尾叶蝉、螺痕潜蝇、美洲斑潜蝇等
氯菊酯	二氯苯醚酯、除虫精、苄氯菊酯、苯醚氯菊酯、久效菊酯、克死命	10％、38％、50％乳油，10％微乳剂	棉蚜、叶蝉、棉铃虫、菜青虫、菜蚜、小菜蛾、黄条跳甲、茶小卷叶蛾、茶尺蠖、茶毛虫、茶细蛾、烟夜蛾、桃蚜、橘蚜、梨小食心虫、马尾松松毛虫、白杨尺蛾，以及家蝇、蚊子、蟑螂、白蚁等
氯氰菊酯	灭百可、兴棉宝、赛波凯、安绿宝	2.5％、5％、10％、20％、25％、50 克/升、100 克/升、250 克/升乳油，5％微乳剂，8％微囊剂，300 克/升悬浮种衣剂，25％水乳剂，10％可湿性粉剂	苍蝇、蟑螂、蚊子、跳蚤、虱、臭虫、蜱、螨，以及鞘翅目、鳞翅目、直翅目、双翅目、半翅目、同翅目等害虫
氯溴虫腈		10％悬浮剂	斜纹夜蛾、小菜蛾、稻飞虱、稻纵卷叶螟、棉铃虫等
螺虫乙酯	亩旺特	22.4％悬浮剂	烟粉虱、木虱、介壳虫、蚜虫、蓟马等
螺甲螨酯	螺虫酯、螺螨甲酯	24％悬浮剂	粉虱、螨虫等
螺螨酯	季酮螨酯、螨危、螨威多	24％、34％悬浮剂，15％水乳剂	红蜘蛛、黄蜘蛛、锈壁虱、茶黄螨、朱砂叶螨、二斑叶螨、梨木虱、榆蛎盾蚧、叶蝉类等

名称	其他名称	主要剂型	防治对象
马拉硫磷	马拉松、防虫磷、粮虫净、粮泰安	45%乳油，1.2%粉剂	飞虱、叶蝉、蓟马、蚜虫、黏虫、黄条跳甲、象甲、盲蝽象、食心虫、蝗虫、菜青虫、豆天蛾、红蜘蛛、蠹蛾、粉蚧、茶树尺蠖、茶毛虫、松毛虫、杨毒蛾、仓库害虫等
弥拜菌素	密灭汀、快普	4%乳油	朱砂叶螨、二斑叶螨、柑橘红蜘蛛、苹果红蜘蛛、柑橘锈壁虱、棉叶螨、柑橘全爪螨、松材线虫等
醚菊酯	多来宝、依芬普司、利来多	1%杀虫气雾剂，10%、20%、30%悬浮剂，10%、20%、30%乳油，10%、20%、30%可湿性粉剂	水稻灰飞虱、白背飞虱、褐飞虱、稻水象甲、小菜蛾、甘蓝青虫、甜菜夜蛾、斜纹夜蛾、棉铃虫、烟草夜蛾、棉红铃虫、玉米螟、松毛虫，以及蚩蠊等
嘧啶氧磷	灭定磷	50%乳油	棉蚜、叶螨、稻飞虱、叶蝉、蓟马、稻瘿蚊、二化螟、三化螟、稻纵卷叶螟、甘蔗金龟子、桃小食心早、蛴螬、蝼蛄、地老虎等
嘧螨胺	(E)-2-{2-[2-(2,4-二氯苯氨基)]}-6-(三氯甲基吡啶-4-氧亚甲基苯基)-3-甲氧基丙烯酸甲酯	15%可溶液剂	柑橘、苹果等果树的多种害螨，如全爪螨、苹果红蜘蛛等
棉隆	必速灭	98%微粒剂	用于温室、大棚、苗床、苗圃等各种基质、盆景土、菇床土及种子繁育基地、多年连茬种植的土壤消毒
灭多威	灭多虫、灭虫快、乙肟威、灭索威、甲氨叉威、万灵、快灵	24%可溶液剂，20%、40%、90%可溶粉剂，20%乳油，10%可湿性粉剂	棉铃虫、棉蚜、烟蚜、烟青虫、菜青虫、甘蓝蚜虫、茶小绿叶蝉、地老虎、二化螟、飞虱、斜纹夜蛾等
灭螨猛	菌螨咻、螨离丹、甲基克杀螨、灭草猛、喹菌酮	25%乳油，12.5%、25%可湿性粉剂	苹果、柑橘等害螨

名称	其他名称	主要剂型	防治对象
灭蝇胺	环丙氨嗪、蝇得净、赛诺吗嗪	20%、50%可溶粉剂，10%、30%悬浮剂，30%、50%、70%、75%可湿性粉剂，60%水分散粒剂	美洲斑潜蝇、南美斑潜蝇、豆秆黑潜蝇、葱斑潜叶蝇、三叶斑潜蝇、苍蝇、根蛆等
灭幼脲	灭幼脲Ⅲ号、苏脲Ⅰ号、一氯苯隆、扑蛾丹、蛾杀灵、劲杀幼	20%、25%悬浮剂，25%可湿性粉剂，2.5%杀蟑毒饵，4.5%杀蟑胶饵	菜青虫、小菜蛾、斜纹夜蛾、金纹细蛾、黄蚜、桃小食心虫、梨小食心虫、柑橘潜叶蛾、柑橘木虱、茶尺蠖、美国白蛾、松毛虫、蝥蠓等
七氟菊酯	七氟苯菊酯	10%乳油，0.5%、1.5%颗粒剂，10%干胶悬剂	十二星甲、金针虫、跳甲、金龟子、甜菜隐食甲、地老虎、玉米螟、瑞典麦秆蝇等
氰氟虫腙	艾法迪、氟氰虫酰肼	20%乳油，22%、24%、36%悬浮剂	稻纵卷叶螟、甘蓝夜蛾、小菜蛾、甜菜夜蛾、菜粉蝶、菜心野螟、棉铃虫、棉红铃虫、小地老虎、二化螟等
氰戊菊酯	速灭杀丁、速杀菊酯、杀灭菊酯、杀得、敌虫菊酯、异戊氰菊酯、戊酸氰醚酯、百虫灵	20%乳油，20%水乳剂	棉铃虫、棉红铃虫、菜青虫、菜蝶、烟青虫、玉米螟、豆荚螟、甘蓝夜蛾、苹果蠹蛾、桃小食心虫、柑橘潜叶蛾、蚜虫、叶蝉、飞虱、蟒象类等
炔呋菊酯	右旋反式炔呋菊酯、呋喃菊酯、消虫菊	20%乳油，20%水乳剂	室内卫生害虫
炔螨特	克螨特、螨除净、丙炔螨特、奥美特	40%、57%、73%乳油，20%、40%水乳剂，40%微乳剂	各种叶螨类害虫，如柑橘红蜘蛛、苹果二斑叶螨、棉花红蜘蛛、山楂叶螨、茶树瘿螨、豇豆红蜘蛛等
噻虫胺	可尼丁	20%、50%悬浮剂，30%、50%水分散粒剂，0.5%颗粒剂	稻飞虱、蚜虫、甘蔗螟、黄条跳甲、烟粉虱、木虱、叶蝉、蓟马、小地老虎、金针虫、蛴螬等

名称	其他名称	主要剂型	防治对象
噻虫啉	天保	40%悬浮剂，70%水分散粒剂，2%微囊悬浮剂，25%可湿性粉剂，1.5%微胶囊粉剂	稻飞虱、蚜虫、粉虱、蛴螬、茶小绿叶蝉、苹果蠹蛾、苹果潜叶蛾、天牛、象甲等
噻虫嗪	阿克泰、锐胜	25%、50%水分散粒剂，30%悬浮剂，10%微乳剂，0.12%颗粒剂，30%悬浮种衣剂，46%种子处理悬浮剂，70%种子处理可分散粒剂	稻飞虱、蚜虫、叶蝉、蓟马、粉虱、粉蚧、蛴螬、金龟子幼虫、跳甲、线虫等
噻嗯菊酯	克敌菊酯、噻吩菊酯、噻恩菊酯、硫戊苄呋菊酯、击倒菊酯、卡达菊酯	杀虫气雾剂和喷射剂	卫生害虫
噻螨酮	塞螨酮、除螨威、合赛多、尼索朗	5%乳油，5%、10%可湿性粉剂，5%水乳剂	叶螨类害虫，如柑橘红蜘蛛、苹果红蜘蛛、棉花红蜘蛛、山楂红蜘蛛等
噻嗪酮	噻唑酮、稻虱灵、稻虱净、扑虱灵、布洛飞、布芬净	25%可湿性粉剂	稻飞虱、茶小绿叶蝉、棉粉虱、柑橘粉蚧等
三氟甲吡醚	啶虫丙醚、速美效、氟氯吡啶	10.5%乳油	小菜蛾、菜粉蝶、甜菜夜蛾、斜纹夜蛾、棉铃虫、稻纵卷叶螟、烟草蓟马、潜叶蛾等
杀虫单	杀螟克、丹妙、稻道顺、稻刑螟、扑螟瑞、科净、苏星	3.6%颗粒剂，40%、45%、50%、80%、90%、95%可溶粉剂，20%水乳剂，50%泡腾粒剂	甘蔗螟虫、二化螟、三化螟、稻纵卷叶螟、稻蓟马、飞虱、叶蝉、菜青虫、小菜蛾等

名称	其他名称	主要剂型	防治对象
杀虫环	硫环杀、甲硫环、类巴丹、虫噻烷、易卫杀	50%可湿性粉剂，50%可溶粉剂，50%乳油，2%粉剂，5%颗粒剂，10%微粒剂	二化螟、三化螟、蓟马、稻纵卷叶螟、亚洲玉米螟、菜青虫、小菜蛾、甘蓝夜蛾、菜蚜、马铃薯甲虫、柑橘潜叶蛾、苹果潜叶蛾、苹果蚜、桃蚜、梨星毛虫、苹果红蜘蛛等
杀虫磺	苯硫丹、苯硫杀虫酯	50%可湿性粉剂，4%颗粒剂	二化螟、三化螟、稻纵卷叶螟、亚洲玉米螟、龟甲虫、棉铃象甲、茶卷叶蛾、茶蓟马、菜青虫、小菜蛾、甘蓝夜蛾、菜蚜、苹果卷叶蛾、苹果蠹蛾等
杀虫双	杀虫丹、彩蛙、稻卫士、挫瑞散、稻润、叼虫、捕虫贝	25%母液，18%、22%、25%、29%水剂，3.6%颗粒剂，3.6%大粒剂	二化螟、三化螟、稻纵卷叶螟、稻蓟马、褐飞虱、叶蝉、菜青虫、小菜蛾、甘蓝夜蛾、菜蚜、黄条跳甲、亚洲玉米螟、茶小绿叶蝉、茶毛虫、梨小食心虫、桃蚜、柑橘潜叶蛾、苹果潜叶蛾、苹果蚜虫等
杀虫畏	杀虫威、甲基杀螟威	10%、20%乳油，50%、70%可湿性粉剂，70%悬浮剂，5%颗粒剂	二化螟、三化螟、棉蚜、棉红蜘蛛、玉米螟、蓟马、烟夜蛾、烟青虫、苹果蠹蛾、梨小食心虫、桃蚜、国槐尺蠖、松毛虫等
杀铃脲	杀虫脲、氟幼灵、杀虫隆	25%可湿性粉剂，48%悬浮剂，25%乳油	玉米螟、棉铃虫、金纹细蛾、菜青虫、小菜蛾、甘蓝夜蛾、柑橘潜叶蛾、橘小实蝇、松毛虫等
杀螟丹	杀螟单、巴丹	25%、50%可溶粉剂，2%、10%粉剂，3%、5%颗粒剂	二化螟、三化螟、稻纵卷叶螟、稻飞虱、稻瘿蚊、亚洲玉米螟、棉蚜、甘蔗条螟、小菜蛾、菜青虫、黄条跳甲、甘蓝夜蛾、茶小绿叶蝉、茶尺蠖、苹果潜叶蛾、梨小食心虫、桃小食心虫等
杀螟硫磷	杀螟松、杀虫松、速灭虫、速灭松、扑灭松、灭蝉百特、苏米硫磷、灭蛀磷	50%乳油，40%可湿性粉剂，2%、5%粉剂	稻纵卷叶螟、稻飞虱、稻叶蝉、玉米象、赤拟谷盗、棉蚜、菜蚜、卷叶虫、茶小绿叶蝉、苹果叶蛾、桃蚜、桃小食心虫、柑橘潜叶蛾、苹果潜叶蛾等
虱螨脲	美除、氟丙氧脲、氟芬新、鲁芬奴隆	5%、10%悬浮剂，5%、50克/升乳油	棉铃虫、甜菜夜蛾、甘蓝夜蛾、斜纹夜蛾、菜豆螟、小菜蛾、烟青虫、马铃薯块茎蛾、苹果小卷叶蛾、苹果蠹蛾、柑橘潜叶蛾、柑橘锈壁虱、柑橘锈螨、番茄锈螨等

名称	其他名称	主要剂型	防治对象
双硫磷	硫甲双磷、硫双苯硫磷、替美福司	1%、2%、5%颗粒剂，50%乳油，50%可湿性粉剂	棉铃虫、稻纵卷叶螟、卷叶蛾、地老虎、蓟马，以及蚊虫、黑蚋、库蠓、摇蚊、跳蚤等
双三氟虫脲	Hanaro	10%悬浮剂，10%乳油	白粉虱、烟粉虱、甜菜夜蛾、菜青虫、小菜蛾、金纹细蛾、美国白蛾、家蝇、蚊子、蜚蠊等
顺式氯氰菊酯	高效氯氰菊酯、高效安绿宝、快杀敌、高效灭百可、百事达、都灭	5%、10%乳油，5%、10%悬浮剂，20%种子处理悬浮剂，5%、10%水乳剂，5%可湿性粉剂，2.5%微乳剂，0.47%毒饵	棉铃虫、红铃虫、棉蚜、棉盲蝽、菜青虫、小菜蛾、蚜虫、大豆卷叶螟、大豆食心虫、柑橘潜叶蛾、柑橘红蜡蚧、荔枝蒂蛀虫、荔枝蝽象、桃小食心虫、桃蚜、梨小食心虫、茶尺蠖、茶小绿叶蝉、茶毛虫、茶卷叶蛾，以及蜚蠊、家蝇、蚊虫等
顺式氰戊菊酯	高氰戊菊酯、强力农、辟杀高、白蚁灵、来福灵、高效杀灭菊酯	5%乳油，5%水乳剂	玉米黏虫、玉米螟、棉铃虫、红铃虫、麦蚜、菜青虫、小菜蛾、甜菜夜蛾、甘蓝夜蛾、蚜虫、烟青虫、柑橘潜叶蛾、桃小食心虫、松毛虫等
四氟甲醚菊酯	甲醚苄氟菊酯	5%、6%母药，0.02%、0.03%蚊香，0.31%、0.62%电热蚊香液	蚊虫、家蝇等
四氯虫酰胺		10%悬浮剂	稻纵卷叶螟、二化螟、三化螟、甜菜夜蛾、小菜蛾、菜青虫、棉铃虫、黏虫、桃小食心虫、柑橘潜叶蛾等
苏云金杆菌	色杀敌、菌杀敌、力宝、灭蛾灵、敌宝、康多惠、快来顺	0.2%颗粒剂，15000国际单位/毫克、32000国际单位/毫克、64000国际单位/毫克水分散粒剂，3.2%、8000国际单位/毫克、16000国际单位/毫克、32000国际单位/毫克可湿性粉剂，6000国际单位/毫克、8000国际单位/毫克悬浮剂，4000国际单位/毫克、16000国际单位/毫克粉剂	菜青虫、小菜蛾、甜菜夜蛾、斜纹夜蛾、甘蓝夜蛾、烟青虫、玉米螟、稻纵卷叶螟、二化螟等

名称	其他名称	主要剂型	防治对象
速灭威	治灭虱	25%可湿性粉剂，20%乳油	稻飞虱、稻纵卷叶螟、叶蝉、蓟马、棉铃虫、棉红铃虫、棉蚜、柑橘锈壁虱、茶小绿叶蝉等
威百亩	维巴姆、保丰收、硫威钠、线克	35%、42%水剂	黄瓜根结线虫、番茄根结线虫、烟草猝倒病、烟草苗床一年生杂草等
烯丙菊酯	丙烯菊酯、右旋反式丙烯菊酯、丙烯除虫菊、毕那命	0.3%蚊香，0.2%烟雾剂，0.8%气雾剂	蚊虫、家蝇、蜚蠊等
烯啶虫胺	吡虫胺、强星	5%、10%、20%水剂，20%、60%可湿性粉剂，20%、30%、60%水分散粒剂，10%、25%、50%可溶粉剂，50%、60%可溶粒剂	稻飞虱、蚜虫、叶蝉、粉虱、蓟马等
辛硫磷	肟硫磷、肟磷、倍腈松、腈肟磷、拜辛松、仓虫净、马赛松	40%乳油、3%、1.5%颗粒剂、3%水乳种衣剂、30%微囊悬浮剂	棉铃虫、棉蚜、稻纵卷叶螟、玉米螟、菜青虫、甜菜夜蛾、小菜蛾、烟青虫、桃小食心虫、梨小食心虫、苹果潜叶蛾、柑橘潜叶蛾、地老虎、金针虫、蝼蛄、蛴螬等，食叶害虫、叶螨、仓储卫生害虫
溴虫腈	除尽、虫螨腈、溴虫清、咯虫尽、氟唑虫清	10%悬浮剂、10%水乳剂、24%乳油	小菜蛾、甜菜夜蛾、斜纹夜蛾、菜蚜、黄条跳甲、烟蚜夜蛾、棉铃虫、棉红蜘蛛、美洲斑潜蝇、豆野螟、蓟马、红蜘蛛、茶尺蠖、茶小绿叶蝉、柑橘潜叶蛾、二斑叶螨、朱砂叶螨、白蚁等
溴氰虫酰胺	氰虫酰胺、倍内威	10%、19%悬浮剂、10%可分散油悬浮剂	粉虱、蚜虫、蓟马、木虱、潜叶蝇、甲虫等

名称	其他名称	主要剂型	防治对象
溴氰菊酯	敌杀死、氰苯菊酯、右旋顺溴腈苯醚菊酯、扑虫净、克敌、康素灵、凯安保、凯素灵、天马、骑士、金鹿、保棉丹、增效百虫灵	2.5%、5%乳油，2.5%、5%可湿性粉剂，2.5%、10%悬浮剂，2.5%微乳剂，2.5%水乳剂，0.006%粉剂，25%水分散片剂	蚜虫、棉铃虫、棉红铃虫、菜青虫、小菜蛾、斜纹夜蛾、甜菜夜蛾、黄守瓜、黄条跳甲、桃小食心虫、梨小食心虫、桃蛀螟、柑橘潜叶蛾、茶尺蠖、茶毛虫、刺蛾、茶细蛾、大豆食心虫、豆荚螟、豆野蛾、豆天蛾、芝麻天蛾、芝麻螟、菜粉蝶、斑粉蝶、烟青虫、甘蔗螟虫、麦田黏虫、松毛虫等，以及仓储卫生害虫
烟碱	尼古丁	10%乳油，10%水剂	蚜虫、烟青虫、甘蔗螟、夜蛾、小菜蛾、斑潜蝇、粉虱、地老虎、蛴螬、蝼蛄、象甲、地蛆等
依维菌素	伊维菌素	0.3%乳油，0.5%乳油，3%杀白蚁粉剂	小菜蛾、烟青虫、菜青虫、白蚁、寄生虫、盘尾吸虫、线虫、昆虫、螨虫等
乙基多杀菌素	艾绿士	6%悬浮剂	稻纵卷叶螟、小菜蛾、甜菜夜蛾、斜纹夜蛾、豆荚螟、蓟马、潜叶蝇、苹果蠹蛾、苹果卷叶蛾、梨小食心虫、橘小实蝇等
乙硫虫腈	乙虫腈、乙虫清、醋毕	10%悬浮剂	蓟马、蟓、象虫、甜菜麦蛾、蚜虫、飞虱、蝗虫、粉虱、稻绿蝽等
乙螨唑	依杀螨、来福禄	11%悬浮剂，20%悬浮剂	叶螨、始叶螨、全爪螨、二斑叶螨、朱砂叶螨等
乙嘧硫磷	乙氧嘧啶磷	400克/升超低容量喷雾剂，2%粉剂，50%乳油	鳞翅目、鞘翅目、双翅目和半翅目等多种害虫，如稻纵卷叶螟、二化螟、三化螟等
乙氰菊酯	赛乐收、杀螟菊酯、稻虫菊酯	10%乳油，1%粉剂，2%颗粒剂	水稻象甲、稻纵卷叶螟、二化螟、三化螟、玉米螟、黏虫、黑尾叶蝉、菜青虫、斜纹夜蛾、小菜蛾、蚜虫、大豆食心虫、茶小卷叶蛾、茶黄蓟马、果树食心虫、柑橘潜叶蛾、桃小食心虫、棉铃虫等

名称	其他名称	主要剂型	防治对象
乙酰甲胺磷	高灭磷、杀虫灵、酰胺磷、益士磷	20%、30%、40%乳油、75%可溶粉剂、92%可溶粒剂、97%水分散粒剂、1.8%、2%、4.5%杀蝉饵剂	二化螟、稻纵卷叶螟、稻飞虱、水稻叶蝉、棉铃虫、棉蚜、盲蝽象、玉米螟、黏虫、菜青虫、烟青虫、茶尺蠖、柑橘介壳虫、柑橘红蜘蛛、桃小食心虫,以及蓟螨等
异丙威	叶蝉散、灭扑威、异灭威、灭必虱、灭扑散	20%乳油、10%、20%烟剂、2%、4%粉剂、20%、30%悬浮剂、40%可湿性粉剂	水稻叶蝉、飞虱、蚜虫、棉花盲蝽象、蓟马、白粉虱、甘蔗扁飞虱、马铃薯甲虫,以及厩蝇等
抑食肼	虫死净、绿巧、佳蛙、锐丁	20%、25%可湿性粉剂、20%胶耳剂、5%颗粒剂	稻纵卷叶螟、稻黏虫、二化螟、马铃薯甲虫、菜青虫、斜纹夜蛾、小菜蛾、苹果蠹蛾、舞毒蛾、卷叶蛾等
印楝素	蔬果净、川楝素、呋喃三萜、楝素	0.3%、0.5%乳油、0.5%可溶液剂、0.5%、2%水分散粒剂、1%微乳剂	小菜蛾、斜纹夜蛾、甜菜夜蛾、黄条跳甲、白粉虱、蚜虫、烟青虫、棉铃虫、二化螟、三化螟、稻纵卷叶螟、稻水象甲、稻飞虱、稻蝗、玉米螟、柑橘潜叶蛾、柑橘木虱、锈壁虱、桃小食心虫、橘小实蝇、美洲斑潜蝇、茶毛虫、茶小绿叶蝉、松材线虫、草原飞蝗、螨类等
茚虫威	安打、安美、全垒打	15%乳油、15%、30%水分散粒剂、15%、23%悬浮剂、6%微乳剂、0.1%杀蝉饵剂	甜菜夜蛾、小菜蛾、菜青虫、斜纹夜蛾、甘蓝夜蛾、棉铃虫、烟青虫、卷叶蛾类、叶蝉、苹果蠹蛾、葡萄小食心虫、棉大卷叶蛾、金刚钻、马铃薯甲虫、牧草盲蝽象等
鱼藤酮	毒鱼藤、鱼藤精	2.5%、4%、7.5%乳油、5%、6%微乳剂、2.5%悬浮剂、5%可溶液剂	蚜虫、黄条跳甲、蓟马、菜青虫、斜纹夜蛾、甜菜夜蛾、小菜蛾、斑潜蝇、黄守瓜、飞虱、猿叶虫等
仲丁威	扑杀威、丁苯威、巴沙	20%、25%、50%、80%乳油、20%微乳剂、20%水乳剂	稻飞虱、叶蝉、蓟马、蚜虫、三化螟、稻纵卷叶螟、棉铃虫、棉蚜、象鼻虫,以及蚊、蝇、蚊幼虫等

名称	其他名称	主要剂型	防治对象
唑虫酰胺	捉虫朗	15％乳油，15％悬浮剂	小菜蛾、斜纹夜蛾、甜菜夜蛾、黄条跳甲、蓟马、潜叶蛾、蚜虫、粉蚧、飞虱、斑潜蝇、柑橘锈螨、梨叶锈螨、番茄叶螨等
唑螨酯	杀螨王、霸螨灵	5％、20％、28％悬浮剂，8％微乳剂	红叶满、全爪叶螨、棉红蜘蛛、苹果红蜘蛛、柑橘红蜘蛛、山楂红蜘蛛、四斑黄蜘蛛、毛竹叶螨、（茶）神泽叶螨、跗线螨、细须螨、斯氏尖叶瘿螨、柑橘锈壁虱、小菜蛾、斜纹夜蛾、二化螟、稻飞虱、桃蚜。也用于稻瘟病、白粉病、霜霉病等

二、杀菌剂

杀菌剂，又称杀生剂、杀菌灭藻剂、杀微生物剂等，是通过防止或根除病原菌的侵染来保护农作物生长的一类农药。常见杀菌剂的种类与特性见表3-4。

表3-4　常见杀菌剂的种类与特性

名称	其他名称	主要剂型	防治对象
氨基寡糖素	壳寡糖、百净	0.2％、0.5％、2％、3％、5％水剂	花叶病、小叶病、斑点病、炭疽病、霜霉病、疫病、蔓枯病、黄矮病、稻瘟病、青枯病、软腐病等
氨基酸络合铜	蛋白铜、混氨铜	15％悬浮剂	枯萎病、青枯病、幼苗猝倒病、蔓割病、白粉病、霜霉病等
百菌清	达克宁、打克尼尔、克劳优、四氯异苯腈、顺天星一号、霉必清、桑瓦特	50％、60％、75％可湿性粉剂，40％悬浮剂，5％、10％、15％、20％、30％、45％烟剂，75％水分散粒剂	甘蓝黑斑病、霜霉病、菜豆锈病、灰霉病及炭疽病、芹菜叶斑病、马铃薯晚疫病、早疫病及灰霉病、番茄早疫病、晚疫病、叶霉病、斑枯病、瓜类上的炭疽病、霜霉病等
拌种咯	Beret、Gallbas、CGA142705	20％、50％水分散粒剂，5％、40％胶悬剂，5％悬浮种衣剂	对禾谷类作物种传病菌（如雪腐镰刀菌）有效，也可防治土传病害的病菌（如链格孢属、壳二孢属、曲霉属、葡萄孢属、镰孢霉属、长蠕孢属、丝核菌属、青霉属等属的病菌）

名称	其他名称	主要剂型	防治对象
苯氟磺胺	抑菌灵、二氯氟磺胺、Euparen、Elvaron	50％可湿性粉剂，50％乳油，7.5％粉剂	水果、柑橘、葡萄、蔬菜、草莓等的真菌病害，蔬菜灰霉病、白粉病、白菜、黄瓜、莴苣、葡萄、啤酒花霜霉病等
苯菌灵	苯来特、苯乃特、免赖得	50％可湿性粉剂	苹果、梨、葡萄白粉病，苹果、梨黑星病，小麦赤霉病，水稻稻瘟病，瓜类疮痂病、炭疽病，茄子灰霉病，番茄叶霉病，黄瓜黑星病，葱类灰色腐败病，芹菜灰斑病，芦荟茎枯病，柑橘疮痂病、灰霉病，大豆菌核病，花生褐斑病，甘薯黑斑病和腐烂病等
苯菌酮	灭芬农、溴甲氧苯酮	30％、50％悬浮剂	谷类、葡萄和黄瓜等作物的白粉病、眼点病等
苯醚甲环唑	噁醚唑、敌委丹、世高	10％热雾剂，10％、37％、60％水分散粒剂，30克/升悬浮种衣剂，250克/升乳油，10％、20％微乳剂，30％、40％悬浮剂，20％水乳剂	果树、蔬菜等作物的黑星病、黑痘病、白腐病、斑点落叶病、白粉病、褐斑病、锈病、条锈病、赤霉病等
苯噻菌胺酯	苯噻菌胺	3.5％可湿性粉剂	葡萄霜霉病、瓜类霜霉病、十字花科霜霉病、马铃薯和番茄的晚疫病等
苯霜灵	苯酰胺、灭菌安、本达乐	20％乳油，25％、35％可湿性粉剂，50克/升颗粒剂	马铃薯、葡萄、烟草、大豆、洋葱、黄瓜、观赏植物霜霉病，草莓、观赏植物和番茄疫霉病，莴苣盘梗霉菌引起的病害，观赏植物的丝囊霉菌和腐霉菌引起的病害
苯酰菌胺	Zoxium	24％悬浮剂，80％可湿性粉剂	马铃薯晚疫病、番茄晚疫病、黄瓜霜霉病、葡萄霜霉病等
苯锈啶	苯锈定	50％、75％乳油	对白粉菌科真菌，尤其是禾白粉菌、黑麦喙孢、柄锈菌有特效
苯氧菌胺	Oribright、苯氧菌胺（E）	5％颗粒剂，31.3％可湿性粉剂	稻瘟病、白粉病、霜霉病等

名称	其他名称	主要剂型	防治对象
苯氧喹啉	快诺芬、喹氧灵	25%、50%悬浮剂	谷物白粉病，甜菜白粉病，瓜类白粉病，辣椒、番茄白粉病，葡萄白粉病，桃树白粉病，草莓、蛇麻白粉病等
吡菌磷	吡嘧磷、粉菌磷、定菌磷	30%乳油，30%可湿性粉剂	禾谷类作物、蔬菜、果树等的白粉病，根腐病，云纹病等
吡噻菌胺	富美安、家报福	15%、20%悬浮剂	油菜、玉米、大豆等土壤和种子的真菌疾病，果树、蔬菜、草坪等作物的锈病、菌核病、灰霉病、霜霉病，苹果黑星病和白粉病
吡唑醚菌酯	唑菌胺酯、百克敏、吡亚菌平、凯润	25%乳油，20%水分散粒剂，20%浓乳剂	小麦、水稻、花生、葡萄、蔬菜、马铃薯、香蕉、柠檬、咖啡、核桃、茶树、烟草、观赏植物、草坪及其他大田作物的病害，如黄瓜白粉病、霜霉病，香蕉黑星病、叶斑病、菌核病等
吡唑萘菌胺	双环氟唑菌胺	29%悬浮剂	小麦、水稻、花生、葡萄、蔬菜、马铃薯、香蕉、柠檬、咖啡、果树、核桃、茶树、烟草、观赏植物、草坪及其他大田作物的病害
丙环唑	敌力脱、必扑尔	25%、30%、50%、62%、70%乳油，45%水乳剂，20%、40%、50%、55%微乳剂	防治子囊菌、担子菌、半知菌引起的病害，如小麦根腐病、白粉病、颖枯病、纹枯病、锈病、叶枯病，大麦网斑病，葡萄白粉病，水稻恶苗病等
丙硫菌唑	Proline、Input	41%悬浮剂	小麦和大麦白粉病、纹枯病、枯萎病、叶斑病、锈病、菌核病、网斑病、云纹病等，油菜、花生土传病害菌核病、灰霉病、黑斑病、褐斑病、黑胫病、锈病等
丙森锌	安泰生、法纳拉、连冠	70%、80%水分散粒剂，70%、80%可湿性粉剂	白菜霜霉病，黄瓜霜霉病，番茄早疫病、晚疫病，芒果炭疽病，蔬菜、烟草、啤酒花等霜霉病，番茄、马铃薯的早疫病、晚疫病，白粉病，锈病，葡萄孢属病菌引起的病害等

名称	其他名称	主要剂型	防治对象
丙氧喹啉	6-碘代-2-丙氧基-3-丙基-4（3H）-喹唑啉	200克/升乳油	用于葡萄防治白粉病
春雷霉素	春日霉素、加收米、加瑞农、加收热必	2%、4%、6%、10%可湿性粉剂，2%水剂	水稻稻瘟病，烟草野火病，番茄叶霉病、细菌性角斑病、枯萎病，甜椒褐斑病，白菜软腐病，柑橘溃疡病，辣椒疮痂病，芹菜早疫病等
哒菌酮	哒菌清、达灭净	1.2%粉剂，20%悬浮剂，20%可湿性粉剂	水稻纹枯病，各种菌核病，花生白霉病、菌核病等
代森联	代森连、品润	70%干悬浮剂，70%可湿性粉剂，60%水分散粒剂	早疫病、晚疫病、疫病、霜霉病、黑胫病、叶霉病、叶斑病、紫斑病、斑枯病、褐斑病、黑斑病、黑星病、疮痂病、炭疽病、轮纹病、斑点落叶病、锈病等
代森锰锌	叶斑清、百乐、大生	50%、70%、80%可湿性粉剂，30%、48%悬浮剂	梨黑星病，柑橘疮痂病、溃疡病，苹果斑点落叶病，葡萄霜霉病，荔枝霜霉病、疫霉病，青椒疫病，黄瓜、香瓜、西瓜霜霉病，番茄疫病，棉花烂铃病，小麦锈病，白粉病，玉米大斑病，条斑病，烟草黑胫病，山药炭疽病、褐腐病、根颈腐病、斑点落叶病等
代森锌	锌乃浦、培金	65%、80%可湿性粉剂，65%水分散粒剂	白菜、黄瓜霜霉病，番茄炭疽病，马铃薯晚疫病，葡萄白腐病、黑斑病，苹果、梨黑星病等
稻瘟灵	富士一号、异丙硫环	30%、40%乳油，40%可湿性粉剂，30%展膜油剂，18%高渗乳油，40%泡腾粒剂	水稻稻瘟病（叶瘟、穗瘟），果树、茶树、桑树、块根蔬菜的根腐病
敌磺钠	敌克松、地克松、地爽	75%、95%可溶粉剂，55%膏剂	稻瘟病、稻恶苗病、锈病、猝倒病、白粉病、疫病、黑斑病、炭疽病、霜霉病、立枯病、根腐病、茎腐病，小麦网腥黑穗病、腥黑穗病

名称	其他名称	主要剂型	防治对象
敌菌丹	福尔西一登、四氯丹	80%可湿性粉剂，40%悬浮剂	果树、蔬菜、经济作物根腐病、立枯病、霜霉病、疫病、炭疽病，番茄叶和果实病害，马铃薯枯萎病、咖啡、仁果病害，其他农业、园艺和森林作物病害
敌菌灵	防霉灵、代灵	50%可湿性粉剂	瓜类炭疽病、瓜类霜霉病、黄瓜黑星病、水稻稻瘟病、胡麻叶斑病、烟草赤星病、番茄斑枯病、黄瓜蔓枯病等
丁苯吗啉	Funbas、Misdofix、Mistral T、Corbel	75%乳油	防治柄锈菌属、黑麦喙孢，禾谷类作物白粉菌、豆类白粉菌、甜菜白粉菌等引起的真菌病害，如麦类白粉病，麦类叶锈病，禾谷类黑穗病，棉花立枯病等
丁香酚	4-烯丙基愈疮木酚、丁香油酚、丁子香酚、丁子香酸、烯丙基甲氧基苯酚、异丁香酚苯乙醚、灰霉特	2.1%、20%水剂，0.3%可溶液剂	灰霉病、霜霉病、白粉病、疫病等
啶斑肟	2,4-二氯-2-（3-吡啶基）苯乙酮-O-甲基肟	25%可湿性粉剂，20%乳油	防治香蕉、葡萄、花生、观赏植物、核果、仁果和蔬菜等叶或果实上的病害，如苹果黑星病、苹果白粉病、葡萄白粉病、花生叶斑病
啶酰菌胺	2-氯-N-（4-氯联苯-2-基）烟酰胺	50%水分散粒剂	防治黄瓜、甘蓝、薄荷、坚果、豌豆、草莓、根类蔬菜、核果、向日葵、马铃薯、葡萄、菜果、胡萝卜、大田作物、油菜、豆类、球茎类蔬菜等的白粉病、灰霉病、腐烂病、褐根病、根腐病
啶氧菌酯	Acanlo	22.5%、25%悬浮剂	麦类作物的叶枯病、叶锈病、颖枯病、褐斑病、白粉病等，如小麦叶枯病、网斑病、云纹病等
多果定	多乐果、多宁	65%可湿性粉剂	蔬菜、果树、观赏植物、树木等的多种真菌病害

名称	其他名称	主要剂型	防治对象
多菌灵	苯并咪唑14号、棉萎丹、棉萎灵、溶菌灵、防霉宝、保卫田	25%、50%可湿性粉剂,40%、50%悬浮剂,80%水分散粒剂	瓜类白粉病、疫病、炭疽病,番茄早疫病,豆类炭疽病、疫病,油菜菌核病,茄子、黄瓜菌核病,豌豆白粉病,十字花科蔬菜、番茄、莴苣、菜豆菌核病,番茄、黄瓜、菜豆灰霉病,十字花科蔬菜白斑病,豌豆煤霉病,芹菜早疫病(斑点病)等
多抗霉素	多氧霉素、多效霉素、多氧清、保亮、宝丽安、保利霉素	1.5%、2%、3%、10%可湿性粉剂,1%、3%水剂	番茄花腐病,烟草赤星病,黄瓜霜霉病,人参、西洋参和三七的黑斑病,瓜类枯萎病,水稻纹枯病,苹果斑点落叶病、火疫病,茶树茶饼病,梨黑星病、黑斑病,草莓及葡萄灰霉病,瓜果蔬菜的立枯病、白粉病、灰霉病、炭疽病、茎枯病、枯萎病、黑斑病,水稻纹枯病、稻瘟病,小麦锈病、赤霉病、白粉病等
嘧咪唑		20%可湿性粉剂	灰葡萄孢属、盘单孢属、黑星菌属、枝孢属、胶锈孢属、交链孢属等属病原菌引起的病害
噁霉灵	土菌消、立枯灵、克霉灵、杀纹宁	8%、15%、30%水剂,15%、70%可湿性粉剂,20%乳油,70%种子处理干粉剂,0.10%颗粒剂	防治鞭毛菌、子囊菌、担子菌、半知菌(如腐霉菌、镰刀菌、丝核菌、伏革菌、根壳菌、雪霉菌等)引起的病害,如猝倒病、立枯病、枯萎病、菌核病等
噁霜灵	杀毒矾、噁唑烷酮、噁酰胺	25%可湿性粉剂,75%细粒剂	植物霜霉病、疫病等,烟草黑胫病、猝倒病,葡萄褐斑病、黑腐病、蔓割病等
噁唑菌酮	易保、噁唑菌酮、唑菌酮	75%水分散粒剂	白粉病、锈病、颖枯病、网斑病、霜霉病、晚疫病等
二氯异氰尿酸钠	优氯净、优氯克霉灵	20%、40%、50%可溶粉剂,66%烟剂	蔬菜、果树、瓜类、小麦、水稻、花生等上的细菌病害、真菌病害、病毒病害,食用菌栽培中的霉菌病害、杂菌病害

名称	其他名称	主要剂型	防治对象
二噻农	二氰蒽醌、博青	66%水分散粒剂, 22.70%、50%悬浮剂, 65%可湿性粉剂	果树的黑星病、霉点病、叶斑病、锈病、炭疽病、疮痂病、霜霉病、褐腐病等
二硝巴豆酸酯	敌螨普、肖螨普	19.5%、50%乳油, 37%乳剂, 37%水剂, 19.5%、25%可湿性粉剂	苹果、葡萄、烟草、蔷薇、菊花、黄瓜、啤酒花上的白粉病
粉唑醇	(R,S)-2,4'-二氟-α-(1H-1,2,4-三唑-1-甲基)二苯基甲醇	12.5%乳油	麦类白粉病、锈病、黑穗病, 玉米黑穗病等
呋吡菌胺	福拉比、氟吡酰胺	1.5%颗粒剂, 0.5%粉剂, 15%可湿性粉剂	水稻纹枯病, 多种水稻菌核病, 白绢病等
呋霜灵	N-(2-呋喃甲酰基)-N-(2,6-二甲苯基)-D,L-丙氨酸甲酯	50%可湿性粉剂	观赏植物、蔬菜、果树等的土传病害, 如腐霉属、疫霉属等卵菌纲病原菌引起的病害, 瓜类蔬菜的猝倒病、腐烂病、疫病等
呋酰胺	Vamin、Patafol	25%乳油	烟草霜霉病, 向日葵霜霉病, 番茄晚疫病, 葡萄霜霉病, 观赏植物、十字花科蔬菜上的霜霉病等
氟苯嘧啶醇	环菌灵、Trimidal、Trimiol	65%可湿性粉剂	禾谷类作物病原真菌引起的病害, 如斑点病、叶枯病、黑穗病、白粉病、黑星菌。苹果、石榴、核果、葡萄等的白粉病, 苹果疮痂病等
氟啶胺	福农帅	500克/升悬浮剂	黄瓜灰霉病、腐烂病、霜霉病、炭疽病、白粉病, 番茄晚疫病, 苹果黑星病、叶斑病, 梨黑斑病、锈病, 水稻稻瘟病、纹枯病, 葡萄灰霉病、霜霉病, 马铃薯晚疫病等
氟啶菌酰胺	氟吡菌胺、银法利	687.5克/升悬浮剂	卵菌纲病菌引起的病害（如霜霉病、疫病等）, 以及稻瘟病、灰霉病、白粉病等

名称	其他名称	主要剂型	防治对象
氟硅唑	福星、克菌星、秋福	5%、8%、20%、30%微乳剂、20%可湿性粉剂、8%热雾剂、10%、15%、25%水乳剂、40%乳油	梨黑星病，苹果轮纹烂果病，黄瓜黑星病，烟草赤星病，蔬菜白粉病，菊花、薄荷、车前草、田旋花及蒲公英白粉病，红花锈病，小麦锈病、白粉病、颖枯病，大麦叶斑病的等
氟环唑	环氧菌唑、欧霸	50%、70%水分散粒剂，12.5%、25%、30%、40%、50%悬浮剂，75克/升乳油	防治立枯病、白粉病、眼纹病，及糖用甜菜、花生、油菜、草坪、咖啡、水稻及果树等的病害
氟菌唑	特富灵、三氟咪唑	30%可湿性粉剂，15%乳油，10%烟剂	麦类、果树、蔬菜等白粉病、锈病、褐腐病等
氟喹唑	SN597265	25%可湿性粉剂，167克/升种子处理剂	白粉菌、链核盘菌，以及尾孢霉属、茎点霉属、壳针孢属、埋核盘菌属、柄锈菌属、驼孢锈菌属和核盘菌属等真菌引起的病害
氟吗啉	灭克、氟吗锰锌	20%、50%、60%可湿性粉剂	卵菌纲病原菌引起的病害，如黄瓜霜霉病，葡萄霜霉病，白菜霜霉病，番茄晚疫病，马铃薯晚疫病，辣椒疫病，荔枝霜疫霉病，大豆疫霉根腐病等
氟醚唑	朵麦克、杀菌全能王、四氟醚唑	4%、12.5%水乳剂，25%微乳剂	小麦白粉病、散黑穗病、锈病、腥黑穗病、颖枯病，大麦云纹病、散黑穗病、纹枯病，玉米丝黑穗病，高粱丝黑穗病，瓜果白粉病，香蕉叶斑病，苹果斑点落叶病，梨黑星病，葡萄白粉病等
氟嘧菌酯	{2-[6-(2-氯苯氧基)-5-氟嘧啶-4-基氧]苯基}(5,6-二氢-1,4,2-二噁嗪-3-基)甲酮-O-甲基肟	10%乳油	锈病、颖枯病、网斑病、白粉病、霜霉病等

名称	其他名称	主要剂型	防治对象
氟酰胺	望佳多、氟纹胺、福多宁	20％可湿性粉剂	立枯病、纹枯病等
福美双	秋兰姆、赛欧散、阿锐生	50％、75％、80％可湿性粉剂	根腐病、立枯病、猝倒病、黑星病、疮痂病、炭疽病、轮纹病、黑斑病、灰斑病、叶斑病、白粉病、锈病、霜霉病、晚疫病、早疫病、稻瘟病、黑穗病等，如麦类条纹病、腥黑穗病、玉米、亚麻、蔬菜、糖萝卜、针叶树立枯病、烟草根腐病、甘蓝、莴苣、瓜类、茄子、蚕豆等苗期立枯病、猝倒病、草莓灰霉病、梨黑星病、马铃薯、番茄晚疫病、瓜类、菜类霜霉病、葡萄炭疽病、白腐病等
腐霉利	速克灵、杀霉利、二甲菌核利、速克灵、黑灰净、必克灵、消霉灵、扫霉特、棚丰、福烟、克霉宁、灰霉灭、灰霉星、胜得灵、天达腐霉利	50％可湿性粉剂，30％颗粒熏蒸剂，25％流动性粉剂，25％胶悬剂，10％、15％烟剂，20％悬浮剂	黄瓜灰霉病、菌核病、番茄灰霉病、菌核病、早疫病、辣椒灰霉病、辣椒等蔬菜菌核病、葡萄、草莓灰霉病、苹果、桃、樱桃褐斑病、苹果斑点落叶病、枇杷花腐病等
咯菌腈	氟咯菌腈、适乐时	2.5％、10％悬浮种衣剂，50％可湿性粉剂	用于小麦、大麦、玉米、豌豆、油菜、水稻、蔬菜、葡萄、草坪和观赏植物的叶面处理。防治雪腐镰孢菌、小麦网腥黑腐菌、立枯病菌等；对灰霉病有特效；防治种传和土传病菌，如链格孢属、壳二孢属、曲霉属、镰孢菌属、长蠕孢属、丝核菌属、青霉属的病菌；防治玉米青枯病、茎基腐病、猝倒病；防治棉花立枯病、红腐病、炭疽病、黑根病、种子腐烂病；防治大豆、花生立枯病、根腐病；防治水稻恶苗病、胡麻叶斑病、早期叶瘟病、立枯病；防治油菜黑斑病、黑胫病；防治马铃薯立枯病、疮痂病；防治蔬菜枯萎病、炭疽病、褐斑病、蔓枯病

名称	其他名称	主要剂型	防治对象
咯喹酮	乐喹酮、百快隆	2%、5%颗粒剂，50%可湿性粉剂	水稻稻瘟病
硅噻菌胺	全蚀净	12.5%悬浮剂	小麦全蚀病
环丙酰菌胺	加普胺	悬浮种衣剂、颗粒剂、悬浮剂、湿拌种剂	水稻稻瘟病
环丙唑醇	环唑醇	10%、40%可湿性粉剂，10%水溶液剂，10%、84%水分散粒剂	防治白粉菌属、柄锈菌属、喙孢属、核腔菌属和壳针孢属菌引起的病害，如小麦白粉病、散黑穗病、纹枯病、雪腐病、全蚀病、腥黑穗病、大麦云纹病、散黑穗病、玉米丝黑穗病、高粱丝黑穗病、甜菜菌核病、咖啡锈病、苹果斑点落叶病、梨黑星病等
环氟菌胺	Pancho	50克/升水乳剂	小麦白粉病、草莓白粉病、黄瓜白粉病、苹果白粉病、葡萄白粉病等
环酰菌胺		50%水分散粒剂、50%悬浮剂、50%可湿性粉剂	稻田防治稻瘟病、灰霉病、菌核病、黑斑病等
磺菌胺	2′,4-二氯-α,α,α-三氟-4′-硝基间甲苯磺酰苯胺	粉剂、悬浮剂	防治土传病害，如腐霉病菌、螺壳状丝囊霉、疮痂病菌、环腐病菌等引起的病害，根肿病等
磺菌威	Kayabest	10%粉剂	水稻枯萎病
活化酯	生物素	50%、63%可湿性粉剂	水稻、小麦、蔬菜、香蕉、烟草等的白粉病、锈病、霜霉病等
己唑醇	开美、绿云罗克、同喜、富绿	5%悬浮剂，10%乳油，5%微乳剂，50%水分散粒剂	苹果、葡萄、香蕉、蔬菜、花生、咖啡、禾谷类作物和观赏植物的白粉病、锈病、黑星病、褐斑病、炭疽病、水稻纹枯病等
甲呋酰胺	酚菌氟来、甲呋酰苯胺、黑穗胺	干拌种剂，25%乳油	小麦、大麦散黑穗病，小麦光腥黑穗病和网腥黑穗病，高粱丝黑穗病，谷子黑穗病

名称	其他名称	主要剂型	防治对象
甲基立枯磷	利克菌、立枯灭、灭菌磷	50%可湿性粉剂，5%、10%、20%粉剂，20%乳油和25%胶悬剂	棉花、油菜、花生、甜菜、小麦、玉米、水稻、马铃薯、瓜果、蔬菜、观赏植物、果树等的立枯病、枯萎病、菌核病、根腐病，十字花科作物的黑根病、褐腐病
甲基硫菌灵	甲基托布津	5%糊剂，70%可湿性粉剂，40%、50%胶悬剂，36%悬浮剂	蔬菜灰霉病、炭疽病、菌核病等，花腐病，月季褐斑病，海棠灰霉病，苹果轮纹病、炭疽病，葡萄褐斑病、炭疽病、灰霉病，桃褐腐病，麦类黑穗病等
甲菌定	二甲嘧酚、甲嘧醇、灭霉灵	10%乳油，124.7克/升甲菌定盐酸盐水剂	苹果、葡萄、黄瓜、草莓、玫瑰、甜菜的白粉病
甲霜灵	阿普隆、保种灵、瑞毒霉、瑞毒霜、甲霜安、雷多米尔、氨丙灵	5%颗粒剂，25%可湿性粉剂，35%拌种剂	霜霉病、疫霉病、腐霉病、疫病、晚疫病、黑胫病、猝倒病等
腈苯唑	唑菌腈、苯腈唑	24%悬浮剂	香蕉叶斑病，桃树褐斑病，苹果、梨黑星病，禾谷类黑粉病、腥黑穗病，麦类、菜豆锈病、蔬菜白粉病等
腈菌唑	仙生	40%可湿性粉剂，5%、12%、12.5%乳油	谷类腥黑穗病、黑穗病，新鲜梨果白粉病、结疤，核果类植物褐腐病及白粉病，攀援植物白粉病、黑腐病及灰霉病，谷类植物锈蚀病，甜菜叶斑病等
井冈霉素	百艳、贝博、春雷米尔、世通	5%、3%水剂，2%、3%、4%、5%、12%、15%、17%可溶粉剂，0.33%粉剂	水稻纹枯病、稻曲病，玉米大斑病、小斑病，蔬菜、棉花、豆类等作物病害
糠菌唑		15%悬浮剂	防治禾谷类作物、果树和蔬菜上的子囊菌纲、担子菌纲、半知菌类病原菌，链格孢属和镰孢属病原菌
克菌丹	盖普丹、卡丹、普丹、可菌丹	50%悬浮剂，80%可湿性粉剂	番茄、马铃薯等霜霉病、白粉病、炭疽病，苹果轮纹病、炭疽病、褐斑病、斑点落叶病、煤污病、黑星病等

名称	其他名称	主要剂型	防治对象
克瘟散	稻瘟光、敌瘟磷、西双散	30%、40%乳油	水稻稻瘟病（如叶瘟、穗颈瘟、节瘟等）、纹枯病、胡麻叶斑病、谷子瘟病，玉米大斑病和小斑病、麦类赤霉病、小球菌核病、穗枯病等
喹菌酮	噁喹酸、奥索利酸、萘啶酸	1%超微粉剂，20%可湿性粉剂	水稻颖枯细菌病、内颖褐变病、叶鞘褐条病、软腐病、苗立枯细菌病、马铃薯黑胫病、软腐病、火疫病、苹果和梨火疫病、软腐病、白菜软腐病
联苯三唑醇	百柯、百科、双苯唑菌醇、双苯三唑醇	25%可湿性粉剂，30%乳油	果树黑星病、腐烂病，香蕉、花生叶斑病，作物锈病、白粉病，桃疮痂病、麦叶穿孔病、梨锈病、黑星病，菊花、石竹、天竺葵、蔷薇等锈病
邻烯丙基苯酚	绿闹、2-(2-丙烯基)苯酚、2-烯丙基苯酚	10%乳油，20%可湿性粉剂	番茄、草莓灰霉病、白粉病，果树斑点落叶病、腐烂病、干腐病，蔬菜、小麦、花卉、草坪的主要病害，园林中的主要病害
硫黄	硫块、粉末硫黄、磺粉、硫黄块、硫黄粉	45%、50%悬浮剂，80%水分散粒剂，91%粉剂	花草、林木、果树等的病害
螺环菌胺	螺亚茂胺	25%、50%、80%乳油	小麦白粉病、锈病，大麦云纹病、条纹病
络氨铜	硫酸四氨络合铜	23%、25%水剂	黄瓜细菌性角斑病、叶枯病、缘枯病、软腐病、细菌性枯萎病、圆斑病，西葫芦绵腐病，冬瓜疫病、细菌性角斑病，丝瓜疫病，番茄细菌性斑疹病、溃疡病、细菌性髓部坏死病、（匍柄霉）斑点病，茄子绵疫病、（黑根霉）果腐病，甜（辣）椒白星病、黑霉病、细菌性叶斑病、疮痂病、青枯病、软腐病、果实黑斑病，马铃薯软腐病，菜豆根腐病、红斑病、细菌性疫病、细菌性晕疫病，大豆褐斑病、灰斑病，洋葱软腐病、黑斑病，莴苣和莴笋的细菌性叶缘坏死病、轮斑病，胡萝卜细菌性软腐病、细菌性疫病，甘蓝类细菌性黑斑病，芥菜类软腐病，乌塌菜软腐病，蕹菜（柱盘孢子）叶斑病，结球芥菜、芹菜、香芹菜软腐病，白菜类黑腐病、软腐病、细菌性角斑病、叶斑病等

名称	其他名称	主要剂型	防治对象
氯苯嘧啶醇	乐必耕、芬瑞莫、异嘧菌醇	25％、50％、80％乳油	石榴、核果、板栗、梨、苹果、芒果、葡萄、草莓、葫芦、茄子、辣椒、番茄、甜菜、花生、玫瑰等的白粉病、黑星病、炭疽病、黑斑病、褐斑病、锈病等
氯硝胺	阿丽散	5％、50％可湿性粉剂，6％、8％、40％粉剂	甘薯、洋麻（学名大麻槿）、黄瓜、棉花、烟草、草莓、马铃薯等的灰霉病，油菜、葱、桑、大豆、番茄、甘薯等的菌核病，甘薯、棉花等的软腐病，马铃薯、番茄的晚疫病，桃、杏、苹果的枯萎病，小麦黑穗病等
麦穗宁	麦穗灵	干拌种剂、悬浮种衣剂	小麦黑穗病，大麦条纹病、白霉病，瓜类蔫萎病
咪鲜胺	施保克、施保功、扑霉灵、丙灭菌、扑克拉、扑菌唑、扑霉唑	25％、450克/升水乳剂，250克/升乳油，0.5％悬浮种衣剂，15％、25％、45％微乳剂，1.5％水乳种衣剂	禾谷类作物的白粉病、叶斑病，果树、蔬菜、蘑菇、草皮、观赏植物的病原菌病害
咪唑菌酮	N-（4-甲基-6-丙炔基嘧啶-2-基）苯胺	50％悬浮剂	柑橘青霉病、绿霉病、蒂腐病、花腐病、灰霉病，甘蓝灰霉病，芹菜斑枯病、菌核病，芒果炭疽病，苹果青霉病、炭疽病、灰霉病、黑星病等
醚菌酯	苯氧菌酯、苯氧菊酯	30％、50％、60％水分散粒剂，30％可湿性粉剂，10％、30％、40％悬浮剂	葡萄白粉病，小麦锈病，马铃薯、南瓜疫病，水稻稻瘟病，草莓、甜瓜、黄瓜白粉病，梨黑星病
嘧菌胺		15％可湿性粉剂	观赏植物、蔬菜、果树等的灰霉病、白粉病，苹果黑星病、斑点落叶病，桃灰星病、黑星病等
嘧菌环胺	环丙嘧菌胺	50％可湿性粉剂，50％水分散粒剂	小麦、大麦、葡萄、草莓、果树、蔬菜、观赏植物等的灰霉病、白粉病、黑星病、叶斑病、颖枯病，小麦眼纹病等

名称	其他名称	主要剂型	防治对象
嘧菌酯	阿米西达、安灭达、腈嘧菌酯	20%、50%、60%、80%、水分散粒剂，20%、25%、30%悬浮剂，20%可湿性粉剂，10%微囊悬浮剂，10%悬浮种衣剂	水稻、花生、葡萄、马铃薯、蔬菜、咖啡、柑橘、苹果、香蕉、桃、梨、草坪的白粉病、锈病、颖枯病、网斑病、黑星病、霜霉病、稻瘟病等
嘧菌腙	布那生	30%可湿性粉剂	水稻上由稻尾声孢、稻长蠕孢、稻梨孢等病原引起的病害
嘧霉胺	甲基嘧啶胺、二甲嘧啶胺、施佳乐	20%、30%、37%、400克/升悬浮剂，20%、25%、40%可湿性粉剂，40%、70%、80%水分散粒剂，25%乳油	黄瓜、番茄、葡萄、草莓、豌豆、韭菜等的灰霉病、枯萎病，果树黑星病、斑点落叶病等
灭粉霉素	米多霉素	5%可湿性粉剂	番茄、苹果等蔬菜、果树上的白粉病
灭菌丹	法尔顿、福尔培、费尔顿	50%可湿性粉剂、80%水分散粒剂	瓜类及其他蔬菜的霜霉病、白粉病，马铃薯、番茄的早疫病、晚疫病，豌豆白粉病、轮纹病
灭菌唑	扑力猛	25克/升悬浮种衣剂，300克/升悬浮种衣剂	禾谷类作物、豆科作物、果树上的白粉病、锈病、黑星病、网斑病、种传病害等
灭瘟素	稻瘟散、布拉叶斯、杀稻菌素	2%乳油，1%可湿性粉剂	水稻的稻瘟病、胡麻叶斑病、小粒菌核病、条纹病
灭瘟唑	4-氯-3-甲基-2(3H)-苯并噻唑烷酮	10%可湿性粉剂，10%乳油，8%颗粒剂，2.5%粉剂	水稻的稻瘟病
灭锈胺	丙邻胺、灭普宁、纹达克、担菌宁	3%粉剂，20%乳油，20%、25%、40%悬浮剂，75%可湿性粉剂	水稻、黄瓜、马铃薯立枯病，小麦赤锈病、雪腐病等

名称	其他名称	主要剂型	防治对象
尼可霉素	华光霉素	2.5%可湿性粉剂	烟草赤星病、番茄灰霉病、叶霉病，黄瓜灰霉病、叶霉病、菌核病，苹果轮斑病、梨黑斑病等
宁南霉素	菌克毒克、翠美	2%、8%水剂，10%可溶粉剂	烟草花叶病毒病、番茄病毒病、辣椒病毒病、水稻立枯病、大豆根腐病、水稻条纹叶枯病、苹果斑点落叶病、黄瓜白粉病、油菜菌核病、荔枝霜疫霉病，其他作物的病毒病、茎腐病、蔓枯病、白粉病等
氰菌胺	稻瘟酰胺、氰酰胺	1%粉剂，5%、7%、9%颗粒剂，20%、24%悬浮剂	水稻的稻瘟病
氰霜唑	科佳、赛座灭、氰唑磺菌胺	10%悬浮剂，40%颗粒剂	霜霉病、霜疫霉病、疫病、晚疫病等
噻氟菌胺	噻呋酰胺、噻氟酰胺	25%可湿性粉剂，20%、24%、50%悬浮剂，50%可溶粒剂，15%悬浮种衣剂	水稻、麦类的纹枯病
噻菌灵	特克多、涕灭灵、硫苯唑、腐绝	45%悬浮剂，60%、90%可湿性粉剂，42%胶悬剂	柑橘贮存期青霉病、绿霉病；香蕉贮存期冠腐病、炭疽病；苹果、梨、菠萝、葡萄、草莓、甘蓝、白菜、番茄、蘑菇、甜菜、甘蔗等贮存期病害；柑橘蒂腐病、花腐病，草莓白粉病、灰霉病，甘蓝灰霉病，芹菜斑枯病、菌核病，芒果炭疽病，苹果青霉病、炭疽病、灰霉病、黑星病
噻酰菌胺	3'-氯-4,4'-二甲基-1,2,3-噻二唑-5-甲酰苯胺	6%颗粒剂，12%噻酰菌胺·1%氟虫腈颗粒剂，12%噻酰菌胺·2%吡虫啉颗粒剂	水稻稻瘟病、褐条病、白叶枯病、胡麻叶斑病、纹枯病、白粉病、锈病、晚疫病或疫病、霜霉病，假单胞菌、黄单胞菌、欧文菌引起的病害

名称	其他名称	主要剂型	防治对象
噻唑菌胺	韩乐宁	12.5%、20%、25%可湿性粉剂	葡萄霜霉病，马铃薯晚疫病，瓜类霜霉病等
三环唑	比艳、三唑苯噻、克瘟灵、克瘟唑	20%、40%、75%可湿性粉剂，30%悬浮剂，1%、4%粉剂，20%溶胶剂	水稻稻瘟病
三唑醇	百坦	10%、15%、25%干拌种剂，17%、25%湿拌种剂，25%胶悬拌种剂	大麦散黑穗病、锈病、叶条纹病、网斑病等，玉米、高粱丝黑穗病，春大麦散黑穗病、顺条纹病、网斑病、根腐病，冬小麦散黑穗病、网腥黑穗病、雪腐病，春燕麦叶条纹病、散黑穗病等
三唑酮	百理通、粉锈宁、百菌酮	5%、15%、25%可湿性粉剂，25%、20%、10%乳油，20%糊剂，25%胶悬剂，0.5%、1%、10%粉剂，15%烟雾剂等	锈病、白粉病，玉米、高粱等黑穗病，玉米圆斑病
十三吗啉	克啉菌、克力星	75%、86%乳油	谷类白粉病，香蕉叶斑病，橡胶树白根病、红根病、褐根病、白粉病，咖啡眼斑病，茶树茶饼病，瓜类白粉病，花木白粉病等
双胍辛胺	百可得、培褥朗、派克定	40%可湿性粉剂，25%水剂，3%糊剂	灰霉病、白粉病、菌核病、茎枯病、蔓枯病、炭疽病、轮纹病、黑星病、叶斑病、斑点落叶病、果实软腐病、青霉病、绿霉病、苹果花腐病、苹果腐烂病、小麦雪腐病。也用于野兔、鼠类、鸟类的驱避剂
双氯氰菌胺	(R,S)-2-氰基-(N)-[(R)-1-(2,4-二氯苯基)乙基]-3,3-二甲基丁酰胺	3%颗粒剂，7.5%悬浮液	水稻稻瘟病

名称	其他名称	主要剂型	防治对象
双炔酰菌胺	2-(4-氯苯基)-N-{2-[3-甲氧基-4-(2-丙炔氧基)]苯基乙烷基}-2(2-丙炔氧基)乙酰胺	250克/升悬浮剂	葡萄霜霉病，马铃薯晚疫病，番茄晚疫病，黄瓜霜霉病、炭疽病、轮纹病
霜霉威	普力克、普而富、扑霉特、扑霉净、免劳露、疫霜净	35%、40%、66.5%、72.2%水剂等	番茄、辣椒、莴苣、马铃薯、烟草、草莓、草坪、花卉的霜霉病、疫病、猝倒病、晚疫病、黑胫病等
霜脲氰	清菌脲、菌疫清、霜疫清	15%可湿性粉剂，8%霜脲氰·64%代森锰锌，36%、72%霜脲氰·锰锌可湿性粉剂，5%霜脲氰·锰锌粉剂，36%霜脲氰·锰锌悬浮剂，20%霜脲氰·锰锌烟剂，18%霜脲氰·锰锌热雾剂	番茄、黄瓜、马铃薯的霜霉病、晚疫病，枣树、苹果、梨等果树的叶斑病、锈病、霜霉病，辣椒、西瓜的疫病，荔枝疫霉病
水合霉素	地霉素、氧四环素、土霉素碱	88%可溶粉剂	番茄溃疡病、青枯病，茄子褐纹病，豌豆枯萎病，大葱软腐病，大蒜紫斑病、白菜软腐病、细菌性角斑病、细菌性叶斑病，甘蓝类细菌性黑斑病等
水杨酸	邻羟基苯甲酸	99%原药	诱导水稻、玉米、小麦、油菜、番茄、菜豆、黄瓜、大蒜、大豆、甜菜、烟草等产生抗性；防治水稻稻瘟病、白叶枯病等
松脂酸铜	百康、得铜安、盖波、冠绿、去氢枞酸铜	12%、16%、20%、30%乳油，45%粉剂，20%水乳剂，20%可湿性粉剂	柑橘溃疡病、水稻细菌性条斑病、白叶枯病、稻瘟病，瓜类霜霉病、疫病、黑星病、炭疽病、细菌性角斑病，茄子立枯病、番茄晚疫病等

名称	其他名称	主要剂型	防治对象
萎锈灵	卫福	20%乳油，50%、75%可湿性粉剂，50%颗粒剂	棉花立枯病、黄萎病，高粱散黑穗病、丝黑穗病，玉米丝黑穗病，麦类黑穗病、锈病，谷子黑穗病，棉花苗期病害
肟菌酯	肟草酯、三氟敏	7.5%、12.5%乳油，45%干悬浮剂，50%、45%可湿性粉剂，50%水分散粒剂	白粉病、叶斑病、锈病、霜霉病、立枯病，苹果黑星病
肟醚菌胺	安格	3.3%、7.0%、44.5%水分散粒剂	水稻稻瘟病、纹枯病
戊菌隆	戊环隆、万菌灵、禾穗宁	5%悬浮种衣剂，1.5%粉剂，12.5%干拌种剂	立枯丝核菌引起的病害，如水稻纹枯病等
戊菌唑	托扑死、配那唑、果壮、笔菌唑	20%水乳剂，10%乳油	子囊菌、担子菌、半知菌所致的病害
戊唑醇	立克秀、科胜、菌立克、富力库、普果、奥宁	43%悬浮剂，25%可湿性粉剂，60克/升悬浮种衣剂	小麦白粉病、散黑穗病、纹枯病、雪腐病、全蚀病、腥黑穗病，大麦云纹病、散黑穗病、纹枯病，玉米丝黑穗病，高粱丝黑穗病，大豆锈病等
烯丙苯噻唑	烯丙异噻唑、噻菌烯	8%颗粒剂	稻瘟病、白叶枯病
烯肟菌酯	佳斯奇	25%乳油	黄瓜、葡萄的霜霉病，小麦白粉病等
烯酰吗啉	霜安、安克、雄克、安玛、绿捷、瓜隆、灵品、世耘、霜爽、霜电、雪病、拔萃	10%、20%、40%、50%悬浮剂，10%、15%水乳剂，25%、30%、50%可湿性粉剂，40%、50%、80%水分散粒剂，25%微乳剂	马铃薯晚疫病，烟草黑胫病，辣椒芋头疫病，黄瓜、甜瓜、十字花科蔬菜、水稻霜霉病

名称	其他名称	主要剂型	防治对象
烯唑醇	速保利、壮麦灵、特普唑、特灭唑、达克利、灭黑灵	12.5％可湿性粉剂，12.5％、25％乳油	麦类散黑穗病、腥黑穗病、坚黑穗病、白粉病、条锈病、叶锈病、秆锈病、云纹病、叶枯病、玉米、高粱丝黑穗病，花生褐斑病、黑斑病，苹果白粉病、锈病，梨黑星病，黑穗醋栗白粉病，咖啡、蔬菜等的白粉病、锈病等
缬霉威	异丙菌胺	66.8％可湿性粉剂	黄瓜、葡萄等的霜霉病
亚胺唑	酰胺唑、霉能灵	5％、15％可湿性粉剂	桃、日本杏、柑橘树的疮痂病，梨黑星病，苹果黑星病、锈病，白茅、紫薇白粉病，花生褐斑病，茶炭疽病，玫瑰黑斑病，菊、草坪锈病，葡萄黑痘病
氧化萎锈灵	莠锈散	50％、75％可湿性粉剂	谷物、蔬菜的锈病
叶菌唑	羟菌唑	60克/升水乳剂	小麦壳针孢、穗镰刀菌等引起的病害；小麦叶锈病、条锈病、白粉病、颖枯病；大麦喙孢属、黑麦喙孢属等病菌引起的病害，大麦矮形病、白粉病、叶锈病；燕麦冠锈病；小黑麦叶锈病、壳针孢引起的病害
乙基硫菌灵		50％、70％可湿性粉剂	稻、麦、甘薯、果树、蔬菜、棉花等的白粉病、菌核病、灰霉病、炭疽病等
乙菌利	克氯得	20％、50％可湿性粉剂，30％悬浮剂	苹果黑星病，玫瑰白粉病，葡萄、草莓、蔬菜灰霉病，小麦腥黑穗病，大麦和燕麦散黑穗病等
乙膦铝	三乙膦酸铝、疫霜灵、疫霉灵、霉菌灵	40％、80％可湿性粉剂，30％胶悬剂，90％可溶粉剂	霜霉病、疫病、晚疫病、立枯病、枯萎病、溃疡病、褐斑病、稻瘟病、纹枯病等
乙霉威	保灭灵、硫菌霉威、抑菌灵、抑菌威、万霉灵	50％、65％可湿性粉剂，6.5％粉剂	黄瓜灰霉病、茎腐病，甜菜叶斑病，番茄灰霉病，苹果青霉病等

名称	其他名称	主要剂型	防治对象
乙嘧酚	灭霉定、胺嘧啶、乙嘧醇、乙菌定、乙氨哒酮	25%悬浮剂	禾谷类作物、葫芦科作物白粉病
乙嘧酚黄酸酯	乙嘧酚磺胺酯、白特粉、布瑞莫	15%、25%乳油，25%微乳剂	小麦、草莓、玉米白粉病，葫芦科、茄科作物等的白粉病
乙蒜素	抗菌剂401、抗菌剂402、四零二	15%可湿性粉剂，20%、30%、41%、80%乳油	棉花立枯病、枯萎病、黄萎病，水稻稻瘟病、白叶枯病、恶苗病、烂秧病、纹枯病、玉米大斑病、小斑病、黄叶病、小麦赤霉病、条纹病、腥黑穗病、西瓜蔓枯病、苗期病害、黄瓜苗期绵疫病、枯萎病、灰霉病、黑星病、霜霉病、白菜软腐病、姜瘟病，番茄灰霉病、青枯病，辣椒疫病等
乙烯菌核利	农利灵、烯菌酮、免克宁	50%可湿性粉剂	白菜黑斑病，黄瓜、茄子、番茄灰霉病、大豆、油菜菌核病，果树及其他蔬菜的灰霉病、褐斑病、菌核病等
异稻瘟净	丙基喜乐松、Kitazin P、Iprobenfos	40%、50%乳油，20%粉剂，17%颗粒剂	水稻叶瘟病、穗颈瘟病、纹枯病、小球菌核病、玉米大斑病、小斑病。可兼治稻飞虱
异菌脲	扑海因、桑迪恩	50%可湿性粉剂，50%悬浮剂，5%、25%油悬浮剂	果树、蔬菜、瓜果类等作物早期落叶病、灰霉病、早疫病等
抑霉唑	烯菌灵	22.5%、50%乳油，0.1%涂抹剂	柑橘、芒果、香蕉、苹果、瓜类、谷类等作物病害
咪唑磺菌胺		17.7%可湿性粉剂	马铃薯、大豆、番茄、黄瓜、甜瓜、葡萄等作物的霜霉病、疫病等
种菌唑		2.5%悬浮种衣剂，4.23%水乳剂	小麦壳针孢、穗镰刀菌引起的病害，小麦叶锈病、条锈病、白粉病、颖枯病；大麦矮型锈病、白粉病；黑麦叶锈病；燕麦冠锈病等
唑嘧菌胺	辛唑嘧菌胺	20%乳油	黄瓜、葡萄的霜霉病，马铃薯晚疫病等

三、除草剂

除草剂是指可使杂草彻底地或选择地发生枯死的药剂，又称除莠剂，是用以消灭或抑制植物生长的一类物质。常见除草剂的种类与特性见表 3-5。

表 3-5　常见除草剂的种类与特性

名称	其他名称	主要剂型	防治对象
2,4-滴	2,4-D 酸, 2,4-D,2,4-二氯苯氧基乙酸,2,4-滴酸	2% 钠盐、720 克/升二甲胺盐水剂, 85% 可溶粉剂	麦、稻、玉米、甘蔗等作物田中的藜、苋等阔叶杂草及萌芽期禾本科杂草
2,4-滴丁酯	2,4-二氯苯氧基乙酸正丁酯	57%、72% 乳油	小麦、大麦、玉米、谷子、高粱等禾本科作物田及禾本科杂草地阔叶杂草，如播娘蒿、藜、蓼、芥菜、离子草等
2,4-滴乙基己酯	2,4-二氯苯氧基乙酸乙基己酯	77%、86%、87.5% 乳油	春小麦、春玉米、春大豆田一年生阔叶杂草，如龙葵、藜、苍耳、苘麻等
2 甲 4 氯	农多斯	13% 钠盐水剂, 56%、85% 钠盐可溶粉剂	水稻、小麦及其他旱地作物田的三棱草、鸭舌草、泽泻、野慈姑及其他阔叶杂草等
氨氟乐灵	茄科宁、拔绿	65% 水分散粒剂	草坪上多种禾本科杂草和阔叶杂草，如一年生早熟禾、稗草、马唐、一年生狗尾草、繁缕、龙爪茅、反枝苋、马齿苋等
氨氯吡啶酸	毒莠定101、毒莠定	21%、24% 水剂	常绿针叶树种林地、造林前清场、林区道路两侧、森铁路基等不需要生长植物的地方，主要防除野豌豆、柳叶菊、铁线莲、黄花蒿、青蒿、兔儿伞、百合花、唐松草、毛茛、地榆、白屈菜、委陵菜、紫菀、牛蒡、苣荬菜、刺儿菜、苍耳、藋草、田旋花、反枝苋、刺苋、铁苋菜、水蓼、藜、繁缕、一年蓬、悬浮花、野枸杞、酸枣、黄荆、茅莓、胡枝子、紫穗槐、忍冬、叶底珠、胡桃楸、南蛇藤、山葡萄、蒙古栎、平榛、黄榆、紫椴、黄檗等

名称	其他名称	主要剂型	防治对象
苯磺隆	阔叶净、巨星、麦磺隆	10%可湿性粉剂,75%水分散粒剂	小麦田一年生阔叶杂草,如播娘蒿、麦瓶草、芥菜、繁缕、大巢菜、地肤、苍耳、野油菜等
苯嘧磺草胺	巴佰金	70%水分散粒剂	马齿苋、反枝苋、藜、苍耳、龙葵、黄花蒿、苣荬菜、牵牛花、铁苋菜、小飞蓬、蒲公英、加拿大一枝黄花、鸭跖草、苘草等
苯嗪草酮	苯嗪草、苯甲嗪	70%水分散粒剂	甜菜田一年生阔叶杂草,如藜、苦荞麦、香薷、蓼、苘麻、苍耳、龙葵等
苯噻酰草胺	环草胺	50%、53%可湿性粉剂,960克/升乳油	水稻田的禾本科杂草、异型莎草
苯唑草酮	苞卫	30%悬浮剂	玉米田的一年生禾本科杂草和阔叶杂草,如马唐、稗草、牛筋草、狗尾草、藜、蓼、苘麻、豚草、马齿苋、苍耳、龙葵、一点红等
吡草醚	速草灵、丹妙药	2%悬浮剂、2%微乳剂	防除小麦田阔叶杂草,如猪殃殃、播娘蒿、荠菜;也用于棉花脱叶
吡氟禾草灵	稳杀得、氟草除、氟吡醚	35%乳油	阔叶作物田防除稗草、马唐、狗尾草、牛筋草、千金子、看麦娘、野燕麦等一年生禾本科杂草及芦苇、狗牙根、双穗雀稗等多年生禾本科杂草
吡氟酰草胺	天宁、旗化	50%可湿性粉剂,50%水分散粒剂,500克/升悬浮剂	小麦、水稻、某些豆科作物(白羽扁豆、春播豌豆)、胡萝卜、向日葵等作物田大部分阔叶杂草
吡嘧磺隆	草克星、水星	10%可湿性粉剂	水稻田一年生和多年生阔叶杂草、莎草等,如野慈姑(驴耳菜)、眼子菜(水上漂)、四叶萍、狼巴草、母草、节节菜、鸭舌草、雨久花(兰花菜)、萤蔺(水葱)、牛毛毡、泽泻(水白菜)、三棱草、水莎草、异型莎草;稗草等
吡喃草酮	快捕净、醚草酮、醚肟草酮	10%乳油	阔叶作物田一年生及多年生禾本科杂草,如早熟禾、阿拉伯高粱、狗牙根等

名称	其他名称	主要剂型	防治对象
吡唑草胺	吡草胺	500 克/升悬浮剂	隐风草、鼠尾看麦娘、野燕麦、马唐、稗草、早熟禾、狗尾草等一年生禾本科杂草；苋、母菊、蓼、芥、茄、繁缕、荨麻、婆婆纳等阔叶杂草
苄草隆	可灭隆	45%、495 克/升悬浮剂	本特草、蓝谷草草坪的一年生早熟禾
苄嘧磺隆	农得时、便磺隆、稻无草	10%、30%可湿性粉剂，1.1%水面扩散剂，60%水分散粒剂	水稻和小麦田的三棱草、雨久花、眼子菜、野慈姑、鸭舌草、泽泻、狼巴草、牛毛毡、萤蔺、节节菜、播娘蒿、麦瓶草、泽漆、繁缕、麦家公、荠菜、大巢菜等一年生及多年生阔叶杂草；异型莎草、碎米莎草等莎草科杂草
丙草胺	扫弗特	50%水乳剂，30%、50%、52%、500 克/升乳油	水稻田的稗草、千金子、异型莎草、鸭舌草等大部分一年生禾本科杂草、莎草科杂草及部分阔叶杂草
丙嗪嘧磺隆	jumbo	9.5%悬浮剂	水稻田的一年生和多年生杂草，包括稗草、莎草、阔叶杂草
丙炔噁草酮	稻思达	10%、25%可分散油悬浮剂，80%可湿性粉剂	水稻田的稗草、千金子、水绵、小茨藻、异型莎草、碎米莎草、牛毛毡、鸭舌草、节节菜、陌上菜等，以及马铃薯田中的牛筋草、马齿苋、反枝苋、藜等
丙炔氟草胺	速由、司米梢芽	50%可湿性粉剂	用于大豆田、花生田、柑橘园等，防除一年生阔叶杂草和部分禾本科杂草，如苍耳、马齿苋、马唐、牛筋草、蓼等
丙酯草醚	ZJ0273	10%乳油	冬油菜移栽田一年生杂草，如看麦娘、繁缕等
草铵膦	草丁膦	18%可溶液剂，200 克/升水剂，30%水剂	非耕地的一年生和多年生杂草
草除灵	高特克乙酯	15%乳油，30%、40%、50%、500 克/升悬浮剂	油菜、麦类、苜蓿田一年生阔叶杂草，如繁缕、牛繁缕、雀舌草、苋、猪殃殃等

名称	其他名称	主要剂型	防治对象
草甘膦	农达、镇草宁	30％异丙胺盐水剂，41％钾盐水剂，68％铵盐可溶粒剂	杀草谱广，可防除单子叶和双子叶杂草、一年生和多年生杂草、草木和灌木等
单嘧磺隆	麦谷宁	10％可湿性粉剂	冬小麦田的播娘蒿、荠菜等一年生阔叶杂草
单嘧磺酯	N-〔2′(4′-甲基)嘧啶基〕-2-甲酸甲酯基苯磺酰脲	10％可湿性粉剂	冬小麦田的播娘蒿、荠菜、藜、萹蓄、荞麦蔓等一年生阔叶杂草
敌稗	斯达姆	16％、34％、480克/升乳油，80％水分散粒剂	水稻田的稗草
敌草胺	大惠利、萘丙酰草胺、草萘胺、萘丙胺、萘氧丙草胺	50％水分散粒剂，50％可湿性粉剂	茄科、十字花科、葫芦科、豆科、石蒜科等作物田以及果桑茶园的单子叶草，如稗草、马唐、狗尾草、野燕麦、千金子、看麦娘、早熟禾等；双子叶杂草，如藜、猪殃殃等
敌草快	利农、利收谷	200克/升、20％水剂	适用于阔叶杂草占优势的地块除草
敌草隆	达有龙、地草净、敌芜伦	20％、80％可湿性粉剂，80％水分散粒剂	棉花、大豆、甘蔗、果园等的马唐、牛筋草、狗尾草、旱稗、藜、苋、蓼、莎草等
丁草胺	马歇特、灭草特、去草胺、丁草锁	600克/升水乳剂，50％、60％、80％乳油	水田和旱地的稗草、千金子、异型莎草、碎米莎草、牛毛毡、鸭舌草、节节草、尖瓣花和萤蔺等
丁噻隆	特丁噻草隆	46％、500克/升悬浮剂	非耕地杂草、牧场区灌木、甘蔗田的禾本科和阔叶杂草；麦田、棉花田、甘蔗田、胡萝卜田的藜、猪殃殃、鼠尾看麦娘、莴苣、稗草等

名称	其他名称	主要剂型	防治对象
啶磺草胺	甲氧磺草胺、磺草胺唑、磺草唑胺	7.5％水分散粒剂，4％可分散油悬浮剂	冬小麦田的看麦娘、硬草、雀麦、野燕麦、婆婆纳、播娘蒿、荠菜、繁缕、米瓦罐、稻槎菜、早熟禾、猪殃殃、泽漆等
啶嘧磺隆	草坪清、绿坊、金百秀、秀百宫	25％水分散粒剂	暖季型草坪结缕草类、狗牙根类中的禾本科、阔叶及莎草科杂草，如稗草、马唐、牛筋草、早熟禾、看麦娘等禾本科杂草，空心莲子草、天胡荽、小飞蓬等阔叶杂草，碎米莎草等一年生莎草，水蜈蚣、香附子等多年生莎草科杂草
毒草胺	扑草胺、天宁	10％、50％可湿性粉剂	水稻、大豆、玉米、花生、甘蔗、棉花、高粱、十字花科蔬菜、洋葱、菜豆、豌豆、番茄、菠菜等田的稗草、马唐、狗尾草、野燕麦、苋、藜、马齿苋、牛毛草等
噁嗪草酮	去稗安、RYH-105	1％、30％悬浮剂	水稻田的稗草、沟繁缕、千金子、异型莎草等
噁唑禾草灵	噁唑灵	10％乳油	大豆、甜菜、棉花、马铃薯、亚麻、花生和蔬菜等地的看麦娘、鼠尾看麦娘、野燕麦、自生燕麦、不结籽燕麦、稗草、黍、宿根高粱、狗尾草等
噁唑酰草胺	韩秋好	10％乳油，10％可湿性粉剂	水稻田茎叶处理稗草、千金子等
二甲戊灵	除草通、二甲戊乐灵、施田补、胺硝草	450克/升微胶囊悬浮剂，33％、330克/升、500克/升乳油	棉花、玉米、直播早稻、大豆、花生、马铃薯、大蒜、甘蓝、白菜、韭菜、葱、姜等旱田及水稻育秧田的稗草、马唐、狗尾草、千金子、牛筋草、马齿苋、苋、藜、苘麻、龙葵、碎米莎草、异型莎草等
二氯吡啶酸	毕克草	30％水剂，75％可溶粒剂	春小麦田、春油菜田的刺儿菜、苣荬菜、稻槎菜、鬼针菜、大巢菜等阔叶杂草

名称	其他名称	主要剂型	防治对象
二氯喹啉酸	快杀稗、杀稗灵、神锄	25%泡腾粒剂，50%、75%可湿性粉剂，50%可溶粉剂	水稻田的稗草、雨久花、鸭舌草、水芹等
砜嘧磺隆	宝成、玉嘧磺隆、玉巧成、薯标	25%水分散粒剂	玉米田、烟草田、马铃薯田的一年生禾本科及阔叶杂草，如自生麦苗、马唐、稗草、狗尾草、野燕麦、野高粱、蓼菜、鸭跖草、荠菜、马齿苋、反枝苋、野油菜、莎草等
氟吡磺隆	韩乐盛	10%可湿性粉剂	水稻田的一年生阔叶杂草、禾本科杂草和莎草
氟吡甲禾灵	盖草能（酸）	108克/升乳油	大豆田的苗后到分蘖、抽穗初期的一年生和多年生禾本科杂草
氟磺胺草醚	虎威、北极星、氟磺草、除豆莠	25%、250克/升水剂、20%乳油	大豆田的一年生阔叶杂草，如苘麻、苋、藜、苍耳、铁苋菜、鸭跖草、龙葵、马齿苋等
氟乐灵	特福力、氟特力、氟利克	45.5%、48%、480克/升乳油	马唐、稗草、狗尾草、牛筋草、苋、藜、繁缕等
氟硫草定	Dictran	32%乳油	高羊茅和早熟禾草坪中的一年生禾本科杂草和一些阔叶杂草，如马唐、稗草、牛筋草、狗尾草、宝盖草、鸭舌草、节节菜、鬼针草等
氟烯草酸	利收、阔氟胺	100克/升乳油	大豆田的一年生阔叶杂草，如苍耳、豚草、藜、苋、黄花稔、曼陀罗、苘麻等
氟唑磺隆	彪虎、氟酮磺、锄宁	70%水分散粒剂	小麦田的野燕麦、雀麦、狗尾草、看麦娘等
高效氟吡甲禾灵	精盖草能、高效盖草能	108克/升乳油	阔叶作物田的苗后到分蘖、抽穗初期的一年生、多年生禾本科杂草，如马唐、稗草、千金子、看麦娘、狗尾草、牛筋草、早熟禾、野燕麦、芦苇、白茅、狗牙根等
禾草丹	杀草丹、灭草丹、稻草完	50%、90%乳油、40%可湿性粉剂	水稻田的牛毛草、稗草、鸭舌草、瓜皮草、水马齿、小碱草、莎草、马唐、旱稗、蟋蟀草、看麦娘、野燕麦等

名称	其他名称	主要剂型	防治对象
禾草敌	禾大壮、禾草特、草达灭、环草丹、杀克尔	90.9%乳油	水稻田的1~4叶期的各种生态型稗草、牛毛毡、碎米莎草
禾草灵	伊洛克桑、禾划除	28%、36%、360克/升乳油	小麦、大麦、大豆、油菜、花生、向日葵、甜菜、马铃薯、亚麻等地的稗草、马唐、毒麦、野燕麦、看麦娘、早熟禾、狗尾草、画眉草、千金子、牛筋草等
环丙嘧磺隆	金秋	10%可湿性粉剂	水稻、小麦田的一年生、多年生杂草。如水稻田的雨久花、眼子菜、异型莎草、鸭舌草、野慈姑、碎米莎草、节节菜、茨藻、萤蔺、母草、牛毛毡等，小麦田的猪殃殃、泽泻、繁缕等
环庚草醚	艾割、噁庚草烷、仙治	10%乳油	水稻田的稗草、异型莎草、鸭舌草等
环酯草醚	CGA279233	24.3%悬浮剂	水稻田苗后早期除草剂，防除一年生禾本科杂草、莎草及部分阔叶杂草
磺草酮	玉草施	15%水剂，26%悬浮剂	玉米田的阔叶杂草及部分单子叶杂草，如稗草、马唐、牛筋草、反枝苋、苘麻、藜、蓼、鸭跖草等
甲草胺	拉索、澳特拉索、草不绿、杂草锁	43%、480克/升乳油	大豆、棉花、花生田的稗草、马唐、蟋蟀草、狗尾草、马齿苋、轮生粟米草、藜、蓼等
甲磺草胺	广灭净、磺酰三唑酮、磺酰唑草酮	40%悬浮剂	大豆、玉米、高粱、花生、向日葵等地的牵牛、反枝苋、铁苋菜、藜、曼陀罗、宾洲蓼、马唐、狗尾草、苍耳、牛筋草、油莎草、香附子等
甲磺隆	合力	10%、20%、60%可湿性粉剂，20%、60%水分散粒剂	小麦田的看麦娘、婆婆纳、繁缕、巢菜、荠菜、播娘蒿、藜、蓼、稻槎草、水花生等

名称	其他名称	主要剂型	防治对象
甲基碘磺隆钠盐	使阔得	10%水分散粒剂	小麦田苗后的牛繁缕、婆婆纳、稻槎菜、碎米荠、刺儿菜、苣荬菜、田旋花、藜、蓼、鸭跖草、播娘蒿、荠菜、麦瓶草、独行菜、葎草、酸模、泽漆、泥胡菜等
甲基二磺隆	世玛	30克/升可分散油悬浮剂	小麦田苗后的硬草、早熟禾、碱茅、棒头草、看麦娘、菵草、毒麦、多花黑麦草、野燕麦、蜡烛草、牛繁缕、荠菜、雀麦(野麦子)、节节麦、偃麦草等
甲基磺草酮	米斯通、硝磺草酮	15%、25%、40%悬浮剂,10%可分散油悬浮剂,75%水分散粒剂	玉米田苗后茎叶处理除草剂,防除反枝苋、马齿苋、藜、蓼、鸭跖草、铁苋菜、龙葵、青葙、小蓟、苍耳、马唐、稗草、狗尾草等
甲咪唑烟酸	百垄通、高原、甲基咪草烟	240克/升水剂	花生、甘蔗田的一年生杂草,如稗草、狗尾草、牛筋草、马唐、千金子、莎草、碎米莎草、香附子;苋、藜、蓼、龙葵、苍耳、空心莲子草、胜红蓟、打碗花等阔叶杂草
甲嘧磺隆	森草净、傲杀、嘧磺隆	10%、75%可湿性粉剂、75%水分散粒剂	针叶苗圃、非耕地及林地的大多数一年生和多年生阔叶杂草、禾本科杂草及灌木
甲羧除草醚	茅毒、治草醚	20%、24%、240克/升乳油、35%悬浮剂	姜田、蒜田、水稻田、夏大豆田、花生田、苹果园中的苍耳、龙葵、铁苋菜、狗尾草、野西瓜苗、反枝苋、马齿苋、鸭跖草、藜类等
甲酰氨基嘧磺隆	康施它	35%水分散粒剂	玉米田苗后防除禾本科杂草和阔叶杂草,如稗草、马唐、狗尾草、谷莠子、金狗尾草、牛筋草、画眉草、黍、千金子、苋、藜、鸭跖草、刺儿菜、苣荬菜、龙葵、苍耳、苘麻、马齿苋、铁苋菜、葎草、田旋花、鳢肠、鬼针草、莲子草、牛膝菊、豨莶、莎草、自生麦苗、自生油菜等

名称	其他名称	主要剂型	防治对象
甲氧咪草烟	金豆	4%水剂	大豆田的野燕麦、稗草、狗尾草、马唐、碎米莎草、苋、藜、蓼、龙葵、苍耳、苘麻、荠菜、鸭跖草、豚草等
精吡氟禾草灵	精稳杀得	15%、150克/升乳油	阔叶作物田的稗草、马唐、狗尾草、牛筋草、千金子、看麦娘、野燕麦、芦苇、狗牙根、双穗雀稗等
精噁唑禾草灵	骠马、威霸灵	6.9%、69克/升水乳剂,100克/升乳油	大豆田、花生田、油菜田、棉花田、甜菜田、亚麻田、马铃薯田、蔬菜田、桑果园等的单子叶杂草
精喹禾灵	精禾草克、盖草灵	5%、8.8%、10%乳油	大豆、棉花、油菜、甜菜、亚麻、番茄、甘蓝、苹果、葡萄及阔叶蔬菜等地的稗草、牛筋草、马唐、狗尾草、看麦娘、画眉草等
精异丙甲草胺	甲氧毒草胺、莫多草、屠莠胺、稻乐思、毒禾草、都阿、杜耳、金都尔	40%微胶囊悬浮剂,960克/升乳油	作物播后苗前或移栽前土壤除草剂,防除稗草、马唐、臂形草、牛筋草、狗尾草、异型莎草、碎米莎草、荠菜、苋、鸭跖草及蓼等
克草胺	N-(2-乙基)苯基-N-(乙氧基甲基)-2-氯乙酰胺	47%乳油	水稻插秧田的稗草、鸭舌草、牛毛草、某些莎草;覆膜或有灌溉条件的花生田、棉花田、芝麻田、玉米田、大豆田、油菜田、马铃薯田及十字花科、茄科、豆科、菊科、伞型花科多种蔬菜田的稗草、马唐、狗尾草、普通芡、马齿苋、灰菜等
喹禾灵	禾草克	5%高渗乳油、10%乳油	大豆、棉花、油菜、甜菜、亚麻、番茄、甘蓝、苹果、葡萄及阔叶蔬菜等地的稗草、牛筋草、马唐、狗尾草、看麦娘、画眉草等
利谷隆	1-甲氧基-1-甲基-3-(3,4-二氯苯基)脲、直西龙	50%可湿性粉剂	玉米田的马唐、狗尾草、稗草、野燕麦、藜、苋、苍耳、马齿苋、苘麻、猪殃殃、蓼等

名称	其他名称	主要剂型	防治对象
绿麦隆	3-对异丙苯基-1,1-二甲基脲	25%可湿性粉剂	小麦田、大麦田、玉米田的一年生杂草,但对田旋花、问荆、锦葵等无效
氯氨吡啶酸	迈士通	21%水剂	草原和草场的橐吾、乌头,以及棘豆属、蓟属等有毒有害阔叶杂草
氯吡嘧磺隆	草枯星	75%水分散粒剂	番茄田、玉米田的阔叶杂草、莎草科杂草
氯氟吡氧乙酸	使它隆、氟草定	200克/升、288克/升异辛酯乳油	小麦田、大麦田、玉米田、葡萄园及其他果园、牧场、林地、草坪等中的猪殃殃、卷茎蓼、马齿苋、龙葵、田旋花、蓼、苋等
氯嘧磺隆	豆磺隆、豆威、氯嗪磺隆、乙氯隆	25%可湿性粉剂,25%水分散粒剂	旱地大豆田的反枝苋、铁苋菜、马齿苋、鲤肠、碎米莎草、香附子等
氯酰草膦	HW-02	30%乳油	草坪的反枝苋、铁苋菜、苘麻、藜、蓼、马齿苋、繁缕、苦荬菜、苍耳等一年生阔叶杂草
氯酯磺草胺	豆杰	84%水分散粒剂	春大豆田的鸭跖草、红蓼、本氏蓼、苍耳、苘麻、豚草、苣荬菜、刺儿菜等
咪唑喹啉酸	灭草喹	5%、10%水剂	大田中的阔叶杂草,如苘麻、刺苞菊、苋菜、藜、猩猩草、春蓼、马齿苋、黄花稔、苍耳等;禾本科杂草,如臂形草、马唐、野黍、狗尾草、止血马唐、西米稗、蟋蟀草;及其他杂草,如鸭跖草、铁荸荠等
咪唑烟酸	阿森呐	25%水剂,70%可溶粉剂,70%可湿性粉剂	非耕地的一年生和多年生禾本科杂草、阔叶杂草、莎草等
咪唑乙烟酸	普杀特、咪草烟、普施特	50克/升、5%、10%、15%、20%水剂,70%可溶粉剂,70%可湿性粉剂	大豆田、苜蓿田的一年生杂草,如稗草、狗尾草、马唐、千金子、莎草、碎米莎草、异型莎草;及苋、藜、蓼、龙葵、苍耳、苘麻、野西瓜苗、豚草等阔叶杂草

名称	其他名称	主要剂型	防治对象
醚苯磺隆	琥珀、琥珀色	10%可湿性粉剂，75%水分散粒剂	小麦田的一年生阔叶杂草，如猪殃殃、荠菜、苋菜、苣荬菜、独行菜等
醚磺隆	莎多伏、甲醚磺隆	10%可湿性粉剂	水稻移栽田的泽泻、莎草、萍、眼子菜、慈姑、鸭舌草
嘧苯胺磺隆	意莎得、科聚亚	50%水分散粒剂	水稻田的大多数一年生和多年生阔叶杂草、莎草、低龄稗草等
嘧草硫醚	嘧硫草醚	10%水剂	棉花田一年生、多年生禾本科杂草和大多数阔叶杂草，以及难除杂草（如牵牛、苍耳、刺黄花稔、天菁、茼麻、阿拉伯高粱等）
嘧草醚	必利必能	10%可湿性粉剂	水稻田的苗前至4叶期的稗草
嘧啶肟草醚	嘧啶草醚	5%乳油	水稻移栽田、直播田的稗草、野慈姑、雨久花、谷精草、母草、狼把草、萤蔺、日本鳘草、眼子菜、四叶萍、鸭舌草、节节菜、泽泻、牛毛毡、异型莎草、水莎草、千金子等
灭草松	排草丹、苯达松、噻草平、百草克	25%、480克/升水剂，480克/升可溶液剂，80%可溶粉剂	大豆、花生、水稻、小麦、马铃薯等田的恶性莎草科杂草及一年生阔叶杂草
哌草丹	优克稗、哌啶酯	50%乳油	水稻秧田、移栽田、直播田的稗草、牛毛草等
扑草净	扑蔓尽、割草佳、扑灭通	25%、50%、80%可湿性粉剂，25%泡腾颗粒剂，50%悬浮剂	小麦、水稻、棉花、大蒜、谷子、花生等田的阔叶杂草
嗪草酸甲酯	阔草特	5%乳油	大豆田、玉米田的一年生阔叶杂草，对茼麻有特效
嗪草酮	赛克、立克除、甲草嗪	44%、480克/升悬浮剂，75%水分散粒剂，70%可湿性粉剂	大豆田的藜、蓼、苋、马齿苋、铁苋菜、龙葵、鬼针草、香薷等

名称	其他名称	主要剂型	防治对象
氰草津	草净津、百得斯	50%可湿性粉剂，40%悬浮剂	玉米田的由种子繁殖的一年生杂草，以及多数禾本科杂草
氰氟草酯	千金	10%、100克/升、20%乳油	水稻田的千金子、稗草、双穗雀稗等
炔苯酰草胺	拿草特	50%可湿性粉剂，80%水分散粒剂	莴苣田、姜田的马唐、看麦娘、早熟禾等杂草及部分阔叶杂草
炔草酯	麦极	15%可湿性粉剂，8%水乳剂	小麦田苗后茎叶处理除草剂，防除野燕麦、看麦娘、硬草、菵草、棒头草等一年生禾本科杂草
乳氟禾划灵	克阔乐	240克/升、24%乳油	大豆田、花生田的苍耳、龙葵、铁苋菜、狗尾草、野西瓜苗、反枝苋、马齿苋、鸭跖草、藜类等
噻吩磺隆	阔叶散、噻磺隆	15%、20%、25%可湿性粉剂，75%水分散粒剂	播娘蒿、荠菜、猪殃殃、小花糖芥、牛繁缕、大巢菜、米瓦罐、佛座、卷芭蓼、泽漆、婆婆纳等
三氟啶磺隆钠盐	英飞特、抹绿	11%可分散油悬浮剂，75%水分散粒剂	甘蔗田、狗牙根草坪中的香附子、马唐、阔叶草等
三氟羧草醚	杂草焚、达克宁尔、达克果	14.8%、21.4%、28%水剂	大豆田一年生阔叶杂草
三甲苯草酮	肟草酮	40%水分散粒剂	小麦田的硬草、看麦娘、野燕麦、狗尾草、马唐、稗草等
三氯吡氧乙酸	绿草定、乙氯草定、盖灌能、盖灌林、定草酯	480克/升乙酯乳油	针叶树幼林地的阔叶杂草和灌木，如走马芹、胡枝子、榛材、山刺玫、萌条桦、山杨、柳、蒙古栎、铁线莲、山荆子、稠李、山梨、红丁香、柳叶颖菊、婆婆纳、唐松草、蕨、蚊子草等灌木、小乔木和阔叶杂草，木苓属、栎属及其他根萌芽的木本植物
杀草胺	杀草丹	50%乳油	水稻田的稗草、鸭舌草、异型莎草、马唐、狗尾草、马齿苋、牛毛草等

名称	其他名称	主要剂型	防治对象
莎稗磷	阿罗津	30%、40%、45%、300 克/升乳油	水稻移栽田的稗草、千金子、牛毛草、一年生莎草；棉花田、大豆田、油菜田的稗草、马唐、狗尾草、牛筋草、野燕麦、异型莎草、碎米莎草等
双丙氨膦	好必思	20%可溶粉剂	葡萄、苹果、柑橘园中多种一年生及多年生的单子叶和双子叶杂草
双草醚	一奇、水杨酸双嘧啶、农美利	10%可湿性粉剂，10%可分散油悬浮剂，100克/升、40%悬浮剂	直播水稻田的苘麻、苋、藜、苍耳、铁苋菜、鸭跖草、龙葵、马齿苋、莎草、稗等
双氟磺草胺	麦喜为、麦施达	50克/升悬浮剂、10%可湿性粉剂	冬小麦田的猪殃殃、繁缕、蓼属杂草、菊科杂草等，花生、烟草、苜蓿和其他饲料作物中的一年生禾本科杂草及阔叶杂草等
四唑嘧磺隆	康宁	50%水分散粒剂	水稻田的鸭舌草、节节菜、水苋菜、眼子菜、泽泻、萤蔺、异型莎草等
四唑酰草胺	四唑草胺、拜田净	50%可湿性粉剂	水稻田的稗草、异型莎草、千金子等
甜菜安	甜草灵	16%、160克/升乳油	甜菜田的繁缕、藜、荠菜、野荞麦、野芝麻、野萝卜、芥菜、牛舌草、鼬瓣花、牛藤菊等
甜菜宁	凯米丰、苯敌草	160克/升乳油	甜菜田的繁缕、藜、荠菜、野荞麦、野芝麻、野萝卜、芥菜、牛舌草、鼬瓣花、牛藤菊等
五氟磺草胺	稻杰	25克/升可分散油悬浮剂，22%悬浮剂	水稻田的稗草（包括稻稗）、一年生阔叶杂草、莎草等
西草净	草净津、百得斯	25%可湿性粉剂	水稻田的眼子菜、稗草、瓜皮草、牛毛草等
西玛津	西玛嗪、田保净	50%可湿性粉剂、50%悬浮剂、90%水分散粒剂	甘蔗田、茶园、梨园、苹果园的马唐、稗草、牛筋草、碎米莎草、野苋菜、黄豆、苘麻、反枝苋、马齿苋、铁苋菜等
烯草酮	赛乐特、收乐通	120 克/升、210克/升、24%乳油	大豆田、油菜田的一年生禾本科杂草

名称	其他名称	主要剂型	防治对象
烯禾定	拿捕净、硫乙草灭、乙草丁	12.5%、20%乳油	大豆、棉花、油菜、花生、甜菜、亚麻、阔叶蔬菜、马铃薯、果园、苗圃等中的白茅、匍匐冰草、狗牙根等
酰嘧磺隆	好事达	50%水分散粒剂	小麦田的猪殃殃、播娘蒿、田旋花等
烟嘧磺隆	玉农乐、烟磺隆	40克/升可分散油悬浮剂，75%水分散粒剂	玉米田的稗草、马唐、狗尾草、马齿苋、苋菜、蓼、香附子等
野麦畏	阿畏达、燕麦畏	40%微囊悬浮剂，37%、400克/升乳油	小麦、大麦、青稞、油菜、豌豆、蚕豆、亚麻、甜菜、大豆等地中的野燕麦
野燕枯	燕麦枯	40%水剂	小麦田的野燕麦
乙草胺	乙基乙草安、禾耐斯、消草安	40%、48%水乳剂，50%、81.5%、89%、900克/升乳油	大豆、棉花、花生、油菜、玉米等田的马唐、反枝苋、藜、马齿苋、龙葵、大豆菟丝子等
乙羧氟草醚	克草特	10%、20%乳油，20%微乳剂	藜科、蓼科杂草，以及苋菜、苍耳、龙葵、马齿苋、鸭跖草、大蓟等
乙氧呋草黄	甜菜宝、灭草呋喃	20%乳油	甜菜田的看麦娘、野燕麦、早熟禾、狗尾草等
乙氧氟草醚	氟硝草醚、果尔、割草醚	20%、24%乳油，35%悬浮剂	姜田、蒜田、水稻田、夏大豆田、花生田、苹果园等中的苍耳、龙葵、铁苋菜、狗尾草、野西瓜苗、反枝苋、马齿苋、鸭跖草、藜类等
乙氧磺隆	乙氧嘧磺隆、太阳星	15%水分散粒剂	水稻田的鸭舌草、三棱草、飘拂草、异型莎草、碎米莎草、牛毛毡、水莎草、萤蔺、野荸荠、眼子菜、泽泻、鳢肠、矮慈姑、慈姑、长瓣慈姑、狼巴草、鬼针草、草龙、丁香蓼、节节菜、耳叶水苋、水苋菜、四叶萍、小茨藻、苦草、水绵、谷精草等

名称	其他名称	主要剂型	防治对象
异丙草胺	普乐宝	50%、720克/升、900克/升乳油	水稻、玉米、甘薯、春油菜、花生、春大豆等田的稗草、狗尾草、马唐、鬼针草、看麦娘、反枝苋、卷茎蓼、本氏蓼、大蓟、小蓟、猪毛菜、苍耳、苘麻、牛筋草、秋稷、马齿苋、藜、龙葵、蓼等
异丙甲草胺	都尔、稻乐思	720克/升、960克/升乳油	水稻、甘蔗、大豆、花生、红小豆、西瓜、烟草等田的稗草、狗尾草、马唐、鬼针草、看麦娘、反枝苋、卷茎蓼、本氏蓼、大蓟、小蓟、猪毛菜、苍耳、苘麻、牛筋草、秋稷、马齿苋、藜、龙葵、蓼等
异丙隆	3-(4-异丙基苯基)-1,1-二甲基脲	70%可湿性粉剂、50%悬浮剂	冬小麦田的硬草、菵草、看麦娘、日本看麦娘、牛繁缕、碎米荠、稻槎菜等和部分阔叶杂草
异丙酯草醚	ZJ0272	10%乳油	冬油菜田的看麦娘、繁缕等
异噁草松	广灭灵	360克/升微胶囊悬浮剂、480克/升乳油	水稻田的千金子、稗草；油菜田的一年生杂草；夏大豆田的一年生禾本科杂草及部分阔叶杂草
异噁唑草酮	百农思	75%水分散粒剂	玉米田的苘麻、藜、地肤、猪毛菜、龙葵、反枝苋、柳叶刺蓼、鬼针草、马齿苋、繁缕、香薷、苍耳、铁苋菜、水棘针、酸模叶蓼、婆婆纳、马唐、稗草、牛筋草、千金子、大狗尾草、狗尾草等
莠灭净	阿灭净	80%可湿性粉剂、25%泡腾颗粒剂、50%悬浮剂	甘蔗、玉米、柑橘、大豆、马铃薯、豌豆、胡萝卜等田的一年生杂草、某些多年生杂草、水生杂草等
莠去津	阿特拉津、莠去尽、阿特拉嗪	48%可湿性粉剂、38%、50%、60%悬浮剂、90%水分散粒剂	玉米田、甘蔗田、茶园、糜子田，以及公路、铁路、森林等地由种子繁殖的一年生杂草、多数禾本科杂草等
仲丁灵	丁乐灵、地乐胺、双丁乐灵、止芽素	30%水乳剂、360克/升、36%、48%乳油	棉花、大豆、玉米、花生、蔬菜、向日葵、马铃薯等田的马唐、狗尾草、牛筋草、旱稗、苋、藜、马齿苋、大豆菟丝子等

名称	其他名称	主要剂型	防治对象
唑草酮	快灭灵	10%可湿性粉剂，40%水分散粒剂，400克/升乳油	小麦田的猪殃殃、播娘蒿、宝盖草、麦家公、婆婆纳、泽漆，以及对磺酰脲类除草剂产生抗性的杂草等
唑啉草酯	爱秀	50克/升、5%乳油	小麦田的野燕麦、黑麦草、狗尾草、看麦娘、硬草、茵草、棒头草等
唑嘧磺草胺	阔草清	80%水分散粒剂	大豆田、春玉米田、夏玉米田的阔叶杂草

四、杀鼠剂

杀鼠剂是用于控制鼠害的一类农药。狭义的杀鼠剂仅指具有毒杀作用的化学药剂，广义的杀鼠剂还包括能熏杀鼠类的熏蒸剂、防止鼠类损坏物品的驱鼠剂、使鼠类失去繁殖能力的不育剂、能提高其他化学药剂灭鼠效率的增效剂等。常见杀鼠剂的种类与特性见表3-6。

表3-6　常见杀鼠剂的种类与特性

名称	其他名称	主要剂型	防治对象
敌鼠	敌鼠钠盐、野鼠净	0.05%敌鼠钠盐饵剂，1%粉剂，0.05%粒剂	家鼠、田鼠、野鼠等
毒鼠碱	马钱子碱、士的宁、士的卒、番木鳖碱、双甲脒	0.5%、1.0%毒饵	大鼠、地鼠、金花鼠、松鼠、野兔、小型啮齿动物
毒鼠磷	毒鼠灵	0.1%、0.3%、1%毒饵，80%原粉	家栖鼠、野栖鼠，如达乌尔黄鼠、鼹鼠、布氏田鼠、地鼠、鹿鼠、黄毛鼠、黄胸鼠等
莪术醇	鼠育、姜黄醇、莪黄醇、黄环氧醇	0.2%饵剂	农田田鼠、森林害鼠
氟鼠灵	杀它仗、氟鼠酮、氟羟香豆素	0.005%毒饵，0.1%粉剂	褐家鼠、小家鼠、黄毛鼠、长爪沙鼠等

名称	其他名称	主要剂型	防治对象
雷公藤内酯醇	雷公藤甲素、雷公藤仙酯、雷公藤多甙	0.01% 母药,0.25 毫克/千克颗粒剂	田鼠、野栖鼠
α-氯代醇	3-氯代丙二醇、α-氯甘油、克鼠星	1% 饵剂	室内家鼠
氯敌鼠钠盐	氯敌鼠钠	0.01% 毒饵,80% 粉剂	室内家鼠及农田害鼠,如长爪沙鼠、黄毛鼠、布氏田鼠等
氯鼠酮	氯敌鼠、鼠顿停	80% 粉剂,0.25%、0.5% 油剂,0.25%、0.5% 母粉	家栖鼠和野栖鼠,如黑线姬鼠、黑线仓鼠、褐家鼠、黄胸鼠、田鼠、地鼠等
杀鼠灵	灭鼠灵、华法令	2.5% 母药,0.025%、0.05% 毒饵	室内家鼠及农田害鼠,如褐家鼠、小家鼠、黄胸鼠、鼷鼠等
杀鼠醚	立克命、毒鼠萘、追踪粉、杀鼠萘	0.75% 追踪粉剂,0.0375% 毒饵	家栖鼠和野栖鼠,如黑线姬鼠、黄毛鼠、褐家鼠、黄胸鼠等
杀鼠酮钠盐	异杀鼠酮	1.1% 溶液,1% 粉剂,0.05% 毒饵	家栖鼠和野栖鼠,如褐家鼠、黄胸鼠、小家鼠、黄毛鼠、黑线姬鼠等
杀鼠新	双甲苯敌鼠铵盐	1% 母粉,2% 母液,2%、5% 乳油,0.01%、0.05% 毒饵	各种家栖鼠、野栖鼠
沙门菌	生物猫、肠炎沙门菌阴性赖氨酸丹尼氏变体 6a 噬菌体	1.25% 饵剂,10^9 菌落形成单位/克颗粒剂,10^8 菌落形成单位/毫升液剂	草原防鼠,防治黄胸鼠、大足鼠、布氏田鼠、高原鼠兔、麝鼠等
鼠立死	杀鼠嘧啶、甲基鼠灭定	0.2% 毒饵,0.5% 饵剂	室内家鼠及农田害鼠,如大仓鼠、长爪沙鼠、达乌尔黄鼠、非洲刺毛鼠、褐家鼠等

名称	其他名称	主要剂型	防治对象
鼠完	杀鼠酮	0.5%粉剂	草原害鼠、小家鼠、屋顶鼠、黑线姬鼠等
C型肉毒杀鼠素	C型肉毒梭菌外毒素、克鼠安、博多灵	100万毒价/毫升水剂，400万毒价/毫升冻干剂	青藏高寒草地害鼠、高原鼠兔、高原鼢鼠、达乌尔黄鼠、藏鼠兔等
溴代毒鼠磷	溴毒鼠磷	80%原粉，0.25%、0.5%毒饵	室内灭鼠，稻田、旱地、草原、森林等灭鼠。防治黑线田鼠、长爪沙土鼠、达乌尔黄鼠、家鼠等
溴敌隆	乐万通、扑灭鼠	0.5%母液，0.005%饵剂，0.01%毒粒	家栖鼠和野栖鼠，如褐家鼠、小家鼠、高原鼢鼠、长爪沙鼠等
溴鼠胺	溴甲灵、溴杀灵、鼠灭杀灵	0.005%毒饵，1%、3%饵剂	褐家鼠、小家鼠等
溴鼠灵	大隆、溴鼠隆、溴联苯鼠隆、可灭鼠、杀鼠隆、溴敌拿鼠	0.5%母液，0.005%饵剂，0.005%饵块，0.005%饵粒	家栖鼠和野栖鼠，如大仓鼠、黑线姬鼠、褐家鼠、毛鼠等

五、植物生长调节剂

植物生长调节剂是用于调节植物生长发育的一类农药，包括人工合成的具有天然植物激素相似作用的化合物和从生物中提取的天然植物激素。常见植物生长调节剂的种类与特性见表 3-7。

表 3-7　常见植物生长调节剂的种类与特性

名称	其他名称	主要剂型	功效
矮壮素	CCC、三西、稻麦立、氯化氯代胆碱	30%悬浮剂，18%、25%、50%水剂，80%可溶粉剂	培育小麦、玉米、高粱壮苗；抑制水稻、小麦、大麦、玉米、甘薯、棉花、大豆、黄瓜等茎叶生长，抗倒伏；促进马铃薯、甘薯、胡萝卜块茎生长等

名称	其他名称	主要剂型	功效
胺鲜酯	得丰、乙酸二乙氨基乙醇酯、DA-6、增效灵、增效胺	8%、27.5%、30%水剂，8%、80%可溶粉剂	用于番茄、茄子、辣椒等茄果类蔬菜壮苗，提高抗病性、抗逆性，促进早熟和增产；促进黄瓜、南瓜等瓜类的结瓜；促进大白菜、菠菜、芹菜、生菜等叶菜类的营养生长；延长四季豆、豌豆、扁豆等豆类的生长期和采收期
苄氨基嘌呤	保美灵、细胞激动素、6-BA、6-苄基腺嘌呤	2%可溶液剂，1%可溶粉剂	调节水稻、白菜营养生长；用于南瓜、西瓜、甜瓜保花保果；促进小麦、棉花、玉米种子发芽，提高结实率；延缓甘蓝、花椰菜、甜椒、瓜类、荔枝衰老及保鲜
超敏蛋白	康壮素	3%微粒剂	诱导烟草、马铃薯、番茄、大豆、矮牵牛、黄瓜等产生抗病性，促进根系、茎叶、果实生长
赤霉素	赤霉酸、九二零、920、奇宝	4%可溶液剂，10%、20%可溶粉剂，3%、4%乳油	增加黄瓜、茄子、番茄、葡萄、西瓜等坐果或促进无籽果实的形成；促进芹菜、菠菜、生菜等营养生长；打破马铃薯、大麦、豌豆、扁豆、兰花、杜鹃等种子休眠，促进发芽；对脐橙、柠檬、香蕉、黄瓜、西瓜等有延缓衰老及保鲜作用
丁酰肼	比久、二甲基琥珀酰肼、调节剂九九五、B9	50%、92%可溶粉剂	促进甘薯、大丽花、菊花、一品红等花卉插条生根；抑制苹果、葡萄、花生、番茄、马铃薯、水稻等徒长，使作物矮壮；促进葡萄、草莓、樱桃果实坐果、着色和早熟等
多效唑	氯丁唑	10%、15%可湿性粉剂，25%悬浮剂，5%乳油，20%微乳剂	控制苹果、荔枝、龙眼等果树抽梢；使水稻、小麦、玉米等作物抗倒伏；控制油菜、大豆、花生、菊花、水仙等生长；矮化草坪
氟节胺	抑芽敏	25%乳油，25%悬浮剂，40%水分散粒剂	抑制烟草、棉花等侧芽产生
复硝酚钠	爱多收、特多收	0.7%、1.4%、1.8%、1.95%、2%水剂	广泛用于粮食作物、经济作物增产，改善品质，可浸种、苗床灌溉、喷雾等

名称	其他名称	主要剂型	功效
1-甲基环丙烯	聪明鲜、鲜安、1-MCP、甲基环丙烯	0.14%、3.3%微囊粒剂,0.03%粉剂,0.18%泡腾片,2%片剂	用于果实、蔬菜、花卉的贮藏保鲜;用于果实的推迟后熟与衰老
甲哌鎓	助壮素、缩节胺、调节啶、壮棉素、甲哌啶	5%、25%、27.5%水剂,5%液剂,20%微乳剂,80%、98%可溶粉剂	控制棉花、番茄、黄瓜、西瓜、甘薯、马铃薯、花生等旺长;促进棉花、玉米、葡萄、甘薯、大豆等坐果,增强抗逆性;提高棉花种子发芽率
抗倒酯	挺立、Modus、Lmega	96%、97%、98%原药,11.3%可溶液剂,25%乳油	控制禾谷类作物、甘蔗、油菜、蓖麻、水稻、向日葵、草坪等作物生长
抗坏血酸	维他命C、维生素C、丙种维生素	6%水剂	广泛用于菜豆、万寿菊、波斯菊作物插条生根;番茄抗灰霉病;烟草增产
氯苯胺灵	戴科、土豆抑芽粉	2.5%粉剂,99%熏蒸剂,49.65%热雾剂	抑制马铃薯贮藏发芽
氯吡脲	调吡脲、吡效隆醇、吡效隆、脲动素、施特优	0.1%、0.3%、0.5%可溶液剂	对西瓜、黄瓜、甜瓜、猕猴桃、葡萄、柑橘、枇杷、梨、苹果、荔枝等具有促进细胞分裂、增加细胞数量、加速蛋白质形成、促进器官形成和提高花粉可孕性等作用
氯化胆碱	氯化胆脂、增蛋素	60%水剂,18%可湿性粉剂	用于矮化马铃薯、大豆、玉米的植株高度;改善苹果、柑橘、梨、葡萄等果实品质
萘乙酸	α-萘乙酸	0.1%、0.6%、1%、5%水剂,10%泡腾片剂,20%粉剂,1%、20%、40%可溶粉剂	促进葡萄、桑、茶等不定根和根的形成;促进甘薯、萝卜的块根块茎膨大;提高柑橘、苹果、梨、枣、西瓜、南瓜等坐果率;促进小麦、水稻、番茄、棉花等生长、健壮、增产
羟烯腺嘌呤	富滋、玉米素、异戊烯腺嘌呤	0.01%水剂,0.5%母粉,0.001%、0.004%可溶粉剂	调节水稻、玉米、大豆、蔬菜等作物生长;促进苹果、梨、葡萄等果实着色、早熟

名称	其他名称	主要剂型	功效
噻苯隆	脱叶脲、脱叶灵、脱落宝、塞苯隆、益果灵	0.1%可溶液剂，50%、80%可湿性粉剂，50%悬浮剂，80%水分散粒剂	用于棉花、黄瓜、甜瓜、芹菜、苹果、葡萄等坐果、增产
噻节因	落长灵	22.4%悬浮剂、50%可湿性粉剂	脱叶剂和干燥剂，用于棉花、苹果、水稻、向日葵、亚麻、油菜等
三十烷醇	蜂花醇、蜡醇	0.1%微乳剂，0.1%可溶液剂，0.5%水乳剂	促进水稻、大麦、大豆、甘蔗等发芽；用于甘薯、油菜、花生、棉花、苹果、柑橘、茶树、番茄、辣椒、芹菜、萝卜等改善品质和增产
调环酸钙	调环酸、立丰灵	10%、15%、25%可湿性粉剂，5%、15%悬浮剂，5%泡腾片剂	用于水稻、小麦、大麦、玉米等抗倒伏；控制花卉、马铃薯、花生等旺长
烯效唑	特效唑	30%乳油、10%悬浮剂、20.8%微乳剂、5%可湿性粉剂	用于水稻、小麦增加分蘖、控制株高；控制果树树形；控制观赏植物株形、促进花芽分化和多开花
乙烯利	一试灵、乙烯磷、乙烯灵	30%、40%水剂，10%可溶粉剂，5%膏剂	调节水稻、高粱、玉米、橡胶树、大豆等作物生长并增产；用于番茄、棉花、香蕉、柿子、烟草、哈密瓜的催熟；调节芒果、牡丹、菊花、花生、黄瓜等花期，提高两性花比例；提高茶树、天竺葵的抗逆性
抑芽丹	青鲜素、马来酰肼	30.2%水剂	用于马铃薯贮藏期抑制发芽；用于棉花、玉米杀雄；抑制烟草侧芽
吲哚丁酸	3-吲哚基丁酸、氮茚基丁酸、IBA	1.05%水剂，2%、50%可溶粉剂，0.075%水分散粒剂，1%、10%可湿性粉剂	用于番茄、辣椒、茄子、草莓等茄果作物，苹果、梨、桃、柑橘等果树坐果或单性结实

名称	其他名称	主要剂型	功效
吲熟酯	J-455、IAZZ、富果乐	15%、20%乳油，95%粉剂	用于柑橘、西瓜、甜瓜、葡萄、苹果、梨、桃、菠萝、甘蔗、枇杷等疏花疏果、促进果实成熟、提高果实质量
诱抗素	壮芽灵、脱落酸、S-诱抗素、催熟丹、休眠素、ABA	0.006%、0.1%、0.25%水剂，1%可溶水剂	用于玉米、小麦、烟草、棉花、水稻、瓜果、花卉等植物使其抗旱、抗寒、抗病和耐盐
芸苔素内酯	油菜素内酯、农梨利、益丰素、天丰素	0.01%、0.15%乳油，0.01%、0.04%、0.15%水剂，0.1%、1.51%水分散粒剂，0.01%可溶液剂	打破小麦、玉米、西葫芦等种子休眠，促进发芽；用于水稻、黄瓜、西瓜、番茄、茄子、辣椒、甘蔗、烟草、脐橙、葡萄等增产；用于促进花椰菜、苦瓜、芹菜等后期生殖生长
增产胺	DCPTA、SC-0046	40%可溶粉剂	用于促进萝卜、马铃薯、甘薯、人参、芋等块根块茎生长；用于促进大白菜、芹菜、菠菜、生菜、甘蓝等叶菜类蔬菜的营养生长；用于小麦、水稻、玉米等壮苗、壮秆；用于苹果、梨、葡萄、柑橘、荔枝等保花保果，提高坐果率；用于花卉及观赏植物抗早衰
增产灵	4-IPA、保棉铃	90%可溶粉剂，95%粉剂	用于棉花防止蕾铃脱落，增加铃重；用于水稻、小麦、玉米、高粱等促进穗大粒饱；用于果树、蔬菜、瓜果等作物防止落花落果，提高坐果率

第三节　农药的科学选购

农药是重要的农业生产资料。如若选购不当，不仅不能起到防治病虫草鼠害的作用，而且还会引起农药中毒，产生药害，污染环境，造成经济浪费。因此，正确选用农药，对提高防效、防止中毒及保护生态环境都十分重要。

一、农药选购前准备工作

选购农药前，可以向当地的农业科研院所、农业技术推广部门的技术人员或农药销售人员进行咨询，了解农药的种类、毒性和防治对象等。

1. 熟悉农药的种类

根据防治对象，农药可分为杀虫剂、杀菌剂、杀螨剂、杀线虫剂、杀鼠剂、除草剂、脱叶剂、植物生长调节剂等。因此，实际选购前，根据防治对象，确定购买的农药种类；不同种类的农药具有不同的特征颜色标志带。

2. 了解目前为止禁用和限制使用农药种类

购买农药前要了解目前已禁止使用和限用的农药种类。

（1）禁用农药种类　根据农药安全使用标准，凡已制定农药安全使用标准的品种，均按照标准要求执行。截至目前，我国已经全面禁用了多达39种农药的销售和使用，不断推动剧毒、高毒农药的退出和替代，从管理上促使农药不断朝着低毒、低残留的方向发展，保障了农产品质量安全、生态环境安全和人民生命安全。

农业部第199号公告：六六六，滴滴涕，毒杀芬，二溴氯丙烷，杀虫脒，二溴乙烷，除草醚，艾氏剂，狄氏剂，汞制剂，砷、铅类，敌枯双，氟乙酰胺，甘氟，毒鼠强，氟乙酸钠，毒鼠硅，以上18种农药全面禁止销售和使用。

农业部第322号公告：甲胺磷、甲基对硫磷、对硫磷、久效磷和磷胺5种高毒农药全面禁止销售和使用。

农业部第1586号公告：苯线磷、地虫硫磷、甲基硫环磷、磷化钙、磷化镁、磷化锌、硫线磷、蝇毒磷、治螟磷、特丁硫磷等

10 种农药全面禁止销售和使用。

农业部第 1745 号公告：2016 年 7 月 1 日停止百草枯水剂在国内销售和使用。

农业部第 2032 号公告：氯磺隆、胺苯磺隆、甲磺隆、福美胂、福美甲胂等 5 种农药全面禁止使用。

农业部第 2445 号公告：自 2018 年 10 月 1 日起，全面禁止三氯杀螨醇销售、使用。

（2）限制使用的农药种类　为保障农业生产安全、农产品质量安全和生态环境安全，维护人民生命安全和健康，在蔬菜、果树、茶叶、中草药材上不得使用和限制使用的农药主要有：

农业部第 194 号公告：自 2002 年 6 月 1 日起，撤销下列高毒农药（包括混剂）在部分作物上的登记：氧乐果在甘蓝上，甲基异柳磷在果树上，涕灭威在苹果树上，克百威在柑橘树上，甲拌磷在柑橘树上，特丁硫磷在甘蔗上。

农业部第 199 号公告：甲胺磷、甲基对硫磷、对硫磷、久效磷、磷胺、甲拌磷、甲基异柳磷、特丁硫磷、甲基硫环磷、治螟磷、内吸磷、克百威、涕灭威、灭线磷、硫环磷、蝇毒磷、地虫硫磷、氯唑磷、苯线磷 19 种高毒农药不得用于蔬菜、果树、茶叶、中草药材上。三氯杀螨醇、氰戊菊酯不得用于茶树上。

农业部第 274 号公告：不得在花生上使用含丁酰肼（比久）的农药产品。

农业部第 1157 号公告：除卫生用、玉米等部分旱田种子包衣剂外，禁止氟虫腈在其他方面使用。

农业部第 1586 号公告：禁止氧乐果、水胺硫磷在柑橘树，灭多威在柑橘树、苹果树、茶树、十字花科蔬菜，硫线磷在柑橘树、黄瓜，硫丹在苹果树、茶树，溴甲烷在草莓、黄瓜上的使用。

农业部第 2032 号公告：自 2016 年 12 月 31 日起，禁止毒死蜱和三唑磷在蔬菜上使用。

农业部第 2445 号公告：自 2018 年 10 月 1 日起，禁止氟苯虫酰胺在水稻作物上使用，禁止克百威、甲拌磷、甲基异柳磷在甘蔗作物上使用。

3. 了解农业部推荐使用的高效低毒农药品种名单

随着国家对高毒农药管理力度的不断加大，为让相关生产企业能在转产后更能适应市场需求，并更好指导农民对农药使用的有效性，日前国家农业部农药主管部门推荐了一批在果树、蔬菜、茶叶上使用的高效、低毒农药品种，这些品种涵盖农业生产中防治病虫害的整体性，有杀虫、杀螨、杀菌三个类别，以高效、低毒、环保为选择方向。国家在向广大农民推荐使用农药品种的同时，也出台许多相关措施缓解农药企业生存压力。

（1）杀虫、杀螨剂

① 生物制剂和天然物质：苏云金杆菌、甜菜夜蛾核多角体病毒、银纹夜蛾核多角体病毒、小菜蛾颗粒体病毒、茶尺蠖核多角体病毒、棉铃虫核多角体病毒、苦参碱、印楝素、烟碱、鱼藤酮、苦皮藤素、阿维菌素、多杀霉素、浏阳霉素、白僵菌、除虫菊素、硫黄悬浮剂。

② 合成制剂：溴氰菊酯、氟氯氰菊酯、氯氟氰菊酯、氯氰菊酯、联苯菊酯、氰戊菊酯、甲氰菊酯、氟丙菊酯、硫双威、丁硫克百威、抗蚜威、异丙威、速灭威、辛硫磷、毒死蜱、敌百虫、敌敌畏、马拉硫磷、乙酰甲胺磷、乐果、三唑磷、杀螟硫磷、倍硫磷、丙溴磷、二嗪磷、亚胺硫磷、灭幼脲、氟啶脲、氟铃脲、氟虫脲、除虫脲、噻嗪酮、抑食肼、虫酰肼、哒螨灵、四螨嗪、唑螨酯、三唑锡、炔螨特、噻螨酮、苯丁锡、单甲脒、双甲脒、杀虫单、杀虫双、杀螟丹、甲氨基阿维菌素、啶虫脒、吡虫脒、灭蝇胺、氟虫腈、溴虫腈、丁醚脲（其中茶叶上不能使用氰戊菊酯、甲氰菊酯、乙酰甲胺磷、噻嗪酮、哒螨灵）。

（2）杀菌剂

① 无机杀菌剂：碱式硫酸铜、王铜、氢氧化铜、氧化亚铜、石硫合剂。

② 合成杀菌剂：代森锌、代森锰锌、福美双、乙膦铝、多菌

灵、甲基硫菌灵、噻菌灵、百菌清、三唑酮、三唑醇、烯唑醇、戊唑醇、己唑醇、腈菌唑、乙霉威·硫菌灵、腐霉利、异菌脲、霜霉威、烯酰吗啉·锰锌、霜脲氰·锰锌、邻烯丙基苯酚、嘧霉胺、氟吗啉、盐酸吗啉胍、噁霉灵、噻菌铜、咪鲜胺、咪鲜胺锰盐、抑霉唑、氨基寡糖素、甲霜灵·锰锌、亚胺唑、春·王铜、噁唑烷酮·锰锌、脂肪酸铜、松脂酸铜、腈嘧菌酯。

③ 生物制剂：井岗霉素、农抗 120、菇类蛋白多糖、春雷霉素、多抗霉素、宁南霉素、木霉菌、农用链霉素。

二、通过标签全面了解农药

标签是介绍产品信息、指导安全合理使用农药的依据。国家对标签的内容有明确的规定，通过检查标签内容是否规范，可以避免购买假劣农药。农药标签主要内容的规定包括以下几个方面。

1. 农药名称

含有两种以上成分的农药必须使用简化通用名称，农业部对简化通用名称也作出了明确规定，如阿维·毒死蜱·锰锌、苄·丁等。农药产品一律不能标生产企业自己随意起的名称。但目前在市面上，仍然有少数农药生产企业通过随意起名误导使用者，如"打大虫""极佳品""菌除绝""草灭尽"等，标得十分醒目，甚至未标注农药名称，此类产品大多为假冒伪劣产品。

2. 有效成分及含量

一般来说，固体产品以质量百分含量（％）表示，如 50％可湿性粉剂；液体产品采用质量百分含量（％）或单位体积质量表示（克/升），如 40％水剂、200 克/升水剂。对于少数特殊农药，根据产品的特殊性，采用特定的通用单位表示。如微生物制剂，苏云金杆菌采用国际单位/毫升表示，枯草芽孢杆菌等产品采用多少个活芽孢/毫升表示等。

3. 剂型

根据国家标准规定，农药剂型种类大概有120多种，常见的大田农药剂型主要有：乳油、可湿性粉剂、颗粒剂、悬浮剂、可溶液（水、粉、粒、片）剂、烟剂、水乳剂、微乳剂、悬乳剂、微囊悬浮剂、水分散粒剂、可分散片剂、悬浮种衣剂、粉剂、油剂、水剂、超低容量液剂等。

4. 农药产品"三证"号

国内生产的农药，都标有农药"三证"号，进口农药产品直接销售的，可以不标注农药生产许可证号或者农药生产批准文件号、产品标准号。

对田间使用的农药，农药正式登记证号以"PD"标识，如PD20060033。另外，有的产品属于分装产品，应标有农药分装登记证号，农药分装登记证号在登记证号后加上"F"标识，如：PD200600F060051。

对卫生用农药产品，正式登记证号以"WP"开头，如WP20090001。

5. 企业名称及联系方式

企业名称是指生产企业的名称，联系方式包括地址、邮政编码、联系电话等。进口农药产品应当用中文注明原产国（或地区）名称、生产者名称以及在我国设立的办事机构或代理机构的名称、地址、邮政编码、联系电话等。

分装农药产品应当同时标注生产企业和分装企业的名称和联系方式。除此之外，标签不得标注其他任何机构的名称。特别注意不要购买未标注企业名称及联系方式或企业名称及联系方式标注不齐全的农药。

6. 生产日期及产品批号

生产企业应当同时标注生产日期及批号。生产日期应当按照年、月、日的顺序标注，年份用四位数表示，月、日分别用两位数表示，如 20110223，表示该产品生产日期为 2011 年 2 月 23 日。产品批号由生产日期（年、月、日）和批次（一年生产多批产品时）组成，如果批号与生产日期相同，可以合并标注，如：生产日期（批号）。

7. 有效期

有效期可以用产品质量保证期限、有效日期或失效日期之一表示。根据生产企业在标签上标注的生产日期和有效期，可以判定产品是否还在质量保证有效状态。如：某产品生产日期为 2009 年 5 月 13 日，有效期为两年，则该农药产品在 2011 年 5 月 13 日后为过期产品，不能再购买使用。

8. 净含量

质量应当使用国家法定计量单位表示。液体农药产品可以用体积表示；特殊农药产品，可根据其特性以适当方式表示。如：某乳油产品质量（净含量）表示为"500 毫升/瓶"，某蚊香产品包装规格表示为"5 双盘/盒"。

9. 产品性能

产品性能的表述要求有以下几个方面：一是不得含有不科学表示功效的语言或者保证，如"保证高产""强烈""最""防效达……以上"等过分宣传的内容。二是不得超过登记作物、防治对象范围进行宣传。例如，登记作物为甘蓝，在产品特性中不得将其使用范围扩大到番茄。不得出现未登记的使用范围和防治对象的图案、符号、文字。不得笼统地说明产品的使用范围。三是不得出现对作物、人畜、环境绝对安全性表述，如"无害""无毒""无残留"。

10. 产品的用途、使用技术和使用方法

主要包括产品适用作物或使用范围、防治对象以及施用时期、剂量、次数和方法等。使用者要根据标签上的此部分内容，核查是否与所准备防治的作物和病虫害相符；是否具备使用该产品的施药器械；使用者能否做到该农药标签规定的使用技术和方法。

11. 毒性及标识

农药毒性分为剧毒、高毒、中等毒、低毒、微毒五个级别。

毒性标识表示方法如下：

剧毒：以 "⬦☠⬦" 表示，并用红字注明 "剧毒"。

高毒：以 "⬦☠⬦" 表示，并用红字注明 "高毒"。

中等毒：以 "◆◆◆" 表示，并用红字注明 "中等毒"。

低毒：以 "⟨低毒⟩" 表示。

微毒：用红字注明 "微毒"。

由剧毒、高毒农药原药加工的制剂，制剂毒性级别与原药的最高毒性级别不一致时，应当同时以括号标明原药的最高毒性级别。

12. 注意事项

一般包括农药使用安全防护措施、如何避免药害、防止对环境污染等内容。对大田用农药，应当标明如下注意事项：

（1）安全间隔期及每季最多使用次数 农药产品使用需要明确安全间隔期的，农药标签上应当标注使用安全间隔期及农作物每个生产周期的最多施用次数。为了便于理解，安全间隔期经常表述为："使用本品后的农作物至少应间隔××天才能收获"。对用于农产品保鲜的农药，不用 "安全间隔期" 表述，而用 "使用本品后的农产品应当贮存××天以后才能上市销售" 表述。在购买不同用途的农药时，可参照以上说明加以辨别。

（2）对后茬作物生产的影响 对后茬作物生产有影响的，应当标明其影响以及后茬仅能种植的作物或后茬不能种植的作物、间隔时间。如：胺苯磺隆用于油菜田时，应当在使用本产品后180天以上，后茬才可种植移栽中稻或晚稻，不能种植其他作物。

（3）药害 应说明该农药使用后易产生药害的敏感作物。主要介绍哪些作物品种、生育期对该药敏感；不能用于哪些作物上；应防止飘移到哪些作物上；其他容易产生药害事故的条件。一些常见对农药敏感的作物见表 3-8。

表 3-8　对农药敏感的作物一览表

农药名称	敏感作物
敌敌畏	瓜类幼苗、玉米、豆类作物、高粱、月季花、猕猴桃、柳树、国槐、榆叶梅、二十世纪梨、京白梨、梅花、杜鹃及樱桃、桃、杏等果类果树
三唑磷	甘蔗、高粱、玉米
敌百虫	核果类果树、猕猴桃、苹果（曙光、元帅等品种早期）、高粱、豆类、瓜类幼苗、玉米、樱花、梅花
辛硫磷	黄瓜、菜豆、西瓜、高粱、甜菜
毒死蜱	烟草、莴苣、瓜类苗期、一些作物花期、某些樱桃品种
乐果、氧乐果	猕猴桃、人参果、桃树、李树、无花果、枣树、啤酒花、菊科植物、高粱的有些品种、烟草、梨、樱桃、柑橘、杏、梅、橄榄、梅花、樱花、榆叶梅、贴梗海棠等蔷薇科观赏植物，以及爵床科的虾衣花、珊瑚花
乙酰甲胺磷	桑树、茶树
马拉硫磷	番茄幼苗、瓜类、豇豆、高粱、樱桃、梨、桃、葡萄和苹果的一些品种
倍硫磷	十字花科蔬菜的幼苗、梨、桃、樱桃、高粱及啤酒花
杀螟硫磷	高粱、玉米及白菜、油菜、萝卜、花椰菜、甘蓝、青菜等十字花科植物
杀扑磷	多种作物花期
丙溴磷	棉花、瓜类和豆类作物、苜蓿和高粱、十字科蔬菜及核桃花期
水胺硫磷	蔬菜，桑树、桃树
三氯杀螨醇	柑橘、山楂及苹果的某些品种
杀虫双	白菜、甘蓝等十字花科蔬菜幼苗，豆类、棉花、马铃薯、柑橘
三唑锡	果树嫩梢期
杀虫单	棉花、烟草、大豆、四季豆、马铃薯
杀螟丹	水稻扬花期和白菜、甘蓝等十字花科蔬菜幼苗
仲丁威	瓜类、豆类、茄科作物
异丙威	薯类作物

农药名称	敏感作物
混灭威	烟草
甲萘威	瓜类作物
定虫隆	白菜幼苗
吡虫啉	豆类、瓜类作物
噻嗪酮	白菜、萝卜
炔螨特	梨树、柑橘春梢嫩叶及 25 厘米以下瓜类、豆类、棉苗
双甲脒	短果枝金冠苹果
矿物油	某些桃树品种
烯唑醇	西瓜、大豆、辣椒（高浓度时产生药害）
硫黄	黄瓜、大豆、马铃薯、李、梨、桃、葡萄
波尔多液	马铃薯、番茄、辣椒、瓜类、桃、李、梅、杏、梨、苹果、山楂、柿子、白菜、大豆、小麦、莴苣及其他茄科、葫芦科植物
铜制剂	白菜及果树花期和幼果期
石硫合剂	桃、李、梅、杏、梨、猕猴桃、葡萄、豆类、马铃薯、番茄、葱、姜、甜瓜、黄瓜
代森锰锌	大豆、荔枝、葡萄幼果期、烟草、葫芦科植物、某些梨树品种。梨幼果时施用易出现果面斑点。浓度高会引起水稻叶边缘枯斑
百菌清	梨、柿、桃、梅、苹果（花后 20 天内不能使用）
菌核净	芹菜、菜豆
甲基硫菌灵	猕猴桃
氟硅唑	某些梨品种幼果期（5月以前）很敏感
春雷霉素	大豆、藕
丁醚脲	多种作物幼苗（高温条件下）
咪唑乙烟酸	玉米、油菜、马铃薯、瓜类、亚麻、向日葵、烟草、水稻、高粱、谷子、甜菜和蔬菜
甲氧咪草烟	小麦、油菜、甜菜、玉米和白菜
氯嘧磺隆	玉米、小麦、油菜、亚麻、马铃薯、瓜类、水稻、大麦、高粱、谷子、花生、烟草、向日葵、苜蓿、甜菜和蔬菜
异噁草松	小麦、大麦、谷子、花生、向日葵、苜蓿和蔬菜

农药名称	敏感作物
氟磺胺草醚	玉米、油菜、亚麻、菜豆、马铃薯、瓜类、高粱、谷子、向日葵、苜蓿、水稻、甜菜、花生、豌豆、烟草和蔬菜
氯磺隆	甜菜、豌豆、玉米、油菜、棉花、芹菜、胡萝卜、辣椒、苜蓿、大豆、烟草、向日葵、南瓜、黄瓜、大麦等
莠去津	小麦、大麦、水稻、谷子、大豆、菜豆、花生、烟草、苜蓿、甜菜、油菜、亚麻、向日葵、马铃薯、黄瓜、南瓜、西瓜、洋葱、番茄等
唑嘧磺草胺	向日葵、烟草、高粱、马铃薯、甜菜、油菜、亚麻、瓜类和蔬菜
二氯喹啉酸	甜菜、烟草、向日葵、豌豆、苜蓿、马铃薯和蔬菜
嗪草酮	小麦、大麦、菜豆、水稻、花生、亚麻、高粱、向日葵、甜菜、油菜、烟草、洋葱、胡萝卜
甲基咪草烟	小麦、油菜、甜菜、玉米和白菜
萘丙酰草胺	小麦、韭菜、芹菜、茴香、莴苣
西玛津	小麦、大麦、棉花、大豆、水稻、十字花科蔬菜
氨氯吡啶酸	豆类、葡萄、棉花、烟草、甜菜、蔬菜、果树
胺苯磺隆	稻秧、棉花、玉米、瓜类和豆类作物

（4）抗性 病虫害对农药容易产生抗性的，应当标明主要原因和预防方法。例如，建议与作用机理不同的农药轮换使用。

（5）混用性 即应当标明该农药不能与哪些农药、化肥及其他有机肥等混用。农药合理混用能提高药效，节省防治时间，但是混用不当不仅会降低药效、增加成本，严重时还会产生药害。

（6）对有益生物和环境的影响 标签上注明农药使用对鱼类等水生生物及鸟类、蚕、蜜蜂等有益生物和环境容易产生的不利影响，并详细介绍使用时的预防措施、施用器械的清洗要求、残剩药剂和废旧包装物的处理方法。如：溴氰菊酯是拟除虫菊酯类杀虫剂，对鱼和蜜蜂剧毒，使用中应注意避免污染水源；施药器械不得在河塘内洗涤；在周围开花植物花期禁止使用。

① 易对鱼类造成危害的主要农药品种详见表 3-9。

表 3-9　对鱼类具有较高毒性的主要农药品种

农药	LC_{30} /(毫克/升)	毒性等级	农药	LC_{30} /(毫克/升)	毒性等级
有机氯农药			有机磷农药		
硫丹	0.0072	剧毒	嘧啶氧磷	0.22	高毒
林丹	0.036	剧毒	毒死蜱	0.13	高毒
菊酯类农药			辛硫磷	<1.0	高毒
杀灭菊酯	$6.77×10^{-3}$	剧毒	三唑磷	1.0	高毒
溴氰菊酯	$0.54×10^{-3}$	剧毒	其他农药		
三氟氯氰菊酯	$0.25\sim0.45$	高毒	氟虫腈	0.43	高毒
甲氰菊酯	$0.25\sim0.45$	高毒	百菌清	0.11	高毒
胺菊酯	0.18	高毒	福美锌	0.075	剧毒
氟氯氰菊酯	$\leqslant0.5$	高毒	三唑锡	0.012	剧毒
氰戊菊酯	$6.8×10^{-3}$	剧毒	地乐酚	0.07	剧毒
氯氰菊酯	$1.78×10^{-3}$	剧毒	五氯酚	0.1	高毒
氨基甲酸酯类			灭菌丹	0.12	高毒
克百威	1.4	中毒	敌菌灵	0.095	剧毒
丁硫克百威	0.55	高毒	丁草胺	0.32	高毒
			多菌灵	0.61	高毒

② 易对鸟类造成危害的主要农药品种有：乙酰甲胺磷、涕灭威、克百威、毒死蜱、二嗪磷、敌敌畏、乐果、乙拌磷、敌草隆、硫丹、灭线磷、倍硫磷、地虫硫磷、甲霜灵、杀螟硫磷、灭多威、特丁硫磷、苯线磷、五氯酚、甲拌磷、残杀威、辛硫磷。

③ 易对家蚕造成危害的主要农药品种有：

菊酯类：溴氰菊酯、氟氰菊酯、氯菊酯、氟氯氰菊酯、高效氯氰菊酯、联苯菊酯、苯醚菊酯、倍速菊酯、醚菊酯。

沙蚕毒素类：杀虫单、杀虫双。

有机磷类：吡虫啉、甲基异柳磷、嘧啶氧磷、毒死蜱、三唑磷、杀螟丹、辛硫磷。

其他：甲氨基阿维菌素、甲氨基阿维菌素苯甲酸盐、啶虫脒、依维菌素。

④ 易对蜜蜂造成危害的主要农药品种有：

有机磷类：甲基异柳磷、三唑磷、毒死蜱、喹硫磷、乐果、嘧啶氧磷、杀螟硫磷、辛硫磷。

氨基甲酸酯类：克百威、丙硫克百威、锰杀威、甲萘威、残杀威。

菊酯类：溴氰菊酯、氟氰菊酯、甲氰菊酯、氟氰戊菊酯、氯菊酯。

其他：甲氨基阿维菌素、甲氨基阿维菌素苯甲酸盐、依维菌素、吡虫啉、氟虫腈、粉唑醇。

（7）禁止使用的作物或范围　我国禁止使用和限制使用的农药见前面说明。

（8）使用农药安全防护措施　即应注明使用该农药产品时须穿戴的防护用品、安全预防措施及避免事项、安全防护操作要求；注明孕妇及哺乳期妇女应避免接触此药的规定。例如：对磷化铝，在使用时的安全措施为"本品为高毒杀虫剂，吸潮或遇水自行分解，释放出的磷化氢气体对人剧毒。施药人员要经过严格培训，施药过程要戴防毒面具，穿防护服，戴防护手套。施药时禁止吸烟、进食和饮水。发生火灾时，应使用泡沫、二氧化碳灭火剂。禁止使用含水的灭火剂。禁止在家居环境中使用。孕妇及哺乳期妇女应当避免接触此药。"

（9）包装开启方法　开启包装物时容易出现药剂泄漏或造成人身伤害的（如粉末状农药和某些原药），应当标明正确的开启方法。

13. 中毒急救措施

应包括中毒症状及农药中毒时的一般急救措施。

（1）中毒症状　是指接触农药产品引发中毒的症状表现。例如有机磷农药的中毒症状表现如下：轻度中毒症状有头痛、头昏、恶心、呕吐、多汗、无力、胸闷、视力模糊、胃口不佳等；中度中毒症状，除上述轻度中毒症状外，还出现轻度呼吸困难、肌肉震颤、瞳孔缩小、精神恍惚、行走不稳、大汗、流涎、腹疼、腹泻等；重度中毒症状，除上述轻度和中度中毒症状外，还出现昏迷、大小便失禁、惊厥、呼吸麻痹等。

（2）农药中毒时的一般急救措施　中毒急救措施应当包括中毒症状及误食、吸入、眼睛溅入、皮肤沾染农药后的急救和治疗措施等内容。有专用解毒剂或成熟的急救和治疗方案的，应当标明，并标注医疗建议。具备条件的，可以标明中毒急救咨询电话。具体有以下4个方面。

① 皮肤接触。一般采用软布去除沾染农药，然后用淡肥皂水和清水冲洗，或单纯用清水冲洗；脱去污染的衣物；如仍感觉不适，应当尽快携标签到医院就诊。

② 眼睛溅入。立即用流动清水冲洗不少于15分钟，如仍感觉不适，应立即携标签到医院就诊。

③ 口鼻吸入。立即离开施用农药现场，转移到空气清新处，及时更换衣物、清洗皮肤，如仍感觉不适，应当尽快携标签到医院就诊。

④ 误食。立即停止服用，并向当地专业人员求救，在专业人员建议下催吐。之后携带农药标签尽快到医院就诊。

14. 贮存和运输方法

贮存和运输方法应当包括贮存时的光照、温度、湿度、通风等环境条件要求及装卸、运输时的注意事项。一般情况下，应当标注以下内容：农药产品应贮存在阴凉、通风、干燥的库房中；贮运时，严防潮湿和日晒；不得与食品、饮料、粮食、饲料等物品同贮同运；置于儿童、无关人员及动物接触不到的地方，并加锁保存；某些农药产品具有可燃性，如烟剂，在贮存时还应该远离火源和热源。

15. 农药类别特征颜色标志带

农药类别应当采用相应的文字和特征颜色标志带表示，不同类别的农药采用在标签底部加一条与底边平行的、不褪色的特征颜色标志带表示。除草剂用"除草剂"字样和绿色带表示；杀虫（螨、软本动物）剂用"杀虫剂""杀螨剂"或"杀软体动物剂"字样和红色带表示；杀菌（线虫）剂用"杀菌剂"或"杀线虫剂"字样和黑色带表示；植物生长调节剂用"植物生长调节剂"字样和深黄色带表示；杀鼠剂用"杀鼠剂"字样和蓝色带表示；杀虫/杀菌剂用"杀虫/杀菌剂"字样、红色和黑色带表示。农药种类的描述文字应当镶嵌在标志带上，颜色与其形成明显反差。直接使用的卫生农药可以不标注特征颜色标志带。

16. 象形图

农药标签上的空间是有限的，必须压缩将要表达的信息数量。这就要求根据实际使用中所涉及的主要问题，选取最重要的警告和忠告来用象形图表达。象形图应用黑白两色印制，尺寸应该与标签的尺寸相协调，通常位于标签的底部。

象形图样式、分类及其意义见图 3-2。

以下举例说明：

① 表示倾倒及配制农药的象形图组：

这组象形图表示在定量配制本液体农药制剂时，应佩戴防护罩，并戴手套。

这组象形图表示在配制本液体农药制剂时的防护级别较高，需佩戴防护罩，戴手套，穿胶靴，穿防护服。

这组象形图表示配制本固体农药制剂时需戴防护罩，并戴手套。

这组象形图表示在配制本固体农药制剂时需佩戴防护罩，戴手套，穿胶靴，穿防护服。

标签上使用的象形图必须与该产品的安全忠告相互协调，如果产品的毒性较低，则需要的防护措施较少，象形图的样式也相应较少。例如：这组象形图表示在配制本液体农药制剂时仅需要戴手套。

这组象形图表示在配制本液体农药制剂时需要戴防护罩。

这组象形图表示在配制本固体农药制剂时需要戴防护罩。

![img]这组象形图表示在配制本固体农药制剂时需要戴手套。

![img]这组象形图表示在配制本固体农药制剂时需要戴口罩。

② 表示喷洒、施用农药的操作象形图组：

![img]这组象形图表示当施用农药制剂时应戴防护罩，戴手套，穿胶靴；

这组象形图表示当施用农药制剂时应戴防护罩，戴手套，穿胶靴，穿防护服。

同样，如果产品的毒性较低，则喷洒或施用农药时需要的防护措施也较少，也就是说需要的象形图的样式也相应较少，例如：

![img]这组象形图表示当施用农药制剂时仅需要穿胶靴就可以；

![img]这组象形图表示在施用本农药制剂时需要戴口罩。

③对于打开包装即可使用，不需要稀释的农药产品（如颗粒剂），标签上则不需要显示操作象形图，仅根据毒性级别和所需要的保护措施选用忠告象形图即可。如：

本例表示在施用本农药制剂时要戴手套、防护罩并穿胶靴（不需要配制和用喷雾器喷洒）。用后需清洗。

这组象形图表示，该产品为固体制剂，配制该固体制剂农药产品时需戴防护罩、手套，穿胶靴，穿防护服；喷洒该农药时需戴防护罩、手套，穿胶靴，穿防护服。用后需清洗。需放置在儿童接触不到的地方，并加锁。该产品对鱼有害，使用时应注意不要污染湖泊、河流、池塘和小溪。

④ 农作物或病虫害的图案。应不超出产品标注的使用范围，否则，涉嫌农药生产者误导使用者的可能性较大。

三、科学选购农药的注意事项

在购买农药时，为避免买到假劣农药，应当注意以下几个方面的问题。

1. 选择正规的农药经营店

正规农药经营店一般有以下特征：

（1）正规的农药经营店门脸整洁，店内柜台农药摆放整齐有序。例如在容易看到的地方贴（标）有"农药有毒""禁止吸烟、吃东西、喝饮料""不得将农药卖给 18 岁以下的未成年人"等警示标语牌。

（2）有工商部门发放的营业执照，各种规章制度悬挂上墙。在实施农药经营许可的地方，应悬挂农业农村部发放的农药经营许可证。在实施高毒农药定点经营的地方，应有高毒农药定点经营标志。农药经营许可证应当载明农药经营者名称、住所、负责人、经营范围以及有效期等事项。农药经营许可证有效期为 5 年。

（3）经营人员熟悉农药管理政策，具有法律法规知识；具备植保或农药专业知识；具有一定的经营和管理经验；具有良好的职业道德观念等。

（4）对销售的农药产品能够为顾客提供购买凭证，并告知该农药产品使用技术、方法及相关注意事项。

2. 选择对症的农药产品

应根据自己的实际需求，对症购买，做到心中有数。

（1）选择熟知的农药品种、信誉好的品牌。

（2）选购新农药品种或不熟知的品牌时，不完全听信他人推荐，应先仔细阅读农药标签，有针对性地购买。对想购买的农药有疑问时，应要求经营店出具产品合法的证明。如查看"三证"（图 3-3）。

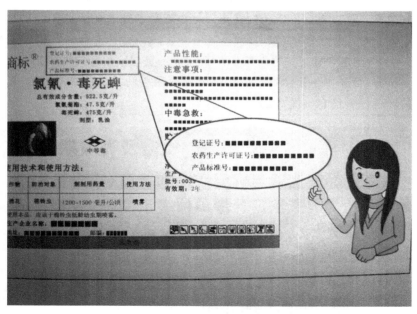

图 3-3 农药"三证"示意图

（3）选择性购买。同一农药品种有多个企业或产品可供选择时，应优先选择大品牌的产品或质量信誉有保障的生产企业的产品。对于同类产品中价格明显低于其他企业的，购买时要谨慎，切记不要贪图便宜。

（4）农药的适用范围并非越多越好，只要适用于自己的防治需求即可。不购买宣称"包治百病"的农药。

3. 通过官方网站核查

（1）对于某些病虫草害，如不熟知相应的防治用药品种时，可以通过中国农药信息网查询，获取相应农药品种的信息。具体步骤如下：

① 登陆中国农药信息网（http：//www.icama.org.cn/，图3-4），寻找右下侧"登记信息"栏目（图3-5）。

② 点击"登记信息"按钮，输入作物的名称、防治病虫草害的名称，可以查询出农药的登记证号、农药名称、剂型、含量、生产企业等信息（图3-6）。

③ 点击"登记证号"按钮，页面显示登记证信息（图3-7）。

④ 点击"查看标签"按钮，可查出用于防治该作物病虫草害的农药标签信息（图3-8）。

图 3-4　中国农药信息网

图 3-5　查找农药登记信息栏目

当前的位置：首页 > 行业数据

农药登记数据

登记证号		登记证持有人		省份	
农药类别		总有效成分含量		剂型	
作物/场所	小麦	防治对象	白粉病	施用方法	
毒性					
有效成分1:		英文1:		含量1:	
有效成分2:		英文2:		含量2:	
有效成分3:		英文3:		含量3:	
有效起始日:		至:			
有效截止日:		至:			

登记证号	农药名称	农药类别	剂型	总含量	有效期至	登记证持有人
PDN34-95	三唑酮	杀菌剂	乳油	20%	2020-8-15	江苏剑牌农化股份有限公司
PD86157-18	醚菌酯	杀菌剂	悬浮剂	50%	2020-6-17	四川省宜宾川安药科农药有限责任公司
PD86157-17	醚菌酯	杀菌剂	悬浮剂	50%	2020-1-27	山东省绿士农药有限公司
PD86157-16	醚菌酯	杀菌剂	悬浮剂	50%	2021-12-13	江门市大光明农化新会有限公司
PD86157-15	醚菌酯	杀菌剂	悬浮剂	50%	2024-12-20	蓝晴农药有限公司
PD86157-14	醚菌酯	杀菌剂	悬浮剂	50%	2024-1-16	陕西标正作物科学有限公司

图 3-6　通过作物名称、病虫草害名称查询

农药登记数据

农药登记证信息			
登记证号:	PDN34-95	首次批准日期:	有效期至:	2020-8-15
农药名称:	三唑酮	毒性:	低毒	剂型:	乳油
登记证持有人:	江苏剑牌农化股份有限公司			
农药类别:	杀菌剂	总有效成分含量:	20%	
备注:				

图 3-7 登记证信息

农药登记证号: PDN34-95
登记证持有人: 江苏剑牌农化股份有限公司
农药名称: 三唑酮
剂型: 乳油
毒性及其标识: 低毒

总有效成分含量: 20%
有效成分及其含量:
　三唑酮20%
使用范围和使用方法:

作物(或范围)	防治对象	制剂用药量	使用方法
小麦	白粉病	40-42.5克/亩	喷雾

产品性能:
本品主要用于防治小麦白粉病,是一种低毒、持效期较长、内吸性三唑类杀菌剂,施药后能被植物各部位吸收。对病害具有预防、治疗作用。
使用技术要求:
对常发病田或易发病田,在拔节前期和中期全田喷雾,一般田发病前全田喷雾。在病害严重时隔7-10天喷第2次药。
注意事项:
1、距收获前安全间隔期:20天,最多施药2次。 2、用药时应戴口罩、手套,穿防护衣等防护用品,施药期间禁止吸烟、饮食。用药后用肥皂和大量清水洗净手部、脸部及接触到药液的身体部分。 3、禁止在河塘等水体中清洗施药器具。 4、用完后的包装物应妥善处理,不可做它用。 5、孕妇、哺乳期妇女不得接触本品。
中毒急救措施:
中毒症状:一般为恶心、晕眩、呕吐等。 1、吸入:立即将中毒者移到空气新鲜的地方处理;严重者立即送医院对症治疗。 2、如溅入眼中,立即用大量清水冲洗15分钟以上;粘附皮肤用肥皂水清洗。 3、因疏忽或误用而发生中毒现象,请立即携此标签就医,对症治疗。 4、中国预防医学科学院中毒控制中心24小时服务电话:010-83132345。
储存和运输方法:
1、本品应以原包装贮存于阴凉、干燥和通风处。 2、本品贮存应放置于儿童接触不到的地方,不可与食品、饮料、粮食、饲料等混合贮存。 3、运输时应注意防晒,搬运时轻搬轻放,不可倒置。 4、本品易燃,远离火源,注意防火。
质量保证期: 2年
备注:
核准日期: /
重新核准日期:

图 3-8 农药标签信息

⑤ 点击"登记证号"按钮，下拉后页面显示有效成分信息、有效成分用药量信息（图3-9）。

有效成分信息	
有效成分	有效成分含量
三唑酮/triadimefon	20%

制剂用药量信息			
作物/场所	防治对象	用药量（制剂量/亩）	施用方法
小麦	白粉病	40-42.5克/亩	喷雾

图3-9 有效成分用药量信息

确定拟购买的农药品种后，可登陆中国农药信息网，根据农药品种查询已获得农药登记的生产企业。具体步骤为：

① 登陆中国农药信息网（http：//www.icama.org.cn/，图3-4），寻找右下侧"登记信息"栏目（图3-5）。

② 点击"登记信息"按钮，输入有效成分名称，可以查询出生产该农药登记证号、农药名称、剂型、含量、生产企业等信息（图3-10）。

③ 点击"登记证号"按钮，页面显示登记证信息（图3-7）。

④ 点击"查看标签"按钮，可查出用于防治该作物病虫草害的农药标签信息（图3-8）。

⑤ 点击"登记证号"按钮，下拉后页面显示有效成分信息、有效成分用药量信息（图3-9）。

（2）对准备选购的新农药品种或不熟知的品牌，可以通过中国农药信息网查询产品信息，对购买的农药做到心中有数，具体查询方法如下：

① 登陆中国农药信息网（网址：http：//www.icama.org.cn/），点击寻找右下侧"登记信息"栏目（图3-5）。

② 点击"登记信息"按钮，输入该农药产品的农药登记证号，

農药登记数据

登记证号：		厂家名称：		省份：	
农药类别：		总含量：		剂型：	
作物名称：		防治对象：		施用方法：	
毒性：					
有效成分1：	吡虫啉	英文1：		含量1：	
有效成分2：		英文2：		含量2：	
有效成分3：		英文3：		含量3：	
有效起始日：		至：			
有效截止日：		至：			

单剂 ☐   混剂 ☐   包括已过有效期产品： ☐   查询

登记证号	登记名称	农药类别	剂型	总含量	有效期至	生产企业
PD20152523	吡虫啉	杀虫剂	悬浮种衣剂	600克/升	2020-12-5	浙江新安化工集团股份有限公司
PD20110325	吡虫啉	杀虫剂	水分散粒剂	70%	2021-3-24	浙江世佳科技有限公司
PD20081374	吡虫 毒死蜱	杀虫剂	乳油	22%	2018-10-23	浙江新农化工股份有限公司
PD20083064	吡虫啉	杀虫剂	原药	98%	2018-12-10	宁波三江益农化学有限公司
PD20101897	吡虫啉	杀虫剂	种子处理可分散粉剂	70%	2020-8-27	宁波三江益农化学有限公司
PD20102222	吡虫啉	杀虫剂	可湿性粉剂	25%	2020-12-31	宁波三江益农化学有限公司
PD20160170	吡虫啉	杀虫剂	悬浮种衣剂	600克/升	2021-2-24	宁波三江益农化学有限公司
PD20111049	吡虫啉	杀虫剂	水分散粒剂	70%	2021-10-10	宁波三江益农化学有限公司
PD20172520	吡虫 硫双威	杀虫剂	悬浮种衣剂	35%	2022-10-17	宁波三江益农化学有限公司
PD20121792	吡虫啉	杀虫剂	可溶液剂	20%	2022-11-22	宁波三江益农化学有限公司
PD20132277	吡虫啉	杀虫剂	水分散粒剂	70%	2018-11-8	山东潍坊润丰化工股份有限公司
PD20093688	吡虫啉	杀虫剂	原药	96%	2019-3-25	山东潍坊润丰化工股份有限公司
PD20141275	吡虫啉	杀虫剂	悬浮剂	600克/升	2019-5-12	山东潍坊润丰化工股份有限公司
PD20131384	吡虫啉	杀虫剂	悬浮剂	350克/升	2018-6-24	江苏辉丰农化股份有限公司

图 3-10　通过有效成分查询农药信息

点击"查询"按钮，页面显示登记证号、登记名称、生产厂家、类别、剂型、有效成分含量等内容（图 3-11）。

③ 点击"登记证号"，可核查购买的农药产品与网上公布的农药登记核准信息内容是否相符，重点检查生产厂家、农药名称、剂型、登记作物、防治对象、有效期、用药量、施用方法等信息（图3-12）。

农药登记数据

登记证号	登记名称	农药类别	剂型	总含量	有效期至	生产企业
PD20080340	敌畏·吡虫啉	杀虫剂	乳油	21%	2018-2-26	安徽省淮北市农药厂

图 3-11   通过登记证号查询农药信息

PD20080340

登记证号:	PD20080340	有效起始日:	2013-2-26	有效截止日:	2018-2-26
登记名称:	敌畏·吡虫啉	毒性:	低毒	剂型:	乳油
生产厂家:	安徽省淮北市农药厂			国家:	中国
总含量:	21%				
备注:					

标签信息

查看标签

有效成分信息

有效成分	有效成分含量
敌敌畏/dichlorvos	20%
吡虫啉/imidacloprid	1%

有效成分用药量信息

作物	防治对象	有效成分用药量	施用方法
水稻	飞虱	189-220.5克/公顷	喷雾

图 3-12   农药登记信息

（3）核实产品标签是否与登记核准标签内容相符。具体操作步骤为：登陆中国农药信息网（网址：http：//www.icama.org.cn/），点击"登记信息"栏目，输入标签上的农药登记证号，点击"查询"按钮，可核查农药登记核准标签内容。也可以向当地农药管理机构咨询。

4. 仔细查看农药标签

（1）标签信息很多，主要查看以下几方面的内容：

一看"三证"，防止选购假农药。根据规定农药标签上都应标注农药登记证号、农药生产许可证号、执行标准号，没有这三种证号的农药，请不要购买，图 3-13～图 3-15 所示为农药登记证和农药生产许可证。

二看有效成分及含量和产品，防止选购劣质农药。根据有关规定，农药标签都应当标注有效成分及含量，凡有效成分含量与实际含量不符的属劣质农药。乳剂中有沉淀，粉剂有结块可能失去农药的使用效能，这类农药也不要选购。

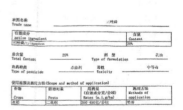

图 3-13　农药登记证（旧版）

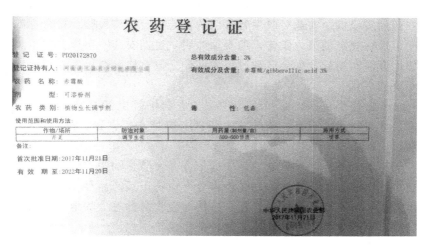

图 3-14　农药登记证（新版）

图 3-15　农药生产许可证

三看生产日期、保质期，防止选购过期农药。根据规定，过期农药经省级以上农业行政主管部门的农药检定机构检验，符合标准的可以在规定期限内销售，但必须注明"过期农药"字样，并附具使用方法和用量，如果已超过保质期，又没有检验结果的农药，就不要购买。

四看使用范围，防止农药中毒。农药标签上标有适用作物范围，在瓜、果、蔬菜、茶叶、中药材上应禁止用剧毒、高毒农药，防止农药中毒事故。

五看农药生产厂家的地址、通信方式，防止购买冒牌农药。当前市场上有不法厂家冒充知名厂家生产农药，其产品存在严重的质量隐患，又不能承担民事责任，选购时应注意标签上的地址和通信区号是否与生产厂家的地址、通信区号相符。

六看注意事项，防止产生药害及破坏生态环境。有些农药在某种作物上不宜施用，有些农药在某种环境不能使用，选购时应特别注意，以免产生药害或破坏生态环境。

（2）不被标签中的"忽悠"宣传误导。假劣农药常通过标签内容来"忽悠"消费者。标签含有下面内容的都属于"忽悠"。一是带有宣传、广告色彩的文字、符号、图案。如"保证高产""可防治各种害虫""无害、无毒、无污染、无残留，对人畜环境安全"等。二是含有以农药科研单位、植保单位、学术机构或者专家、用户的名义或形象作证明的内容。如"某某专家推荐"等。三是含有"无效退款、保险公司承保"等承诺文字。四是含有违反农药安全使用规定的用语、画面。如在防护不符合要求情况下的操作，农药靠近儿童或与食品、饲料一起贮存、运输等。五是国内生产的产品标有生产企业以外的机构名称，如"某某总经销、总代理"等。六是商品名称，如草灭尽、菌除绝等。如为商标，应标注在标签的边或角上。七是含有未经登记的使用范围和防治对象的图案、符号、文字。如：登记作物是水稻，但在标签上印有小麦的图案。八是夸大宣传。如某些厂家为了排挤其他企业生产的产品，提高自身产品销量，在标签上标注一些违规宣传内容。如：销量第一，规模效益全国第一，市场占有率第一，出口第一等；或某某博览会、交流会、贸易会、推广会、发布会等指定产品，或"××协作网、××植保站、××技术监督局推荐产品"。这些都是农药标签不允许标注的内容，易误导使用者。

5. 查看产品形态及外观

粉剂、可湿性粉剂应为疏松粉末，无团块。如有结块，往往已经受潮，不仅细度达不到要求，有效成分含量也常常发生了变化；如有较多颗粒感，一般来说是细度达不到要求；如色泽不均，可能存在质量问题。

乳油或水剂应为均相液体，无沉淀或悬浮物。如有分层和浑浊，可能已经变质。

悬浮剂或胶悬剂应为可流动的悬浮液，无结块，长期存放可能存在轻微的分层现象，如经摇动后如有结块现象说明存在质量问题。

熏蒸用的片剂如呈粉末状，表明已失效，等等。

颗粒剂产品应粗细均匀，不应含有许多粉末。

6. 比较价格

因农药有效成分含量、剂型、包装物等不同，因而相同量的农药其价格可能不同。选购农药时，不能只看每袋（瓶）农药的价格，而应考虑每亩地的施药量、使用次数、施用方法等多种因素。一般情况下，应选择长期使用效果好、诚信度高的企业所生产的农药产品；不应购买价格与同类产品存在很大差异的农药产品，价格明显低于同类产品和以往价格的，假冒的可能性比较大。

7. 不可购买的农药

（1）不能确定生产经营者的农药，如上门推销的产品。这部分产品来源不清楚，一旦发生质量纠纷，由于难以找到生产经营企业，难以进行索赔追偿。

（2）产品使用范围与本地农作物不相符的农药，如某种农药登记的使用范围为柑橘树，在没有种植柑橘树的北方地区就不应该购进，否则极易发生对农作物病虫害防治效果差或药害等事件。

（3）国家明令禁止使用的农药（如六六六、甲胺磷等）或在本地不得使用的农药（如特丁硫磷仅在河北、河南、山东花生主产区使用）。

四、收集保留维权证据

农民朋友们应有自我保护意识和维权意识，在农药购买、使用过程中，要注意收集并保留农药购买凭证、所使用的农药及其包装物，记录农药造成的作物田间损害情况等相关证据。这些证据是农民朋友依法维权的有力武器。

1. 收集现场证据

施用农药或发生药害的作物就是农药造成损害的现场证据。因农作物药害的典型表现期短，农民朋友在保护好损害现场的同时，还应当立即向当地农业部门、工商部门或质量监督管理部门投诉，并通过摄像、照相等手段来记录田间损害的情况，为下一步鉴定工作打下基础。

2. 保存好购买农药的证据

购买农药时一定要向经销商索取发票、收据等购销凭证并妥善保管，作为证明农药来源、出现问题时投诉和索赔的证据。如果使用者不能出示该证据，则无法认定农药的生产经营者，在索赔及维权的道路上将处于被动地位。

3. 保存好所用农药

农民朋友应保存好产生问题的农药产品，包括已开启的农药、农药瓶或农药袋等。最好保存一份未开启的同样农药样品。这些农药样品经过鉴定，可以判断损害产生的具体原因。

4. 核查产品有关信息

（1）查询该产品农药登记核准信息。具备上网条件的农民朋友，可以登陆中国农药信息网（http：//www.icama.org.cn/）进行查询，核对产品的生产企业名称、农药登记证号、农药名称、适用作物、防治对象、使用技术要求、注意事项等农药登记核准内容。不具备上网条件的农民朋友，也可到当地农业行政主管部门查询《农药登记公告》，核对产品的相关信息。

（2）对照该产品的登记核准信息，判断所购买农药是否存在违规行为。可以从以下几个方面进行判断：所使用的农药产品是否已经取得农药登记；该产品农药登记批准使用范围与标签标注是否相符；该产品标签上标注的使用技术要求是否与登记核准内容相符；该产品标签上标明的注意事项是否与登记核准内容相符。

5. 收集被误导或经营者未履行告知义务的证据

相关证据包括：

（1）相关证人证言　如请购买农药时在场的其他人证明当时经营者未告知如何正确使用该农药。

（2）经营者开具的处方　农民在购买农药时，往往依靠经营者的推荐来选购，因农药经营者违规推荐所造成的农药使用纠纷，农民朋友还应当提供经营者将农药产品推荐用于该农作物上的证据。

（3）生产企业标签内容误导使用者的证据　如生产企业擅自扩大农药登记使用范围，在农药产品标签上将产品推荐用于未经登记的作物或防治对象；标签上未按登记核准内容正确标注产品的使用技术、使用方法及注意事项等信息。

6. 申请鉴定或检测

在收集相关证据的同时，农民朋友还可以向有关管理部门或者有资质的鉴定机构提出申请，委托其依法组织对药害事故、损失等进行技术鉴定，并形成书面鉴定意见，作为今后采取法律诉讼途径依法索赔的依据。

在申请鉴定或检测时，可以请执法部门抽取相应的样品；或者与农药生产或经营者共同送样，到具有法定资质的机构检测。对农药产品委托检测时，应以未开包装的农药作为样品。应注意的是，农民朋友不宜单独送样检测，以避免检测结果无法律效力或农药生产、经营者不承认检测结果。

五、法律责任与消费维权

1. 使用农药产生问题后如何划分法律责任

如果使用农药后，出现防治效果不好、药害、人畜中毒及环境污染等问题时，根据事故产生原因的不同，国家有关法律法规对生产、经营、使用者的责任规定也不同，涉及的法律法规主要有《刑法》《民法通则》《产品质量法》《消费者权益保护法》和《农药管理条例》等。因农药引起的问题，一般情况下，应首先判断其是否构成刑事责任。对违反《刑法》规定的，应当追究相关人员的刑事责任，不能"以罚代刑"。对尚不构成追究刑事责任的，由相关行政主管部门进行处罚。受害当事人为了保护自身利益，可以根据有关法律法规规定依法要求赔偿。

（1）生产、经营假劣农药应承担的法律责任　生产、经营假农药、劣质农药将承担相应的刑事责任、行政处罚及民事法律责任。

① 刑事责任。生产、销售假劣农药，使生产遭受较大损失以上的，构成"生产、销售伪劣农药罪"。如果没有使生产遭受较大损失，但销售金额在 5 万元以上的，应认定为"生产、销售伪劣产品罪"。伪劣产品尚未销售，货值金额达到 15 万元以上的，或者伪劣产品销售金额不满 5 万元，但将已销售金额乘以 3 倍后，与尚未销售的伪劣产品货值金额合计 15 万元以上的，构成"生产、销售伪劣产品未遂罪"。图 3-16 所示为生产、经营假劣农药刑事责任认定法律依据。

② 行政处罚。生产、经营假劣农药尚不构成刑事责任的，根据《农药管理条例》《产品质量法》的规定，其农药生产、经营者承担相应的行政处罚，法律依据见图 3-17。

③ 民事责任。假劣农药生产、经营者应对使用者造成的财产损失承担相应的民事责任，承担民事责任的主要方式为赔偿损失，法律依据见图 3-18。

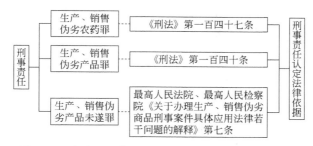

图 3-16　生产、经营假劣农药刑事责任认定法律依据

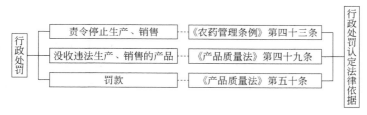

图 3-17　生产、经营假劣农药行政处罚认定的法律依据

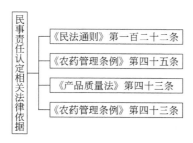

图 3-18　生产、经营假劣农药民事责任认定的法律依据

（2）生产、经营非法产品应承担的法律责任　非法产品是指未经许可擅自生产、经营的产品。根据《农药管理条例》第三十条的规定，非法农药产品是指未取得农药登记证、农药生产许可证（批准文件）的农药。生产、经营非法产品应承担相应的刑事、行政及民事法律责任。

① 刑事责任。生产、经营非法产品的，按照《刑法》等相关

法律规定，根据其违法情节严重程度，可按非法经营罪或者危险物品肇事罪追究其刑事责任，法律依据见图 3-19。

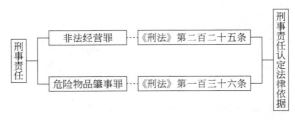

图 3-19　生产、经营非法产品刑事责任认定法律依据

② 行政处罚。未取得农药登记证，擅自生产、经营农药的，或者生产、经营已撤销登记的农药的，尚不构成刑事处罚的，依据《农药管理条例》责令停止生产、经营，没收违法所得，并处违法所得 1 倍以上 10 倍以下的罚款；没有违法所得的，并处 10 万元以下的罚款。

③ 民事责任。非法农药产品的生产、经营者应对使用者造成的财产损失承担相应的民事责任，承担民事责任的主要方式为赔偿损失。如《农药管理条例》第四十五条规定：违反本条例规定，造成农药中毒、环境污染、药害等事故或者其他经济损失的，应当依法赔偿。

（3）生产、经营者误导使用者应承担的法律责任　生产、经营者对使用者的误导主要体现在：生产者擅自修改登记核准的农药标签内容；经营者未按农药标签内容正确说明农药的用途、使用方法、用量、中毒急救措施和注意事项。农药生产、经营者误导使用者，应当承担相应的法律责任。

① 刑事责任。《农药管理条例》第四十条规定，生产、经营产品包装未附标签、标签残缺不清或者擅自修改标签内容的农药产品的，依照《刑法》关于非法经营罪或者危险物品肇事罪的规定，依法追究刑事责任，具体见《刑法》第二百二十五条和第一百三十六条规定。

②　行政处罚。生产、经营产品包装上未附标签、标签残缺不清或者擅自修改标签内容的农药产品的，如尚不构成刑事处罚的，由农业行政主管部门给予警告，没收违法所得，可以并处违法所得3倍以下的罚款；没有违法所得的，可以并处3万元以下的罚款。具体见《农药管理条例》第四十条。

③　民事责任。《农药管理条例》第四十五条规定：违反本条例规定，造成农药中毒、环境污染、药害等事故或者其他经济损失的，应当依法赔偿。

（4）生产、经营者未履行告知义务应承担的法律责任　根据《农药管理条例》《产品质量法》《消费者权益保护法》等法律法规的规定，履行告知义务，是农药生产、经营者的法定职责。如《农药管理条例》第二十二条规定，农药经营单位应当向使用农药的单位和个人正确说明农药的用途、使用方法、用量、中毒急救措施和注意事项。

《产品质量法》第二十七条规定：产品或者其包装上的标识必须真实，对使用不当，容易造成产品本身损坏或者可能危及人身、财产安全的产品，应当有警示标志或者中文警示说明。

《消费者权益保护法》第十八条规定：经营者应当保证其提供的商品或者服务符合保障人身、财产安全的要求。对可能危及人身、财产安全的商品和服务，应当向消费者作出真实的说明和明确的警示，并说明和标明正确使用商品或者接受服务的方法以及防止危害发生的方法。

生产经营者因未履行告知义务造成事故发生的，将依据《刑法》《产品质量法》《消费者权益保护法》和《农药管理条例》等相关法律规定，依法追究其相关责任。

（5）使用者违规使用农药应承担的法律责任　使用农药应当遵守农药防毒规程，正确配药、施药，做好废弃物处理和安全防护工作，防止农药污染环境和发生中毒事故；应当遵守国家有关农药安全、合理使用的规定，按照规定的用药量、用药次数、用药方法和安全间隔期施药，防止污染农副产品；剧毒、高毒农药不得用于防治卫生害虫，不得用于蔬菜、瓜果、茶叶和中草药材；应当注意保护环境、有益生物和珍稀物种。严禁用农药毒鱼、虾、鸟、兽等。

① 刑事责任。根据《农药管理条例》第四十条规定，不按照国家有关农药安全使用的规定使用农药的，依照刑法关于危险物品肇事罪的规定，依法追究刑事责任。

② 行政处罚。《农药管理条例》第四十条规定，不按照国家有关农药安全使用的规定使用农药，尚不够刑事处罚的，由农业行政主管部门根据所造成的危害后果，给予警告，可以并处 3 万元以下的罚款。

③ 民事责任。《农药管理条例》第四十五条规定：违反本条例规定，造成农药中毒、环境污染、药害等事故或者其他经济损失的，应当依法赔偿。

2. 如何依法维权

如果在施用农药后，发现对病虫草害无明显防治效果或者出现农作物药害等症状时，应当立即投诉，以便有关部门及时到现场进行勘验、处理，准确认定药害等问题产生的原因及有关责任问题。农民朋友在收集相关证据的同时，要充分利用《消费者权益保护法》《农药管理条例》等法律法规来保护自己的合法权益，并通过下列途径进行维权。

（1）与农药生产、经营者协商和解 农民朋友应根据所使用农药的购买凭证、药害损失程度、有关部门出具的检测报告或作出的技术鉴定，依法要求农药生产、经营者赔偿。根据《消费者权益保护法》第三十五条的有关规定，农药经营者需要对农药使用者予以先行赔偿，对发生危害造成的损失，农药经营者可以向厂家进行追偿。

（2）向行政主管部门申诉或要求消费者协会调解 有关行政主管部门主要有农业行政管理部门、工商行政管理部门、质量技术监督管理部门等。对于有可能涉嫌犯罪的农药生产经营违法行为，可向公安部门报案。行政主管部门可依法查处农药违法生产、经营行为，追究其法律责任并协调赔偿事项。消费者投诉电话是12315，农业部门的投诉电话是12316（各省级农药监督管理举报电话见表3-10），农业农村部农药案件举报电话：010-59192810，59194066。

表 3-10　各省（自治区、直辖市）农药监督管理举报电话

省份	联系电话	省份	联系电话
北京	010-12316	河南	0371-65918887
天津	022-12316	湖北	027-87381723
河北	0311-85055874	湖南	0731-85523110
山西	0351-7823032	广东	020-12316
内蒙古	0471-6285270	广西	0771-5864708
辽宁	024-86121773	海南	0898-12316
吉林	0431-88906505，85954223	重庆	023-12316
黑龙江	0451-82622122	四川	028-85505215
上海	021-64012480	贵州	0851-5286272
江苏	025-86263845，86263844	云南	0871-4178722
浙江	0571-12316	陕西	029-87321947
安徽	0551-2661526	甘肃	0931-8656483
福建	0591-87847680	青海	0971-12316
江西	0791-8119271	宁夏	0951-5169860
山东	0531-82355230	新疆	0991-2868227，8556827

（3）向人民法院起诉　当通过上述方式或途径无法解决争议时，可以向当地人民法院提起诉讼，要求赔偿经济损失，维护自身合法权益。不过，同其他方式相比，诉讼的周期较长，程序也较为复杂。受害者向人民法院起诉，应该依照法律规定进行，写好起诉状，并提供相关的证据。受害的农药使用者较多并且受害原因一致时，可以选取几个代表，联合起诉，避免重复取证或分别承担过多的诉讼费用。

第四章 农药的真假鉴别

由于一些不法商贩造假卖假，假劣农药坑农事件屡有发生，为了有效地避免购买假劣农药，确保使用合格农药，及时防治病虫草害，增加作物产量，有必要学习一些农药真假的鉴别知识。

第一节 农药的快速简易鉴别

通过查看农药包装、外观、标签，或者通过简易试验等方法，可以简单识别一些假劣农药。

一、包装识别

可以从以下五个方面简单判断。一是包装是否完好，有无破损开封或渗漏，因为包装损坏易导致农药产品失效。二是是否印（贴）有标签，无标签的产品没有质量保证。三是散装的农药因为生产、经营者随时都可能掺假，万一出现问题难以处理，无法保证质量。四是谨慎购买连体包装、免费赠送、推荐混合使用等方式搭配销售的农药。例如，标签上声称为高效助剂，能提高防效，但不标明具体名称的，可能属于其他农药成分（如高毒农药）。在不知情的情况下使用，易产生危害。五是一包装箱内的产品包装规格应相同，不能有大有小。否则，请谨慎购买。

二、标签识别

农药标签是农药产品直接向使用者传递农药技术信息的桥梁，是指导安全合理使用农药的依据，也是具有法律效力的一种凭据。检验一个农药产品标签是否正规合格，可以从以下几方面加以甄别。

1. 标签内容要完整

标签内容应包括：农药产品通用名称（境外产品暂不要求，但须有商品名）、农药商品名称（没有商品名称的除外）、企业名称、有效成分名称、净含量、生产日期、质量保证期、产品性能特点、使用方法、毒性标志、注意事项、贮存方法、中毒急救措施、农药登记证号、生产批准文件号和产品质量标准号（境外产品没有后两项编号）、农药类别颜色标志带。

2. 农药登记证号要正确

每个产品的农药登记证号必须与所取得的登记农药产品相符。不得假冒、仿造、转让农药产品登记证号。

3. 农药产品通用名称要规范，商品名称要获得批准

农药产品通用名称由三部分构成：含量、有效成分名称和剂型。农药商品名称未经农业部批准的不得擅自使用。获准的商品名称，由申请人专用。未经专用人许可，不得随意使用。农药产品通用名称和商品名称必须与登记证上的一致。

4. 产品的适用作物、防治对象和施药方法不得超出批准登记的范围

适用作物和防治对象必须与登记证的内容一致。不得擅自扩大农药产品的适用作物和防治对象，也不得擅自更改施药方法。

5. 农药标签要注明中毒急救措施

标签内容应包括该产品中毒所引起的症状、急救措施、可使用的解毒药剂和对医生的建议等内容。

6. 农药类别颜色标志带要准确、齐全

农药类别颜色标志带是位于标签下方的一条与底边平行、不褪色的特征颜色标志带，用以表示不同的农药类别（公共卫生用药除外）。农药产品中含有两种或两种以上不同的有效成分时，其产品颜色标志带应由各有效成分对应的标志带分段组成。各类农药的特征颜色分别为：除草剂——绿色；杀虫/螨/螺剂——红色；杀菌/线虫剂——黑色；杀鼠剂——蓝色；植物生长调节剂—深黄色。

7. 标签内容要真实、确切

产品性能介绍必须实事求是，有科学依据，不得带有广告性用语；不得使用"最高级""最佳""最理想""特效""特强"等用语；不得含有不科学的表示功效的断言或者保证；不得含有与其他产品的功效或安全性进行比较的内容；不得使用无毒、无害、无残留等表明农药安全性的绝对化断言；不得印刷含有宣传或广告意义的功效、获奖情况及各种优质产品称号的内容；不得含有违反农药安全使用规则的文字、语言或者图画；不得使用未经国家认可的研究成果或者不科学的词语或术语等。

作为农药消费者、使用者，在选购农药时和使用农药之前都应当根据国家有关法规的要求标准，认真阅读农药标签，以防上当受骗，买错药，用错药，蒙受损失。

三、产品性状识别

1. 从农药物理形态上鉴别

常用的鉴别特征有颜色、气味以及某些实验特性等。一般来说，乳油类、可湿性粉剂类、油剂类、悬浮剂类、水剂类等农药只要规格不变，颜色是相对稳定的；颗粒剂、粉剂等农药会因颜料的不同或填充料的不同而有所变化。依气味鉴别农药，较颜色更为简单准确（一些具有特殊颜色的农药除外），但鉴别者必须具有丰富的实践经验和扎实的农药基础知识。一般情况下，不同的农药具有不同的气味，甚至气味的浓烈程度，在一定程度上还能反映出质量

的高低。对于假冒农药来说,是不具有农药自身所特有气味的。

2. 通过简易试验鉴别

(1)乳油或乳剂 用透明水杯装满水,用小木棍蘸取药液,滴入杯内,药剂迅速扩散,稍加搅拌后即形成白色乳液。静置半小时后,无任何沉淀物或油珠,说明该产品为合格产品。

(2)可湿性粉剂 用透明水杯装满水,取半小匙药剂,慢慢倒入水面上,药剂较快地在水中逐渐湿润分散开,一般不超过 2～3 分钟,药剂就能全部湿润散开,不加或稍加搅拌,就能形成较好的悬浮液,静置 1 小时后,无任何沉淀物或稍有沉淀,均属合格产品。

(3)水剂 取一小匙农药倒入一杯清水中,合格产品应迅速扩散,且应是透明清亮的液体。假劣产品可能会使清水变浑浊,或出现絮状物、沉淀或分层。

(4)通过试用鉴别药剂真假 购买后的药剂,按说明书进行配制,将稀释后的溶液喷施在有病虫的盆花或树上,其后观察防治效果,通过调查害虫残废率或病情下降指数,确定药剂质量与真假。

通过简易试验,发现购买的农药产品有假劣嫌疑的,可以送农药质量检测单位检验或投诉维权。

四、农药广告虚假违法鉴别

根据《中华人民共和国农药管理条例》《农药管理条例实施办法》《农药广告审查办法》《农药广告审查标准》规定,农药广告内容必须与农业行政主管部门批准签发的《农药广告审查表》和农药广告审查批准文号内容、农药登记证号内容一致。否则为虚假、误导和未经审查的广告内容。

第一,发布农药广告,应当遵守《中华人民共和国广告法》及国家有关农药管理的规定,应符合国家广告监督管理机关制定的《农药广告审查办法》规定的程序。

第二,未经国家批准登记的农药不得发布广告。

第三，农药广告内容应当与农药登记证和《农药登记公告》的内容相符，不得任意扩大范围。

第四，农药广告中不得含有不科学表示功效的断言或者保证，如"无害""无毒""无残留""保证高产"等。

第五，农药广告中不得含有有效率及获奖的内容。

第六，农药广告中不得含有农药科研单位、植保单位、学术机构或者以专家、用户的名义、形象作证明的内容。

第七，农药广告中不得使用直接或者暗示的方法，以及模棱两可、言过其实的用语，使人在产品的安全性、适用性或者政府批准等方面产生错觉。

第八，农药广告中不得滥用未经国家认可的研究成果或者不科学的词句、术语。

第九，农药广告中不得含有"无效退款""保险公司保险"等承诺。

第十，农药广告中不得出现违反农药安全使用规定的用语、画面。如在防护不符合要求情况下的操作，农药靠近食品、饲料、儿童等。

第十一，农药广告的批准文号应当列为广告内容同时发布。

五、常见剂型的简单鉴别

1. 粉剂农药的鉴别

常见粉状农药的剂型主要有粉剂、可湿性粉剂和可溶粉剂。这3种剂型的区别方法是：取无色透明玻璃试管3支，分别装入3种剂型的少量试样，然后加半试管清水，分别用塞子将试管盖好，以同样速度上下振动10次左右，静止后观察。若试管内不产生沉淀就是可溶粉剂；试管内发现浑浊并产生缓慢沉淀者是可湿性粉剂；试管内沉淀物多且沉淀迅速的是粉剂。

2. 液体农药的鉴别

常见的液体农药的剂型主要有水剂、乳油和油剂，这3种剂型的区别方法是：取无色透明的玻璃试管 3 支，各装入半试管清水，然后分别滴入 3～5 滴试样。溶解于水后成乳状悬浮液的是乳油；溶解于水后成水溶液，表面无色、无油状物的是水剂；溶解于水后无色，但表面有悬浮油状小珠的是油剂。

第二节 常见杀虫（螨）剂质量鉴别

目前市场上销售的杀虫剂、杀螨剂种类繁多，特别是商品名目混乱，给农民选购农药带来了一定困难，为了确保农民能选购到质量合格的杀虫剂、杀螨剂，这里将常见杀虫剂、杀螨剂的理化性质、毒性、常用剂型、真假鉴别等进行介绍。

一、敌百虫

1. 理化性质

纯品为白色结晶，有醛类气味。熔点 83～84℃，相对密度 1.73，饱和蒸气压（100℃）13.33 千帕。溶解度：水（20℃）120 克/升；溶于大多有机溶剂，己烷 0.1～1 克/升，二氯甲烷、异丙醇＞200 克/升，甲苯 20～50 克/升（20℃）；不溶于脂肪烃和石油。易水解和脱氯化氢；加热，pH＞6 时分解迅速；光解缓慢。被碱很快地转化成敌敌畏，22℃水解时，半衰期随 pH 值增加而缩短。

2. 毒性

急性毒性 LD_{50}：450～500 毫克/千克（大鼠经口）；400～600 毫克/千克（小鼠经口），1700～1900 毫克/千克（小鼠经皮）；人经口估计致死剂量：10～20 克。

3. 常用剂型

90％原粉，80％可溶粉剂，25％油剂，5％粉剂。

4. 真假鉴别

（1）物理鉴别（感官鉴别）　90％敌百虫原粉外观为白色或浅黄色固体，有氯醛特殊气味；80％敌百虫可溶粉剂为白色或灰白色粉末；25％敌百虫油剂为黄棕色油状液体；5％敌百虫粉剂为淡黄褐色粉末。

（2）化学鉴别　敌百虫的简单定性可采用氯化银沉淀法。因为敌百虫中含氯，并且在碱性溶液中水解。因此在其碱性溶液中加入硝酸银溶液，可生成白色氯化银沉淀。再根据产品的外观、气味和在水中的溶解度等现象综合分析，可进行初步识别。方法是取 1 克敌百虫试样和 50 毫升 4 克/升的氢氧化钠溶液共煮，冷却后加硝酸酸化，再加入 0.1 摩尔/升的硝酸银溶液，若产生白色沉淀，证明其为敌百虫原药。

（3）生物鉴别　取带有菜青虫的菜叶数片，将80％的敌百虫可溶粉剂稀释 600 倍，将25％敌百虫油剂稀释 200 倍，将5％敌百虫粉剂稀释 40 倍后，分别喷洒于有虫菜叶上，待后观察菜青虫是否死亡，若菜青虫死亡，则药剂质量合格，反之不合格。

二、敌敌畏

1. 理化性质

纯品为无色至琥珀色液体，有芳香味，沸点 74℃，20℃时蒸气压 1.6 帕，折射率（20℃）为 1.45230。在室温下水中溶解度为 10 克/升，在煤油中溶解度为 2～3 克/千克。能与大多数有机溶剂和气溶胶推进剂混溶。对热稳定，但能水解。当溶液呈酸性时，水解不快；但当溶液呈中性时，半衰期只有半小时；在碱性溶液中水解很快，失去杀虫作用。在室温下，饱和的敌敌畏水溶液转化成磷酸氢二甲酯和二氯乙醛，水解速度每天约 3％；在碱性溶液中水解更快。对铁和软钢有腐蚀性，对不锈钢、铝、镍没有腐蚀性。

2. 毒性

中等毒。急性毒性 LD_{50}：50～110 毫克/千克（大鼠经口），

50~92 毫克/千克（小鼠经口）。

3. 常用剂型

80％乳油，50％油剂，20％塑料块缓释剂。

4. 真假鉴别

（1）物理鉴别（感官鉴别）　敌敌畏纯品外观为无色至琥珀色液体，敌敌畏原油和敌敌畏乳油均为黄色至棕黄色透明液体，均具有芳香气味，与其不一致者，则不是该药。

（2）化学鉴别　灼烧时全部起火，火焰黄色，滴在玻璃片上挥发，不结晶，遇氢氧化钠、硝酸银无变化。

（3）生物鉴别　取带有麦蚜的麦穗，将敌敌畏乳油稀释 1500 倍喷洒于有蚜虫的麦穗上，待后观察蚜虫是否死亡，若蚜虫死亡，可视为合格品，反之为质量不合格。

三、杀螟硫磷

1. 理化性质

纯品为白色结晶，原油为黄褐色油状液体，微有蒜臭味。熔点 0.3℃，沸点 140~145℃。不溶于水，但可溶于大多数有机溶剂中，在脂肪烃中溶解度低。相对密度 1.3227。遇碱水解。

2. 毒性

中等毒。大鼠急性经口 LD_{50}：400~800 毫克/千克；大鼠急性经皮 LD_{50}：1200 毫克/千克。

3. 常用剂型

20％、50％浮油，60％精制乳油，2％粉剂。

4. 真假鉴别

（1）物理鉴别（感官鉴别）　杀螟硫磷乳油产品为淡黄色至深棕色液体，有蒜臭味。无上述特征者不是该药。

（2）生物鉴别　取带有棉铃虫的棉蕾数个，将 50％杀螟硫磷乳油稀释 1000 倍喷洒于棉蕾上，待后观察棉铃虫是否死亡。若害虫死亡，则该药剂质量合格，反之则为不合格品。

四、毒死蜱

1. 理化性质

原药为白色颗粒状结晶，室温下稳定，有硫醇臭味，相对密度（43.5℃）1.398，熔点 41.5～43.5℃，蒸气压（25℃）为 2.5 兆帕，水中溶解度为 1.2 毫克/升，溶于大多数有机溶剂。

2. 毒性

中等毒。原药大鼠急性经口 LD_{50} 为 163 毫克/千克，急性经皮 $LD_{50} > 2$ 克/千克；对试验动物眼睛有轻度刺激，对皮肤有明显刺激，长时间多次接触会产生灼伤。

3. 常用剂型

10％、40％、40.7％、48％浮油，14％颗粒剂。

4. 真假鉴别

（1）物理鉴别（感官鉴别） 乳油一般为浅黄色液体，有硫醇臭味；14％毒死蜱颗粒剂外观为蓝色颗粒。

（2）生物鉴别 取带有麦蚜的麦穗，将 40％毒死蜱乳油稀释 1500 倍喷洒于有蚜虫的麦穗上，待后观察蚜虫是否死亡，若蚜虫死亡，可视为合格品，反之为质量不合格。

五、丙溴磷

1. 理化性质

浅黄色液体，具蒜味，沸点 100℃，蒸气压（25℃）1.24×10^{-4} 帕，相对密度（20℃）1.455。水中溶解度（25℃）28 毫克/升，与大多有机溶剂混溶。中性和微酸性条件下比较稳定，碱性环境中不稳定。

2. 毒性

中等毒。大鼠急性经口 LD_{50} 为 358 毫克/千克，大鼠急性经皮 LD_{50} 约 3300 毫克/千克，对皮肤无刺激作用，对鱼、鸟、蜜蜂有毒。

3. 常用剂型

40％、25％乳油。

4. 真假鉴别

（1）物理鉴别（感官鉴别）　原药为浅棕色油状液体，难溶于水，易溶于大多数有机溶剂。

（2）生物鉴别　摘取带有菜青虫或小菜蛾幼虫的白菜叶，将 40％丙溴磷乳油稀释 500 倍，喷洒于有虫部位。若菜青虫或小菜蛾幼虫死亡，则为合格品，反之为不合格品。

六、乙酰甲胺磷

1. 理化性质

纯品为白色结晶，熔点 90～91℃。易溶于水、甲醇、乙醇、丙酮等极性溶剂和二氯甲烷、二氯乙烷等卤代烃类，在苯、甲苯、二甲苯中溶解度较小。在碱性介质中易分解。

2. 毒性

低毒。原药大鼠经口 LD_{50} 为 945 毫克/千克，兔经皮 LD_{50} 为 2000 毫克/千克。

3. 常用剂型

10％、30％、40％、50％乳油，25％、50％可湿性粉剂。

4. 真假鉴别

（1）物理鉴别（感官鉴别）　乳油外观为黄色透明液体；可湿性粉剂外观为疏松粉末，pH 为 4～6。

（2）生物鉴别　摘取带有小菜蛾幼虫的白菜叶，将 10％乙酰甲胺磷乳油稀释 1000 倍，喷洒于有虫部位。若小菜蛾幼虫死亡，则为合格品，反之为不合格品。

七、马拉硫磷

1. 理化性质

纯品为无色或淡黄色油状液体，有蒜臭味；工业品带深褐色，有强烈气味。熔点 $2.9 \sim 3.7℃$，沸点 $156 \sim 159℃$，相对密度 1.23，蒸气压（30℃）5.3×10^{-5} 千帕。微溶于水，室温下溶解度 145 毫克/升，可与多数有机溶剂混溶，但在脂肪烃类溶剂中溶解度有限。不稳定，在 pH 为 5.0 以下或 pH 7.0 以上都容易水解失效，pH 为 12 以上迅速分解，遇铁、铝等金属时也能分解。对光和热不稳定。

2. 毒性

低毒。原药雌鼠急性经口 LD_{50} 为 1751.5 毫克/千克，雄大鼠经口 LD_{50} 为 1634.5 毫克/千克，大鼠经皮 LD_{50} 为 $4000 \sim 6150$ 毫克/千克，对蜜蜂高毒，对眼睛、皮肤有刺激性。

3. 常用剂型

45%、50%、70%乳油，50%可湿性粉剂。

4. 真假鉴别

（1）物理鉴别（感官鉴别） 原油特级品为无色或浅黄色均相液体，一级品以下为浅黄色至棕黄色液体。具有强烈的大蒜臭味。原油难溶于水，易溶于有机溶剂。

（2）化学鉴别 简单鉴别可采用沉淀法。在马拉硫磷的碱性溶液中加入硝酸银溶液，溶液中即出现黄色沉淀，然后沉淀渐渐变为橙色，最后变为黑色。

（3）生物鉴别 摘取带有菜青虫的菜叶，将马拉硫磷原油稀释 2000 倍液，将 45%马拉硫磷乳油稀释 1000 倍，分别喷洒于有虫部位。若菜青虫死亡，则为合格品，反之为不合格品。

八、水胺硫磷

1. 理化性质

纯品为无色鳞片状结晶,熔点 45～46℃。能溶于乙醚、丙酮、乙酸乙酯、苯、乙醇等有机溶剂,难溶于石油醚,不溶于水。常温下贮存稳定。工业品含量 85%～90%,为浅黄色至茶褐色黏稠的油状液,呈酸性,常温下放置会有结晶逐渐析出。

2. 毒性

高毒。大鼠急性经口 LD_{50} 为 50 毫克/千克。在试验剂量下无致突变和致癌作用,无蓄积中毒作用,对皮肤有一定刺激作用。对高等动物急性经口毒性较高,经皮毒性中等。对蜜蜂毒性高。水胺硫磷为高毒农药,禁止用于果、茶、烟、菜、草药植物上。

3. 常用剂型

40%乳油。

4. 真假鉴别

(1) 物理鉴别(感官鉴别) 40%水胺硫磷乳油为黄色至茶褐色透明均相油状液体。

(2) 生物鉴别 摘取带有棉花红蜘蛛、棉蚜或棉铃虫的棉叶,将 40%水胺硫磷乳油稀释 2000 倍,喷洒于有虫部位。若棉叶上的害虫死亡,则为合格品,反之为不合格品。

九、三唑磷

1. 理化性质

纯品为浅棕黄色液体,熔点 0～5℃,相对密度 1.247。20℃时在水中的溶解度为 35 毫克/升,可溶于大多数有机溶剂。对光稳定,在酸、碱介质中水解,140℃分解。

2. 毒性

中等毒。大鼠急性经口 LD_{50} 为 58 毫克/千克,大鼠急性经皮

LD$_{50}$ 为 1100 毫克/千克。

3. 常用剂型

20％乳油。

4. 真假鉴别

（1）物理鉴别（感官鉴别）　20％三唑磷乳油外观为棕褐色透明液体。

（2）生物鉴别　摘取带有菜青虫的菜叶，将 20％三唑磷乳油稀释 400 倍，喷洒于有虫部位。若菜青虫死亡，则为合格品，反之为不合格品。

十、甲基嘧啶磷

1. 理化性质

原药为棕黄色液体，相对密度 1.157，30℃蒸气压 13 兆帕。30℃水中溶解度 5 毫克/升，易溶于大多数有机溶剂。可被强酸和碱分解，对光不稳定，对黄铜、不锈钢、尼龙、聚乙烯和铝无腐蚀性。

2. 毒性

低毒。雌性大白鼠急性经口 LD$_{50}$ 为 2050 毫克/千克。对鸟类、鸡毒性较大，对鱼毒性中等。

3. 常用剂型

90％原油，50％乳油，20％水乳剂。

4. 真假鉴别

（1）物理鉴别（感官鉴别）　50％乳油外观为浅黄色液体。

（2）生物鉴别　将寄生玉米象的稻谷原粮或小麦粮取出一小把，用 50％乳油稀释 50000～100000 倍喷雾处理，待后观察玉米象是否死亡。如玉米象死亡则该药为合格品，反之为不合格品。

十一、乐果

1. 理化性质

纯品为白色针状结晶，熔点 51~52℃，沸点 86℃，相对密度 1.28。微溶于水，在水中溶解度 39 克/升（室温），可溶于大多数有机溶剂，如醇类、酮类、醚类、酯类、苯、甲苯等。遇碱易分解，在贮存过程中会缓慢分解失效。

2. 毒性

中等毒。原药雄大鼠急性经口 LD_{50} 为 320~380 毫克/千克，小鼠经皮 LD_{50} 为 700~1150 毫克/千克。人的最高忍受剂量为 0.2 毫克/(千克·天)。

3. 常用剂型

40%、50% 乳油。

4. 真假鉴别

(1) 物理鉴别（感官鉴别）　乐果纯品具有樟脑气味，在 51~52℃ 时即可熔解；乐果原油为黄棕色黏稠状液体，带有硫醇、类似大蒜的臭味；乐果乳油为淡黄色或淡棕色单相透明液体，易燃，带有类似大蒜臭味，在低温下存放有结晶析出，在水中呈白色乳状。

(2) 化学鉴别　灼烧全部起火，有蒜臭。与氢氧化钠反应无变化，在碱性乐果溶液中，加入硝酸银后生成黄色沉淀。

(3) 生物鉴别　摘取带有棉蚜的棉叶数个，将 40%、50% 乐果乳油分别稀释 1200 倍和 1500 倍，1.5% 乐果粉剂可直接使用，分别将其喷洒于虫体上，待后观察蚜虫是否死亡。如蚜虫死亡则该药为合格品，反之为不合格品。

十二、杀扑磷

1. 理化性质

纯品为无色晶体，熔点 39~40℃，蒸气压（20℃）2.5×10^{-4}

帕，相对密度（20℃）1.51。溶解度：水（25℃）200毫克/升；乙醇150克/升，丙酮720克/升，己烷11克/升，正辛醇（20℃）14克/升。强酸和碱中水解，中性和微酸性环境中稳定。

2. 毒性

高毒。大鼠急性经口 LD_{50} 为44毫克/千克，经皮 LD_{50} 为640毫克/千克。对眼睛无刺激作用，对皮肤有轻微刺激性。

3. 常用剂型

40％乳油。

4. 真假鉴别

（1）物理鉴别（感官鉴别）　纯品为无色结晶，具有轻微的芳香味。纯品在水中溶解量极微。40％杀扑磷乳油外观为深蓝色液体。

（2）生物鉴别　摘取带有棉蚜、盲蝽或叶蝉的棉叶数个，将40％杀扑磷乳油稀释1200倍，喷洒于有虫部位，待后观察害虫情况。如害虫残废则该药为合格品，反之为不合格品。

十三、氯氰菊酯

1. 理化性质

工业品为黄色至棕色黏稠固体，60℃时为黏稠液体。熔点60～80℃，相对密度1.1，蒸气压 2.3×10^7 帕。对光稳定；温度＞220℃时质量缓慢损失；在弱酸性及中性条件下稳定，遇碱分解。难溶于水，在醇、氯代烃类、酮类、环己烷、苯、二甲苯中的溶解度＞450克/升。

2. 毒性

中等毒。大鼠经口 LD_{50} 为251毫克/千克，经皮剂量达1600毫克/千克未见死亡，吸入 LC_{50} ＞0.048毫克/升；小鼠经口 LD_{50} 为82毫克/千克；兔经皮 LD_{50} ＞2400毫克/千克。禽鸟经口 LD_{50} ＞2000毫克/千克，对鱼高毒，对蜂蚕有剧毒。本品对皮肤黏膜有刺激作用。

3. 常用剂型

5％、10％、25％、50％乳油，2.5％、5％增效乳油，10％可湿性粉剂。

4. 真假鉴别

（1）物理鉴别（感官鉴别）　原油外观为琥珀色黏稠状液体。原油在水中溶解度极低，易溶于酮类、醇类及芳烃类溶剂。10％氯氰菊酯乳油制剂为褐色至黄褐色液体。

（2）生物鉴别　摘取带有菜缢管蚜的叶片若干个，将10％氯氰菊酯乳油稀释3000倍后直接喷洒在有蚜虫的叶片上，待后观察。若菜蚜被击倒致死，则该药为合格产品，反之为不合格品。

十四、溴氰菊酯

1. 理化性质

纯品为白色斜方形针状晶体；原药为无气味白色粉末。熔点98～101℃，难溶于水，溶于多数有机溶剂。对光、热、酸及中性溶液稳定，遇碱易分解，在常温下贮存稳定期在2年以上。

2. 毒性

中等毒。大鼠急性经口 LD_{50} 为 138.7 毫克/千克，大鼠急性经皮 LD_{50} 为 4640 毫克/千克。

3. 常用剂型

2.5％乳油，2.5％增效乳油，2.5％可湿性粉剂。

4. 真假鉴别

（1）物理鉴别（感官鉴别）　2.5％溴氰菊酯可湿性粉剂外观为白色粉末；2.5％溴氰菊酯乳油外观为浅黄色液体。

（2）生物鉴别　摘取带有2～3龄菜青虫幼虫的叶片或带有棉蚜的叶片若干个，将2.5％溴氰菊酯乳油稀释2500倍后对有菜青虫及棉蚜的叶片喷雾，数小时后观察药效。若害虫被击倒致死，则该药为合格产品，反之为不合格品。

十五、氰戊菊酯

1. 理化性质

纯品为微黄色透明油状液体；原油为淡棕色至红棕色黏稠液体。60℃时为黏稠液体。熔点59.0～60.2℃，沸点大于200℃，蒸气压（20℃）$2.6×10^{-7}$毫米汞柱（1毫米汞柱=133.322帕），相对密度为（26℃）1.26。几乎不溶于水，易溶于二甲苯、丙酮、氯仿等有机溶剂。燃点420℃，室温下有部分结晶析出，蒸馏时分解。对热、潮湿稳定，酸性介质中相对稳定，碱性介质中迅速水解。

2. 毒性

中等毒。原药大鼠急性经口LD_{50}为451毫克/千克，大鼠急性经皮$LD_{50}>5000$毫克/千克，大鼠急性吸入$LC_{50}>0.101$毫克/升。对兔皮肤有轻度刺激，对眼睛有中度刺激。没有致突变、致畸和致癌作用。对蜜蜂、鱼虾、家禽等毒性高。

3. 常用剂型

20％、40％乳油，10％高渗乳油，5％、8％增效乳油。

4. 真假鉴别

（1）物理鉴别（感官鉴别）　20％氰戊菊酯乳油外观为黄褐色透明液体，无可见沉淀和悬浮物。

（2）生物鉴别　摘取带有菜青虫幼虫（二至三龄）的叶片若干个，将20％氰戊菊酯乳油稀释3000倍后直接喷洒在有幼虫的叶片上，数小时后若菜青虫被击倒致死，则该药为合格产品，反之为不合格品。

十六、氟氯氰菊酯

1. 理化性质

纯品为黏稠的、部分结晶的琥珀色油状物，熔点60℃，对光、热、酸稳定，遇碱分解。

2. 毒性

低毒。大鼠急性经口 LD_{50} 约 500 毫克/千克，小鼠急性经口 LD_{50} 约 450 毫克/千克。

3. 常用剂型

5.7％乳油，5％水乳剂，11.8％悬浮剂，10％可湿性粉剂。

4. 真假鉴别

（1）物理鉴别（感官鉴别） 5.7％氟氯氰菊酯乳油为棕色透明液体，无特殊气味。

（2）生物鉴别 摘取带有菜青虫或菜蚜的叶片若干个，将 5.7％氟氯氰菊酯乳油稀释 2000 倍后直接喷洒在有幼虫的叶片上，数小时后若菜青虫或菜蚜被击倒致死，则该药为合格产品，反之为不合格品。

十七、氯菊酯

1. 理化性质

纯品为固体，略带芳香味；原药为棕黄色黏稠体或半固体，含量 95％，相对密度 1.21（20℃），熔点 34～35℃，沸点 200℃。30℃时，在丙酮、甲醇、乙醚、二甲苯中溶解度大于 50％，在乙二醇中小于 3％；在水中小于 0.03 毫克/升。酸性和中性条件下稳定，在碱性介质中分解。

2. 毒性

低毒。原药大鼠经口 LD_{50} 为 1200～2000 毫克/千克，大鼠和兔急性经皮 LD_5 大于 2000 毫克/千克。

3. 常用剂型

10％乳油。

4. 真假鉴别

（1）物理鉴别（感官鉴别） 原药为暗黄色至棕色带有结晶的黏稠液体；10％氯菊酯乳油外观为棕色液体，无可见的悬浮物和沉淀，有刺鼻气味，溶于水形成乳白色透亮稳定液体且不分层。

（2）生物鉴别 摘取带有棉蚜的叶片或花蕾若干个，将10%乳油用水稀释2000倍后直接喷洒在有蚜虫的叶片或花蕾上，数十分钟后若蚜虫被击倒致死，则该药为合格产品，反之为不合格品。

十八、联苯菊酯

1. 理化性质

纯品为固体，熔点68～70.6℃，相对密度1.210。溶解性：水0.1毫克/升，丙酮1.25千克/升，并可溶于氯仿、二氯甲烷、乙醚、甲苯。对光稳定，在酸性介质中也较稳定，在常温下贮存一年仍较稳定，但在碱性介质中会分解。

2. 毒性

中等毒，对鱼毒性很高。大鼠急性经口LD_{50}为54.5毫克/千克，兔急性经皮LD_5大于2000毫克/千克。对皮肤和眼睛无刺激作用，无致畸、致癌、致突变作用。对鸟类低毒。

3. 常用剂型

2.5%、10%乳油。

4. 真假鉴别

（1）物理鉴别（感官鉴别） 原药为浅褐色固体，2.5%、10%乳油为浅褐色透明液体。

（2）生物鉴别 摘取带有山楂红蜘蛛的果树叶片若干个，将10%乳油用水稀释2500倍（或2.5%乳油稀释625倍）后均匀喷雾，数小时后观察山楂红蜘蛛是否被击倒致死，若大部分被致死，则该药为合格产品，反之为不合格品。

十九、三氟氯氰菊酯

1. 理化性质

纯品为白色固体，熔点49.2℃，在275℃时分解。不溶于水，溶于大多数有机溶剂。在 15～25℃ 条件下，贮存稳定性为 6 个月；在酸性溶液中稳定，在碱性介质中易分解。

2. 毒性

中等毒。原药大鼠急性经口 LD_{50} 雄性为 79 毫克/千克，雌性为 56 毫克/千克；小鼠急性经口 LD_5 雄性为 36.7 毫克/千克，雌性为 62.3 毫克/千克；大鼠急性经皮 LD_{50} 雄性为 632 毫克/千克，雌性为 696 毫克/千克。对鱼类及水生生物剧毒。

3. 常用剂型

2.5% 乳油。

4. 真假鉴别

（1）物理鉴别（感官鉴别） 原药为米黄色无臭味固体，不溶于水，溶于大多数有机溶剂。2.5% 乳油外观为淡黄色透明液体，放置 1 小时后上下层均为乳状，无悬浮物和沉淀物。

（2）生物鉴别 于菜青虫（二至三龄）幼虫发生期，摘取带虫叶片若干个，将 2.5% 乳油稀释 3000 倍直接喷洒在有害的叶片上，待后观察。若菜青虫被击倒致死，则该药为合格产品，反之为不合格品。

二十、甲氰菊酯

1. 理化性质

纯品为白色结晶固体，熔点 49～50℃，相对密度 1.153。难溶于水，溶于丙酮、环己烷、甲基异丁酮、乙腈、二甲苯、氯仿等有机溶剂。对光、热、潮湿稳定，在碱性溶液中不稳定，常温贮存两年稳定。

2. 毒性

中等毒。大鼠急性经口 LD_{50} 为 190～541 毫克/千克，经皮 LD_{50} 为 900～1410 毫克/千克；小鼠经口 LD_{50} 为 58～67 毫克/千克，经皮 LD_{50} 为 900～1350 毫克/千克。

3. 常用剂型

10％、20％乳油。

4. 真假鉴别

（1）物理鉴别（感官鉴别）　原药为棕黄色液体。10％、20％甲氰菊酯乳油为棕黄色稳定的均相液体，无可见的悬浮物和沉淀。

（2）生物鉴别　摘取带有棉伏蚜的叶片若干个，将甲氰菊酯20％乳油0.2毫升兑水0.5千克后直接对有棉蚜的叶片均匀喷雾，数小时后观察蚜虫是否被击倒致死，若致死，则该药为合格产品，反之为不合格品。

二十一、克百威

1. 理化性质

纯品为白色结晶，无臭味。工业品为淡黄褐色，有微弱的酸类气味。熔点153℃，微溶于水，溶于多数有机溶剂。在中性和酸性条件下较稳定，在碱性介质中不稳定，水解速度随pH值和温度的升高而加快。

2. 毒性

高毒。大鼠经口 LD_{50} 为5.3毫克/千克，兔经皮 LD_{50} 为885毫克/千克，小鼠经口 LD_{50} 为8～14毫克/千克。

3. 常用剂型

75％原粉，35％种子处理剂，3％颗粒剂。

4. 真假鉴别

主要用物理鉴别（感官鉴别）。35％克百威种衣剂为紫蓝色或红褐色疏松颗粒，无可见外来杂质，无气味，颗粒比较细匀。用温水浸泡后，其溶液基本无色，并有黏感。35％克百威种子处理剂为紫色液体。一般情况下，克百威制剂有明显的警戒色。

二十二、丁硫克百威

1. 理化性质

原药为褐色黏稠液体，沸点 124～128℃。水中溶解度（25℃）0.3 毫克/升，能与多种有机溶剂混溶。在中性或微酸性条件下稳定，对热不稳定，有水时能水解，在酸性条件下很快水解成克百威，在好气或嫌气条件下，在土壤和水中分解较快。

2. 毒性

中等毒。急性经口 LD_{50}：雄性大鼠 224 毫克/千克，雌性大鼠 187 毫克/千克。

3. 常用剂型

3％、5％颗粒剂，20％乳油，35％种子处理剂。

4. 真假鉴别

（1）物理鉴别（感官鉴别） 20％丁硫克百威乳油为浅棕色黏稠液体，35％丁硫克百威种子处理剂为红色粉末。

（2）生物鉴别 摘取带有棉蚜或者水稻稻飞虱的叶片若干个，将丁硫克百威 20％乳油稀释 300 倍直接对有棉蚜或稻飞虱的叶片均匀喷雾，数小时后观察害虫是否被击倒致死，若致死，则该药为合格产品，反之为不合格品。

二十三、灭多威

1. 理化性质

原药为无色结晶或白色固体粉末，稍带硫黄臭味，熔点 78～79℃。溶解度（20℃）：水中 58 克/千克，丙酮中 720 克/千克，乙醇中 420 克/千克，甲醇中 1 千克/千克，甲苯中 30 克/千克。水溶液在室温下分解缓慢，在通风时、在日光下、在碱性介质中或在较高温度下迅速分解，在土壤中分解迅速。

2. 毒性

高毒。大鼠急性经口 LD_{50} 为 17 毫克/千克，兔急性经皮 LD_{50} >130 毫克/千克。在蔬菜、果树、茶叶、中草药材等作物上限制使用。

3. 常用剂型

90％、40％可溶粉剂，20％乳油。

4. 真假鉴别

（1）物理鉴别（感官鉴别） 可溶粉剂为白色粉状固体，乳油为均相油状液体。

（2）生物鉴别 摘取带有棉铃虫或者棉蚜的棉花叶片若干个，将灭多威 20％乳油稀释 300 倍后直接对有棉蚜或稻飞虱的叶片均匀喷雾，数小时后观察害虫是否被击倒致死，若致死，则该药为合格产品，反之为不合格品。

二十四、抗蚜威

1. 理化性质

纯品为无色固体或结晶；原药为白色无臭结晶体，有效含量为 95％，熔点 90.5℃。水中溶解度 0.27 克/100 毫升。易溶于有机溶剂。水溶液见光易分解。

2. 毒性

中等毒。原药大鼠急性经口 LD_{50} 为 68～147 毫克/千克，急性经皮 LD_{50} >500 毫克/千克。对皮肤和眼睛无刺激作用。

3. 常用剂型

50％可湿性粉剂，50％水分散粒剂，10％发烟剂。

4. 真假鉴别

（1）物理鉴别（感官鉴别） 50％抗蚜威制剂深蓝色，颜色比较特殊，目前有两种制剂形态（粉状和粒状），气味不大。

（2）生物鉴别　摘取带有蚜虫的叶片若干个，将 50% 抗蚜威可湿性粉剂兑水稀释 3000 倍后直接对有蚜虫的叶片均匀喷雾，数小时后观察害虫是否被击倒致死，若致死，则该药为合格产品，反之为不合格品。

二十五、仲丁威

1. 理化性质

无色结晶或淡黄色液体。熔点 32℃，沸点 112～113℃，相对密度 1.050，折射率 1.5115。30℃水中溶解度 0.66 毫克/升，易溶于丙酮（2000 克/升）、苯（1000 克/升）、甲醇（1000 克/升），易溶于煤油（800 克/升）。遇碱或强酸易分解，在弱酸介质中稳定。

2. 毒性

低毒。大鼠急性经口 LD_{50} 为 524 毫克/千克，急性经皮 LD_{50} >5000 毫克/千克。

3. 常用剂型

50%、25% 乳油。

4. 真假鉴别

（1）物理鉴别（感官鉴别）　原药的有效成分含量为 97%，20℃时为无色结晶，液态为淡蓝色或浅粉色，有芳香气味。乳油为稳定的浅黄色或棕红色均相液体，无可见的悬浮物和沉淀。

（2）生物鉴别　摘取带有稻飞虱、稻蓟马或者稻叶蝉的水稻叶片若干个，将 25% 仲丁威乳油稀释 1000 倍后直接对有稻飞虱、稻蓟马或者稻叶蝉的叶片均匀喷雾，数小时后观察害虫是否被击倒致死，若致死，则该药为合格产品，反之为不合格品。

二十六、异丙威

1. 理化性质

纯品为白色结晶状粉末，熔点 96～97℃，沸点（20 毫米汞柱）

128～129℃，蒸气压（20℃）2.8 兆帕，相对密度 0.62。溶解度：水 0.265 克/升，丙酮 400 克/升，甲醇 125 克/升。在碱性介质和强酸中易分解，在弱酸中稳定。对光和热稳定。

2. 毒性

中等毒。大鼠急性经口 LD_{50} 约 450 毫克/千克，急性经皮 LD_{50} 为 500 毫克/千克，对皮肤和眼睛无刺激作用。

3. 常用剂型

2%、4%粉剂，20%乳油，15%烟剂。

4. 真假鉴别

（1）物理鉴别（感官鉴别）　乳油为淡黄色稳定的均相液体，无可见的悬浮物和沉淀；粉剂为白色疏松粉末。

（2）生物鉴别　摘取带有飞虱或者稻叶蝉的水稻叶片若干个，将 20%异丙威乳油稀释 500 倍后直接对有稻飞虱或者稻叶蝉的叶片均匀喷雾，数小时后观察害虫是否被击倒致死，若致死，则该药为合格产品，反之为不合格品。

二十七、啶虫脒

1. 理化性质

外观为白色晶体，熔点 101.0～103.3℃。25℃时在水中的溶解度 4.2 克/升，能溶于丙酮、甲醇、乙醇、二氯甲烷、氯仿、乙腈、四氢呋喃等。在 pH 7 的水中稳定；在 pH 9 时，于 45℃逐渐水解。在日光下稳定。

2. 毒性

中等毒。大鼠急性经口 LD_{50}：雄性 217 毫克/千克，雌性 146 毫克/千克；小鼠急性经口：雄性 198 毫克/千克，雌性 184 毫克/千克。大鼠急性经皮 LD_{50}＞2000 毫克/千克。

3. 常用剂型

3%、5%、20%可湿性粉剂，3%、5%乳油。

4. 真假鉴别

（1）物理鉴别（感官鉴别）　可湿性粉剂为白色粉状固体，乳油为均相液体。

（2）生物鉴别　摘取带有蚜虫的叶片若干个，将3％啶虫脒乳油稀释2000～2500倍后，直接对有蚜虫的叶片均匀喷雾，数小时后观察蚜虫是否被击倒致死，若致死，则该药为合格产品，反之为不合格品。

二十八、吡虫啉

1. 理化性质

无色晶体，有微弱气味，熔点143.8℃（晶体形式1）、136.4℃（晶体形式2），相对密度1.543。溶解度（20℃）：水0.51克/升，二氯甲烷50～100克/升，异丙醇1～2克/升，甲苯0.5～1克/升，正己烷<0.1克/升。

2. 毒性

低毒。大鼠急性经口LD_{50}为1260毫克/千克，急性经皮LD_{50}>1000毫克/千克。对兔眼睛和皮肤无刺激作用。

3. 常用剂型

2.1％胶饵，2.5％、10％、25％可湿性粉剂，5％乳油，20％可溶粉剂。

4. 真假鉴别

（1）物理鉴别（感官鉴别）　原药为浅橘黄色结晶。10％吡虫啉可湿性粉剂为暗灰黄色粉末状固体。

（2）生物鉴别　摘取带有稻飞虱或者稻叶蝉的水稻叶片若干个，将10％吡虫啉可湿性粉剂稀释4000倍后直接对有稻飞虱或者稻叶蝉的叶片均匀喷雾，数小时后观察害虫是否被击倒致死，若致死，则该药为合格产品，反之为不合格品。

二十九、苏云金杆菌

1. 理化性质

原药为黄褐色固体，是一种细菌杀虫剂，属好气性蜡状芽孢杆菌群，在芽孢子内产生伴孢晶体。

2. 毒性

低毒。大鼠经口 LD_{50} 为 2000 毫克/千克，经皮 $LD_{50} > 5000$ 毫克/千克。

3. 常用剂型

Bt 水乳剂（100 亿个孢子/毫升）、粉剂（100 亿个孢子/克），10％、50％可湿性粉剂，7.5％悬浮剂等。8000 国际单位/毫克可湿性粉剂，16000 国际单位/毫克可湿性粉剂，2000 国际单位/微升悬浮剂，4000 国际单位/微升悬浮剂。

4. 真假鉴别

（1）物理鉴别（感官鉴别）　原药为黄褐色固体。32000 国际单位/毫克，16000 国际单位/毫克、8000 国际单位/毫克可湿性粉剂为灰白色至棕褐色疏松粉末，不应有团块。8000 国际单位/毫克、4000 国际单位/毫克、2000 国际单位/毫克悬浮剂为棕黄色至棕色悬浮液体。

（2）生物鉴别　于菜青虫（二至三龄）幼虫发生期，摘取带有虫的叶片若干个，将 8000 国际单位/毫克苏云金杆菌悬浮剂稀释2000 倍直接喷洒在有害虫的叶片上，待后观察。若菜青虫被击倒致死，则该药为合格产品，反之为不合格品。

三十、阿维菌素

1. 理化性质

白色或浅黄色晶体粉末，无味，熔点为 157～162℃。易溶于乙酸乙酯、丙酮、三氯甲烷，略溶于甲醇、乙醇，在水中几乎不溶。通常贮存条件下稳定，在 pH 5～9 和 25℃时其水溶液不会发生水解。

2. 毒性

高毒。原药大鼠急性经口 LD_{50} 为 10 毫克/千克，小鼠急性经口 LD_{50} 为 13 毫克/千克。对皮肤无刺激作用，对眼睛有轻微刺激作用。

3. 常用剂型

0.5％、0.9％、1.8％、2％、3.2％、5％乳油。

4. 真假鉴别

（1）物理鉴别（感官鉴别）　纯品为白色或黄白色结晶粉。1.8％阿维菌素乳油等乳油制剂为棕色透明液体，无明显的悬浮物和沉淀物。

（2）生物鉴别　于菜青虫（二至三龄）幼虫发生期，摘取带有虫的叶片若干个，将 1.8％阿维菌素乳油稀释 4000 倍直接喷洒在有害虫的叶片上，待后观察。若菜青虫被击倒致死，则该药为合格产品，反之为不合格品。

三十一、哒螨灵

1. 理化性质

纯品为白色晶体，无味，熔点 111～112℃，20℃时蒸气压 253.3×10^{-6} 帕。25℃时的溶解度：在水中 1.2×10^{-6} 克/100 毫升，乙烷中 1.0 克/100 毫升，二甲苯中 39 克/100 毫升，甲苯中 19 克/100 毫升，苯中 11 克/100 毫升。

2. 毒性

低毒。雄大鼠急性经口 LD_{50} 为 1350 毫克/千克，急性经皮 $LD_{50} > 2000$ 毫克/千克，急性吸入 LC_{50} 为 0.62 毫克/升。

3. 常用剂型

20％可湿性粉剂，10％、15％乳油。

4. 真假鉴别

（1）物理鉴别（感官鉴别） 20％哒螨灵可湿性粉剂为灰白色均匀的疏松细粉，具有淡芳香气味；10％、15％哒螨灵乳油为红棕色稳定的均相液体，无可见的悬浮物和沉淀。

（2）生物鉴别 摘取带有红蜘蛛（或白蜘蛛、黄蜘蛛）的叶片若干个，将10％哒螨灵乳油稀释2000倍直接喷洒在有害螨的叶片上，待后观察。若害螨被击倒致死，则该药品为合格产品，反之为不合格品。

三十二、四螨嗪

1. 理化性质

纯品为品红色结晶，无味，纯度＞99％，熔点182.3℃，蒸气压在25℃时为$1.3×10^{-7}$帕。溶解度：在水中＜1毫克/升，在丙酮中9.3克/升，在乙醇中0.5克/升，在二甲苯中5克/升。相对密度约1.5。原药含量至少96％，为品红色晶体，无味，溶解度基本与纯品相同。

2. 毒性

低毒。原药大鼠急性经口LD_{50}＞5200毫克/千克，急性经皮LD_{50}＞2100毫克/千克，急性吸入LC_{50}＞9.1毫克/千克。

3. 常用剂型

50％、20％悬浮剂，10％、20％可湿性粉剂。

4. 真假鉴别

（1）物理鉴别（感官鉴别） 20％和50％四螨嗪悬浮剂为深粉色悬浮液。

（2）生物鉴别 摘取带有红蜘蛛的树叶若干个，将50％四螨嗪悬浮剂稀释4000倍直接喷洒在有红蜘蛛的叶片上，待后观察。若红蜘蛛被击倒致死，则该药品为合格产品，反之为不合格品。

三十三、噻螨酮

1. 理化性质

纯品为白色无味结晶。原药为浅黄色或白色结晶,熔点108~108.5℃,水中的溶解度为0.5毫克/升,在每100毫克的甲醇、己烷、丙酮等有机溶剂中的溶解度分别为2.06克、0.39克、16.0克,50℃下保存3个月不分解。

2. 毒性

低毒。大鼠急性经口 LD_{50} >5000毫克/千克,大鼠急性经皮 LD_{50} >5000毫克/千克。

3. 常用剂型

5%、20%乳油,5%、10%、50%可湿性粉剂。

4. 真假鉴别

(1) 物理鉴别(感官鉴别) 5%噻螨酮乳油为淡黄色或浅棕色透明液体;5%噻螨酮可湿性粉剂为灰白色粉末。

(2) 生物鉴别 在幼若螨盛发期,平均每叶有3~4只螨时,摘取带有红蜘蛛的苹果树叶若干片,将5%乳油或5%可湿性粉剂1500倍液直接喷洒在有害螨的叶片上,待后观察,若红蜘蛛被击倒致死,则该药品为合格产品,反之为不合格品。

三十四、杀虫双

1. 理化性质

纯品为白色晶体,熔点169~171℃(分解)。易溶于水,可溶于95%热乙醇和无水乙醇,以及甲醇、二甲基甲酰胺、二甲基亚砜等有机溶剂,微溶于丙酮,不溶于乙酸乙酯及乙醚。相对密度1.30~1.35。在中性及偏碱性条件下稳定,在酸性下会分解,在常温下亦稳定。工业品为茶褐色或棕红色单相水溶液,有特殊臭味,易吸潮。

2. 毒性

中等毒。LD$_{50}$：451 毫克/千克（雄大鼠经口），234 毫克/千克（雌小鼠经口），2062 毫克/千克（雌小鼠经皮）。对鱼毒性较低。

3. 常用剂型

18％、25％水剂，3％、3.6％、5％颗粒剂。

4. 真假鉴别

（1）物理鉴别（感官鉴别）　25％杀虫双水剂外观为茶褐色或棕褐色单相液体，3％、5％杀虫双颗粒剂外观为褐色圆柱状松散颗粒（粒径 1.5 毫米，粒长 2～3 毫米）。

（2）生物鉴别　摘取带有菜青虫幼虫（三龄前）的叶片若干个，将浓度为 25％杀虫双水剂 1 毫升兑水 750 毫升后对有害虫的叶片进行均匀喷雾，待后观察。若菜青虫幼虫被击倒致死，则该药品为合格产品，反之为不合格品。

三十五、甲基辛硫磷

1. 理化性质

纯品为白色结晶体，熔点 45～46℃。原药有效成分含量≥80％（优级品）、≥70％（合格品），外观为棕色油状液体或黄色结晶。对光照均不稳定，不溶于水，易溶于芳烃、醇、酮、醚等有机溶剂。

2. 毒性

低毒。大鼠急性经口 LD$_{50}$ 为 4065 毫克/千克，急性经皮 LD$_{50}$＞4000 毫克/千克。在试验剂量下，对试验动物无致突变作用，蓄积毒性试验结果为轻度蓄积。

3. 常用剂型

40％乳油。

4. 真假鉴别

（1）物理鉴别（感官鉴别）　40％甲基辛硫磷乳油外观为棕色油状液体，相对密度1.07，可与水直接混合成乳白色液体，乳液稳定不分层。

（2）生物鉴别　取带有菜青虫的菜叶数片或带有棉铃虫的棉蕾数个，将40％的甲基辛硫磷乳油稀释1000倍后，分别喷洒于有虫菜叶或棉蕾上，待后观察菜青虫或棉铃虫是否死亡，若菜青虫、棉铃虫死亡，则药剂质量合格，反之不合格。

三十六、哒嗪硫磷

1. 理化性质

纯品为白色针状结晶体，熔点54.5～56℃。原药为淡黄色固体，熔点53～54.5℃。难溶于水，易溶于丙酮、甲醇、乙醚等有机溶剂，微溶于己烷、石油醚。对酸、热较稳定，对强碱不稳定。

2. 毒性

低毒。大白鼠急性经口LD_{50}为769～850毫克/千克，急性经皮LD_{50}为2100～2300毫克/千克。

3. 常用剂型

20％、40％乳油，2％粉剂。

4. 真假鉴别

（1）物理鉴别（感官鉴别）　20％哒嗪硫磷乳油外观为棕红色至棕褐色均相透明油状液体，可与水直接混合成乳白色液体；2％哒嗪硫磷粉剂外观为灰白色疏松粉末。

（2）生物鉴别　取带有棉铃虫（或棉蚜、红蜘蛛）的棉蕾（叶）数个，将20％哒嗪硫磷乳油（稀释800倍）、2％哒嗪硫磷粉剂分别喷洒于棉蕾（叶）上，待后观察棉铃虫（或棉蚜、红蜘蛛）是否死亡。若害虫死亡，则该药剂质量合格，反之则不为不合格品。

取带有菜青虫（或小菜蛾幼虫、菜螟幼虫、斜纹夜蛾幼虫、甘蓝夜蛾幼虫、甜菜夜蛾幼虫、跳甲、黄守瓜、菜蚜、叶蝉、蓟马、螨类等）的菜叶数片，将 20％哒嗪硫磷乳油（稀释 800 倍）、2％哒嗪硫磷粉剂分别喷洒于有虫菜叶上，待后观察害虫是否死亡。若害虫死亡，则药剂质量合格，反之不合格。

三十七、甲基毒死蜱

1. 理化性质

纯品为无色结晶体，工业品略呈淡黄色，有轻微硫醇（臭）味。熔点 45.5～46.5℃，25℃时蒸气压为 5.62 兆帕。难溶于水，水中溶解度（25℃）4 毫克/升；易溶于丙酮、苯、氯仿、甲醇等有机溶剂。在中性介质中相对稳定，但在 pH 4～6 和 pH 8～10 介质中容易水解，碱性条件下，水解速度较快。

2. 毒性

低毒。急性经口 LD_{50}：雄鼠 2140 毫克/千克，雌鼠 1630 毫克/千克，豚鼠 2250 毫克/千克，兔 2000 毫克/千克。兔急性经皮 LD_{50}＞2000 毫克/千克，大鼠急性经皮 LD_{50}＞2800 毫克/千克。蓄积毒性试验属弱毒性，狗与大鼠 2 年饲喂试验最大无作用剂量为每天 1.19 毫克/千克，动物试验无致畸、致癌、致突变作用。对鱼和鸟安全，鲤鱼 LC_{50} 为 4.0 毫克/升（48 小时），虹鳟鱼 LC_{50} 为 0.3 毫克/升（96 小时），对虾有毒。

3. 常用剂型

40％乳油。

4. 真假鉴别

（1）物理鉴别（感官鉴别）　40％甲基毒死蜱乳油为棕黄色透明液体，有轻微臭味，常温下贮存稳定期为 2 年。可与水直接混合成乳白色液体，乳液稳定不分层。

（2）生物鉴别　取带有菜青虫（或小菜蛾幼虫、菜蚜）的十字花科蔬菜菜叶数片，将 40％甲基毒死蜱乳油稀释 1000 倍喷洒于有虫菜叶上，待后观察菜青虫（或小菜蛾幼虫、菜蚜）是否死亡，若死亡，则药剂质量合格，反之不合格。

三十八、甲氨基阿维菌素苯甲酸盐

1. 理化性质

纯品外观为白色粉末结晶，熔点 141～146℃。原药为白色或淡黄色结晶粉末。溶于丙酮和甲醇，微溶于水，不溶于己烷。有效成分和剂型产品在通常贮存条件下对热稳定，对光不稳定，对紫外线不稳定，在强酸强碱条件下稳定。

2. 毒性

原药中等毒，制剂微毒或低毒。原药大鼠急性经口 LD_{50} 为 126 毫克/千克，经皮 LD_{50} ＞2150 毫克/千克；1％乳油制剂大鼠急性经口 LD_{50} ＞6190 毫克/千克，经皮 LD_{50} ＞2150 毫克/千克。对兔眼睛有轻度刺激，对皮肤无刺激性。对鱼有毒，对蜜蜂和蚕剧毒。无致癌、致突变、致畸作用。

3. 常用剂型

0.5％、2.2％微乳剂，0.5％、0.8％、1％、1.5％、2％乳油，0.2％可溶粉剂。

4. 真假鉴别

（1）物理鉴别（感官鉴别） 0.5％、2.2％微乳剂及 0.5％、0.8％、1％、1.5％、2％乳油为黄褐色均相液体，稍有氨气味，可与水直接混合成乳白色液体，乳液稳定不分层。0.2％可溶粉剂外观为灰白色疏松粉末，在水中快速溶解。

（2）生物鉴别 取带有菜青虫（或小菜蛾幼虫、甜菜夜蛾）的十字花科蔬菜菜叶数片，分别将 0.5％甲维盐微乳剂、1％甲维盐乳油稀释 2000 倍喷洒于有虫菜叶上，待后观察菜青虫（或小菜蛾幼虫、甜菜夜蛾）是否死亡，若死亡，则药剂质量合格，反之不合格。

三十九、苦参碱

1. 理化性质

苦参碱是由草药植物苦参的根、茎、果实经乙醇等有机溶剂提取制成的一种生物碱，一般为苦参总碱，其主要成分有苦参碱、槐果碱、氧化槐果碱、槐定碱等多种生物碱，以苦参碱、氧化苦参碱含量最高。纯品为白色针状或柱状结晶，能溶于水、苯、氯仿、甲醇、乙醇，微溶于石油醚。呈弱酸性，不可与碱性物混用。

2. 毒性

低毒。原药大鼠急性经口 $LD_{50}>5000$ 毫克/千克，经皮 LD_{50} 为 10000 毫克/千克。对人、畜基本无毒，对动物和鱼类安全。动物试验未见"三致"作用。

3. 常用剂型

1.1％粉剂，0.26％、0.3％、0.36％、1.2％水剂，0.36％、0.38％、1％可溶性液剂，0.3％、0.38％乳油，1％醇溶液。

4. 真假鉴别

（1）物理鉴别（感官鉴别）　制剂（水剂、可溶性液剂、醇溶液、乳油）一般为深褐色（或棕黄褐）液体；粉剂为浅棕黄色疏松粉末，水溶液呈弱酸性。

（2）化学鉴别　取粉剂样品少许于白瓷碗中，加氢氧化钠试液数滴，即呈橙红色，渐变为血红色，久置不消失。苦参碱粉剂可发生以上颜色反应变化。

（3）生物鉴别　取带有二至三龄菜青虫（或小菜蛾幼虫、蚜虫）的蔬菜菜叶数片，将 0.36％苦参碱水剂稀释 800 倍，0.36％苦参碱可溶液剂稀释 800 倍，1％苦参碱醇溶液稀释 1000 倍，分别喷洒于有虫菜叶上，待后观察菜青虫（或小菜蛾幼虫、蚜虫）是否死亡，若死亡，则药剂质量合格，反之不合格。

从有地下害虫的小麦地里捉地老虎、蛴螬、金针虫数条，也可从有韭蛆的韭菜地里捉韭菜蛆虫数条，将虫子放一小纸盒中，向纸盒中撒入苦参碱 1.1% 粉剂，待后观察虫子是否死亡。若虫子死亡，则药剂质量合格，反之不合格。

四十、鱼藤酮

1. 理化性质

鱼藤酮是从鱼藤根的萃取液中结晶得到的。纯品为无色六角板状结晶，无臭，熔点 163℃（同质二晶型的熔点 181℃），旋光度为 -231.0°（苯中）。不溶于水，微溶于矿物油和四氯化碳，易溶于极性有机溶剂，在氯仿中溶解度最大（472 克/升）。遇碱消旋，易氧化，尤其在光或碱存在下氧化分解快，在空气中易氧化，而失去杀虫活性。在干燥条件下比较稳定。

2. 毒性

中等毒。大白鼠急性经口 LD_{50} 为 1320～1500 毫克/千克，经皮 LD_{50} ＞2050 毫克/千克；兔急性经皮 LD_{50} 为 940 毫克/千克。误服会中毒。对眼睛、皮肤有刺激作用。对猪有毒，对鱼类等水生生物和家蚕高毒，对蜜蜂低毒，对天敌较安全。

3. 常用剂型

4% 粉剂，2.5%、5%、7.5% 乳油，4% 高渗乳油。

4. 真假鉴别

（1）物理鉴别（感官鉴别）　鱼藤酮乳油制剂为浅黄色至棕黄色液体，相对密度 0.91，pH≤8.5，闪点 29℃，低温易析出结晶，高于 80℃ 易变质。加入水中能形成很好的白色乳剂。

（2）化学鉴别　将 2～3 滴试液放在试管内，加入浓硝酸 0.5 毫升，振荡 1 分钟后，再加入浓氨水 0.5 毫升，此时溶液呈蓝绿色。如有以上颜色变化则该药剂为鱼藤酮，没有以上颜色变化则不是鱼藤酮。

（3）生物鉴别　取带有蚜虫的蔬菜菜叶数片，将 2.5％鱼藤酮乳油稀释 500 倍，4％鱼藤酮高渗乳油稀释 1000 倍，分别喷洒于有虫菜叶上，待后观察蚜虫是否死亡。若蚜虫死亡，则药剂质量合格，反之不合格。

四十一、藜芦碱

1. 理化性质

藜芦碱是以中药材为原料经乙醇萃取而成的一种杀虫剂。纯品为扁平针状结晶，熔点 213～214.5℃（分解）。商品藜芦碱为白色或灰白色无定形粉末，无臭，味苦，有刺激性和吸湿性。1 克溶于约 15 毫升乙醇或乙醚，溶于稀酸和大多数有机溶剂，微溶于水，水中的溶解度为 555 毫克/升。

2. 毒性

低毒。大鼠（制剂）急性经口 LD_{50} 为 2000 毫克/千克，急性经皮 LD_{50} 为 5000 毫克/千克；小鼠急性经口 LD_{50} 为 2000 毫克/千克；家兔急性经皮 LD_{50} 为 5000 毫克/千克，家兔急性吸入 LD_{50} 为 7000 毫克/千克。对人、畜低毒，对哺乳动物黏膜有很强的刺激性，对环境安全。三项致突变试验均属阴性。对眼睛有轻度刺激作用。

3. 常用剂型

0.5％醇溶液，0.5％可溶液剂，0.5％可湿性粉剂，1.8％水剂，5％、20％粉剂。

4. 真假鉴别

（1）物理鉴别（感官鉴别）　0.5％藜芦碱醇溶液制剂由活性成分藜芦碱、其他草药提取物、乙醇等组成，外观为草绿色或棕色透明液体，相对体积密度为 0.8～0.9，酸度（以 H_2SO_4 计）≤0.1，贮存时有少量沉淀物质属正常，稀释稳定性、热贮稳定性合格。0.5％藜芦碱可湿性粉剂由活性成分藜芦碱、填料、助剂等组成，外观为棕黄色疏松粉末，湿润时间≤120秒，悬浮率≥50％。

（2）化学鉴别　利用藜芦碱与一些药剂的颜色反应加以鉴别。

与浓硫酸的颜色反应：取待鉴别的藜芦碱药粉于白瓷皿中，加浓硫酸2～3滴，使其溶解，出现明显黄色并带有绿色荧光，渐变为橙黄色、血红色，最后变樱桃红色（稍加温可促进颜色变化）。如有以上颜色变化则该药粉为藜芦碱，没有以上颜色变化则不是藜芦碱。

与浓盐酸的颜色反应：取待鉴别的藜芦碱药粉少许于试管中，加浓盐酸2毫升溶解，此时无色，在水浴中加热15分钟，则产生稳定樱红色。如有以上颜色变化则该药粉为藜芦碱，没有以上颜色变化则不是藜芦碱。

与蔗糖-浓硫酸的颜色反应：将待鉴别的藜芦碱药粉放于白瓷皿中，加五倍量的蔗糖，与样品混匀后，加浓硫酸数滴，使其湿润，即出现黄色，然后变绿色，再变蓝色。如有以上颜色变化则该药粉为藜芦碱，没有以上颜色变化则不是藜芦碱。

（3）生物鉴别　取带有低龄菜青虫（或小菜蛾幼虫、蚜虫、甜菜夜蛾、棉铃虫、烟青虫、小绿叶蝉等）的十字花科蔬菜菜叶数片，将0.5％藜芦碱醇溶液、0.5％可溶液剂、0.5％可湿性粉剂稀释600倍，分别喷洒于有虫菜叶上，待后观察害虫是否死亡。若死亡，则药剂质量合格，反之不合格。

四十二、烟碱

1.理化性质

纯品为无色、无臭油状液体，沸点247℃（部分分解），相对体积密度1.0097，性质不稳定，易挥发。从分子结构看，有不同的光学异构体，天然纯品是左旋性的，旋光率为−169°，易挥发，25℃时蒸气压为5.65帕。遇光或空气逐渐变为褐色，变黏并伴有特殊的臭味。遇碱成盐。易溶于水，在低于60℃和高于210℃时与水互溶，在这两个温度之间，其溶解度有一定的限度。与乙醇、乙醚可互溶，易溶于多数有机溶剂。

2. 毒性

中等毒。原药大白鼠急性经口 LD_{50} 为 $50 \sim 60$ 毫克/千克，兔急性经皮 LD_{50} 为 50 毫克/千克。对鱼类等水生生物的毒性为中等，对家蚕高毒。

3. 常用剂型

10％乳油，2％水乳剂，40％硫酸烟碱，10％高渗水剂，30％增效乳油。

4. 真假鉴别

（1）物理鉴别（感官鉴别）　制剂为褐黑色液体，能与水以任何比例混溶。

（2）化学鉴别　取试液 0.5 毫升，加入苦味酸饱和溶液，能产生大量黄色沉淀（烟碱的苦味酸盐）。如在试液内加入 25％氯化钡溶液，即生成白色沉淀（硫酸钡）。如有以上反应变化则该药剂为硫酸烟碱，没有以上颜色变化则不是硫酸烟碱。

（3）生物鉴别　取带有菜青虫（或小菜蛾幼虫、蚜虫等）的蔬菜菜叶数片，将 10％硫酸烟碱乳油稀释 500 倍，喷洒于有虫菜叶上，待后观察菜青虫（或小菜蛾幼虫、蚜虫等）是否死亡，若死亡，则药剂质量合格，反之不合格。

四十三、辣椒碱

1. 理化性质

辣椒碱是辣椒中含有的一种极度辛辣的香草酰胺类生物碱。纯品为白色片状结晶，提取的辣椒碱纯度可达 95％以上，外观为棕红色，相对密度 1.12，熔点 $65 \sim 66$℃。易溶于甲醇、乙醇、丙酮、氯仿及乙醚中，也可溶于碱性水溶液，在高温下会产生刺激性气味。可被水解为香草基胺和癸烯酸，因其具有酚羟基而呈酸性，且可与斐林试剂发生反应，在常温下和弱酸或弱碱（pH 4～9）介质中稳定，在温度大于100℃时易分解。

2. 毒性

低毒。原药大鼠急性经口 LD_{50} 为562毫克/千克，兔急性经皮 LD_{50} 为2000毫克/千克。

3. 常用剂型

95%天然辣椒素粉，0.7%辣椒碱乳油。

4. 真假鉴别

（1）物理鉴别（感官鉴别）　95%天然辣椒素粉为具有强烈辣味的棕红色粉末。0.7%辣椒碱乳油为棕色透明液体，有辛辣气味，可与水直接混合成乳白色液体，乳液稳定不分层。

（2）化学鉴别　辣椒碱在碱性溶液中与磷钨酸-磷钼酸作用，生成蓝色的磷钨酸-磷钼酸杂多酸盐。

磷钨酸-磷钼酸溶液的配制：称取10克钨酸钠和2克磷钼酸，加入6毫升磷酸和100毫升蒸馏水，微火煮沸2小时，冷却后过滤，放入100毫升试剂瓶中。

（3）生物鉴别　取带有菜青虫（或蚜虫）的蔬菜菜叶数片，将0.7%辣椒碱乳油稀释800倍，喷洒于有虫菜叶上，待后观察菜青虫（或蚜虫）是否死亡，若死亡，则药剂质量合格，反之不合格。

四十四、川楝素

1. 理化性质

川楝素为自川楝树根皮及树皮提取出的有效成分。纯品为白色针状结晶，无臭，味苦。熔点244～245℃（分解），178～180℃（含1分子结晶水）。旋光度－13.1°（$c = 17.5$，丙酮）。易溶于乙醇、乙酸乙酯、丙酮、二氧六环、吡啶等，微溶于热水、氯仿、苯、乙醚等，几乎不溶于石油醚及水。

2. 毒性

低毒。原药小白鼠急性经口 LD_{50} 为244～477.7毫克/千克。

制剂小白鼠急性经口 LD_{50} 为 3160 毫克/千克，小鼠急性经皮 LD_{50} ＞10000 毫克/千克。

3. 常用剂型

0.5％乳油。

4. 真假鉴别

（1）物理鉴别（感官鉴别） 制剂为棕色透明液体，pH 6.2～6.4，水分含量≤6％，可与水直接混合成乳白色液体，乳液稳定不分层。

（2）生物鉴别 取带有菜青虫（或小菜蛾幼虫、蚜虫、芜菁叶蜂、跳甲等）的十字花科蔬菜菜叶数片，将 0.5％川楝素乳油稀释1000 倍，喷洒于有虫菜叶上，待后观察菜青虫（或小菜蛾幼虫、蚜虫、芜菁叶蜂、跳甲等）是否死亡，若死亡，则药剂质量合格，反之不合格。

四十五、除虫菊素

1. 理化性质

除虫菊素是用多年生草本植物除虫菊的花为主要原料提取制成的植物源杀虫剂。主要有效杀虫成分为除虫菊素Ⅰ和除虫菊素Ⅱ。除虫菊素Ⅰ的毒力比除虫菊素Ⅱ约高 1 倍。原药为黄色黏稠油状液体，具清香味，与除虫菊干花的气味相同。几乎不溶于水，易溶于多种有机溶剂。不稳定，遇碱易分解失效，在强光和高温下也分解失效。

2. 毒性

低毒。大鼠急性经口 LD_{50} ＞1500 毫克/千克，急性经皮 LD_{50} 为1800 毫克/千克。对人、畜安全。天然除虫菊素见光慢慢分解成水和二氧化碳，残效期短，无残留，不污染环境，是国际公认的安全无公害的杀虫剂，但对鱼有毒。

3. 常用剂型

0.5%、1.5%可湿性粉剂，3%、5%、6%乳油，3%、5%水乳剂，3%微胶囊悬浮剂。

4. 真假鉴别

（1）物理鉴别（感官鉴别） 可湿性粉剂浅黄色粉末，不易被水湿润，具强烈刺激气味。乳油为浅黄色油状透明液体，可与水直接混合成乳白色液体，乳液稳定不分层。

（2）化学鉴别 将1克粉状试样放在10毫升酒精中，浸泡1小时，然后进行过滤，在清的滤液中加入5%的氢氧化钠1毫升，加热煮沸1~2分钟，冷却后再把1:18的硫酸1毫升倒入，加入氧化汞-硫酸溶液（氧化汞2.5克加水20毫升，加入浓硫酸10毫升，待完全溶解后再加水20毫升）1毫升，振荡，液体呈变色反应（黄→红→紫→蓝→绿），如有以上颜色变化则该药粉为除虫菊素，没有以上颜色变化则不是除虫菊素。

（3）生物鉴别 从有害虫的作物地里捉棉蚜、菜蚜、蓟马、飞虱、叶蝉、菜青虫、猿叶虫、叶蜂等害虫数条，将虫子放入一小纸盒中，向纸盒中撒入除虫菊素0.5%或1.5%可湿性粉剂，待后观察虫子是否死亡。若虫子死亡，则药剂质量合格，反之不合格。

取带有二至三龄菜青虫（或小菜蛾幼虫、夜蛾、蚜虫）的蔬菜菜叶数片，将5%除虫菊素乳油稀释1000倍，喷洒于有虫菜叶上，待后观察菜青虫（或小菜蛾幼虫、夜蛾、蚜虫）是否死亡。若死亡，则药剂质量合格，反之不合格。

四十六、杀螺胺

1. 理化性质

纯品为无色固体，熔点230℃，蒸气压<1兆帕（20℃）。溶解度（20℃）：pH 6.4水中1.6毫克/升，pH 9.1水中110毫克/升；溶于一般有机溶剂（如乙醇、乙醚）。对热稳定，紫外线下分解，遇强酸和碱分解。原药为黄褐色晶状粉末，无味，相对密度

1.616。杀螺胺乙醇胺盐为黄色固体,熔点210℃。溶解度(20℃):蒸馏水中178~282毫克/升,饮用水中112~178毫克/升。

2. 毒性

低毒。原药大鼠急性经口 LD_{50} >5000毫克/千克,急性经皮 LD_{50} >1000毫克/千克。对黏膜有刺激性,长时间接触,皮肤会产生刺激性反应。无致癌、致突变、致畸性。对蜜蜂、鸟类比较安全。对水生动物有毒。土壤中半衰期1.1~2.9天。为酚类有机杀软体动物剂。

3. 常用剂型

70%可湿性粉剂,25%乳油。

4. 真假鉴别

(1)物理鉴别(感官鉴别) 25%杀螺胺乳油为黄褐色至红棕色的单相液体,可与水直接混合成乳白色液体,乳液稳定。70%杀螺胺可湿性粉剂为黄褐色粉末,可与水直接混合成乳白色悬浮液。

(2)化学鉴别 利用杀螺胺与化学试剂的特征颜色反应鉴别。

亚硝酸根络高钴酸钠法:杀螺胺被亚硝化后与钴离子作用,生成红棕色螯合物。取样品乳液置于小试管中,加3%亚硝酸根络高钴酸钠溶液1~2滴,加热,如样品中含有杀螺胺则呈现红棕色。

肼盐法:杀螺胺在加热时,它的水杨醛酰氨基与肼盐作用,显黄绿色荧光。取样品乳液滴于滤纸或小试管中,加5%肼盐溶液1滴,如样品中含有杀螺胺,则置于紫外灯下活化后显黄绿色荧光。

吗啉-亚硝酰铁氰化钠法:杀螺胺中的乙醇氨基在加热中能产生醛,与吗啉-亚硝酰铁氰化钠作用,呈现蓝色。取样品乳液置于小试管中,微微加热,挥去溶剂至干,试管口覆盖一张滴有20%吗啉和6%亚硝酰铁氰化钠溶液的滤纸。当试管继续加热升温时,如样品中含有杀螺胺,则滤纸上呈现蓝色。

钒-8-羟基喹啉法:杀螺胺中的丙醇基与钒-8-羟基喹啉作用,呈现红色。取样品乳液滴于滤纸或小试管中,加2.5% 8-羟基喹啉和 6％醋酸溶液（内加钒 1 毫克）的混合溶液 1～2 滴，微微加热，或用紫外线照射活化处理，如样品中含有杀螺胺则呈现红色。

（3）生物鉴别　从水田中捉几只田螺或蜗牛，用 70％杀螺胺可湿性粉剂 500 倍稀释液喷于田螺或蜗牛体上，如能杀死田螺或蜗牛，则该杀螺胺药剂合格。

四十七、磷化铝

1. 理化性质

浅黄色或灰绿色粉末，无味，易潮解。不溶于冷水，溶于乙醇、乙醚。不熔融，加热至 1000℃也不分解，在 1000℃下蒸气压也很小，到 1100℃升华。但易吸水分解，放出磷化氢，磷化氢是无色气体，具有电石或大蒜异臭味。

2. 毒性

磷化铝吸潮自行分解放出磷化氢，磷化氢对人和虫都有剧毒。空气中含量达 0.01 毫克/升时，对人就很危险，含量达 0.14 毫克/升时，使人呼吸困难，常致死亡。

3. 常用剂型

95％原粉，56％片剂和 56％粉剂。

4. 真假鉴别

（1）物理鉴别（感官鉴别）　片剂为灰色或灰绿色圆片，粉剂为灰绿色或黄棕色粉末。和医用土霉素颜色相似，无气味；在潮湿环境下保存数小时后，可变为残渣状。

（2）化学鉴别　取试样 1～2 克放入试管中，倒入 1～2 毫升 40％硫酸，稍加热，放出磷化氢毒气，将滴有 5％硝酸银的试纸置于试管口，则出现黄色，在有水存在时，又析出白色金属银，证明试样是磷化铝。

此法也可用来检验经磷化铝熏蒸过的粮食中的磷化氢残留情况：取出经磷化铝熏蒸过的粮食 50 克，放入锥形瓶中，加入 1％

硫酸溶液到液面高出粮食为止，然后用 5％硝酸银试纸盖在瓶口上，把锥形瓶放在火上煮沸几分钟，如果试纸变色较深，说明粮食中尚有磷化氢的残留。

第三节　常见杀菌剂质量鉴别

目前市场上销售的杀菌剂质量参差不齐，给农民选购带来了一定困难，为了确保农民能选购到质量合格的杀菌剂，这里将常见杀菌剂的通用名称、其他名称、理化性质、毒性、常用剂型、真假鉴别等进行介绍。

一、代森锌

1. 理化性质

白色粉末，157℃分解，无熔点，蒸气压＜0.01 兆帕（20℃）。室温水中溶解度为 10 毫克/升，不溶于大多数有机溶剂，但能溶于吡啶。对光、热、湿气不稳定，易分解，遇碱性物质或含铜、汞的物质，也易分解。工业品为灰白色或淡黄色粉末，有硫黄气味。

2. 毒性

低毒。大鼠急性经口 LD_{50} 为 5200 毫克/千克以上，急性经皮 LD_{50} ＞2500 毫克/千克。对蜜蜂无毒。对人的皮肤、鼻、咽喉有刺激作用。

3. 常用剂型

60％、65％和 80％可湿性粉剂，4％粉剂。

4. 真假鉴别

（1）物理鉴别（感官鉴别）　原粉为灰白色或淡黄色粉末，有臭鸡蛋味；80％可湿性粉剂为灰白色或浅黄色粉末。

（2）生物鉴别　在白菜（或甘蓝、油菜、萝卜）霜霉病发病初期的植株上摘取两片带有病菌的病叶，直接用80％可湿性粉剂500倍液喷雾菌落处（另一片插入带水瓶中做对照），数小时后，在显微镜下观察已喷药菌落病菌孢子，并对照观察未喷药叶片病菌孢子变化情况。若喷药部位病菌孢子活动明显受到抑制且有致死孢子，则该药品质量合格，否则为伪劣产品。

二、代森锰锌

1. 理化性质

纯品为白色粉末，熔点136℃（熔点前分解）。工业品为灰白色或淡黄色粉末，有臭鸡蛋味。难溶于水，不溶于大多数有机溶剂，但能溶于吡啶中。对光、热、潮湿不稳定，易分解出二硫化碳，遇碱性物质或铜、汞等物质均易分解放出二氧化碳而减效，挥发性小。

2. 毒性

微毒。大鼠经口 LD_{50} 为14000毫克/千克。对敏感人员的皮肤有刺激性。鲤鱼 TL_m（48h）为4.3毫克/升。

3. 常用剂型

70％和80％可湿性粉剂。

4. 真假鉴别

（1）物理鉴别（感官鉴别）　原药为灰黄色粉末，不溶于水及大多数有机溶剂，受潮易分解，可引起燃烧。70％可湿性粉剂亦为灰黄色粉末，湿润时间≤60秒。

（2）生物鉴别　摘取两片带有白菜霜霉病病菌的叶片，取其中一片用70％可湿性粉剂500倍液直接喷雾菌落处。数小时后，在显微镜下观察已喷药菌落的病菌孢子，并对照观察未喷药叶片（插入有水瓶中）病菌孢子变化情况。若喷药叶片上病菌孢子活动明显受到抑制且有致死孢子，则该药品质量合格，否则为伪劣产品。

三、福美双

1. 理化性质

白色或灰白色结晶粉末，有特殊臭味和刺激作用，熔点 $146\sim$ $148℃$。溶于苯、丙酮、氯仿和二硫化碳，微溶于乙醇和四氯化碳，不溶于水和汽油。

2. 毒性

低毒。LD_{50}：大白鼠急性经口 $780\sim865$ 毫克/升，小白鼠 $1500\sim2000$ 毫克/升。TL_m（48h）：鲤鱼 0.23 毫克/升，鳟鱼 0.13 毫克/升。对人的黏膜和皮肤有刺激作用。

3. 常用剂型

50％、75％、80％可湿性粉剂。

4. 真假鉴别

（1）物理鉴别（感官鉴别） 工业品为灰黄色粉末，有鱼腥味，不溶于水；50％福美双可湿性粉剂为灰白色粉末。

（2）生物鉴别 选取带有油菜（黄瓜）霜霉病病菌的叶片若干个，取其 1 片用 50％可湿性粉剂 500 倍液直接喷雾菌落处。数小时后在显微镜下观察已喷叶片上菌落群中病菌孢子的情况，并对照观察未喷药叶片上病菌孢子的变化情况。若喷药叶片上病菌孢子活动明显受到抑制且有致死孢子，则该药品质量合格，否则为伪劣产品。

四、甲基硫菌灵

1. 理化性质

纯品为无色结晶，93％原粉为微黄色结晶。相对密度 1.5 （20℃），熔点 172℃（分解），蒸气压 949.1×10^{-8} 帕（25℃）。几乎不溶于水，可溶于丙酮、甲醇、乙醇、氯仿等有机溶剂。对酸、碱稳定。

2. 毒性

低毒。原药大鼠急性经口 LD_{50} 为 7500 毫克/千克（雄）和 6640 毫克/千克（雌），小鼠急性经口 LD_{50} 为 1510 毫克/千克（雄）和 3400 毫克/千克（雌）。大鼠和小鼠急性经皮 LD_{50} 大于 10000 毫克/千克。

3. 常用剂型

70%可湿性粉剂，40%、50%胶悬剂，36%悬浮剂。

4. 真假鉴别

（1）物理鉴别（感官鉴别）　可湿性粉剂为无定形灰棕色或灰紫色粉末；悬浮剂为淡褐色（黏稠）悬浊液体，pH 值为 6～8。50%胶悬剂为淡褐色悬浊液体，相对密度 1.2（20℃），沸点 100～110℃。

（2）生物鉴别　在小麦赤霉病始发期选取带病植株两棵，用 70%甲基硫菌灵可湿性粉剂 1000 倍液对其中一棵带病菌落进行直接喷雾，数小时后在显微镜下观察喷药植株上病菌孢子的情况，并对照观察未喷药植株上病菌孢子的变化情况。若喷药植株上病菌孢子活动明显受到抑制且有致死孢子，则该药品质量合格，否则为伪劣产品。

五、百菌清

1. 理化性质

纯品为白色无味粉末，沸点 350℃，熔点 250～251℃。微溶于水，溶于二甲苯和丙酮等有机溶剂。原粉含有效成分 96%，为浅黄色粉末，稍有刺激臭味，对酸、碱、紫外线稳定。

2. 毒性

低毒。原粉大鼠急性经口和兔急性经皮 LD_{50} 均大于 10000 毫克/千克，大鼠急性吸入 $LD_{50} > 4.7$ 毫克/升（1h）。对兔眼有强烈刺激作用。

3. 常用剂型

50％、75％可湿性粉剂，10％油剂，5％、25％颗粒剂，2.5％、10％、30％、45％烟剂，5％粉剂。

4. 真假鉴别

（1）物理鉴别（感官鉴别） 75％可湿性粉剂为白色至灰色疏松粉末；10％油剂为绿黄色油状均相液体；2.5％烟剂为乳白色粉状物，发烟时间7～15分钟，30分钟后无余火，烧后残渣疏松。

（2）生物鉴别 选取两片带有白菜（甘蓝）霜霉病病菌的叶片，将其中一片用75％百菌清可湿性粉剂600倍液直接喷雾。数小时后在显微镜下观察喷药叶片上病菌孢子情况，并对照观察未喷药叶片上病菌孢子的变化情况。若喷药叶片上病菌孢子活动明显受阻且有致死孢子，则该药品质量合格，否则为不合格或伪劣产品。

10％百菌清油剂鉴别方法基本同上，只是配药时按80倍稀释。

六、三唑酮

1. 理化性质

无色固体，熔点82～83℃，有特殊芳香味，蒸气压0.02兆帕（20℃）、0.06兆帕（25℃），相对密度（20℃）1.22。溶解度：水64毫克/升（20℃），二氯甲烷＞200毫克/升，甲苯＞200毫克/升，异丙醇50～100毫克/升，己烷5～10克/升（20℃）。酸性或碱性（pH为1～13）条件下都较稳定。

2. 毒性

低毒。原药大白鼠急性经口 LD_{50} 为 1000～1500 毫克/千克，大鼠经皮 LD_{50} ＞1000 毫克/千克。对皮肤有轻度刺激作用。

3. 常用剂型

20％、25％乳油，15％烟剂，15％、25％可湿性粉剂。

4. 真假鉴别

（1）物理鉴别（感官鉴别） 20％乳油为浅棕红色，15％可湿性粉剂为灰白色，25％可湿性粉剂的颜色更浅，15％烟剂为棕红色油状液体。三唑酮的气味比较特殊，与"清凉油"的气味相似，气味浓烈，有凉爽感。

（2）生物鉴别　选取带有小麦锈病的叶片若干个，用25％可湿性粉剂3.5克兑水7.5千克，对带有病菌的叶片喷雾（同时留未喷药叶片对照），数小时后在显微镜下观察喷药叶片上病菌孢子情况，并对照观察未喷药叶片上病菌孢子的变化情况。若喷药叶片上病菌孢子活动明显受到抑制且有致死孢子，则说明该药品质量合格，否则为不合格品或伪劣产品。

七、多菌灵

1. 理化性质

白色结晶粉末，216～217℃开始升华。熔点307～312℃（分解），相对密度（20℃）1.45。溶解度（24℃）：水29毫克/升（pH 4），8毫克/升（pH 7），7毫克/升（pH 8）；己烷0.5毫克/升，苯36毫克/升，乙醇、丙酮300毫克/升，二氯甲烷68毫克/升，乙酸乙酯135毫克/升。可溶于稀无机酸和有机酸，而形成相应的盐。对热较稳定，遇酸、碱分解。

2. 毒性

低毒。小白鼠急性经口 LD_{50}≥10000毫克/千克。

3. 常用剂型

25％、50％可湿性粉剂，40％、50％悬浮剂，80％水分散粒剂。

4. 真假鉴别

（1）物理鉴别（感官鉴别）　原粉为浅棕色粉末；40％悬浮剂为淡褐色黏稠可流动的悬浮液；25％、50％可湿性粉剂为褐色疏松粉末。

（2）生物鉴别　于小麦赤霉病发病初期选取两棵带病植株，将其中一棵用 25％可湿性粉剂兑水 400 倍后直接对带菌部位进行喷雾，数小时后在显微镜下观察喷药部位病菌孢子的情况，并对照观察未喷药植株上病菌孢子的变化情况。若喷药部位病菌孢子活动明显受到抑制且有致死孢子，则说明所用之药为合格品，否则为不合格品或伪劣产品。50％可湿性粉剂用药量减半。40％悬浮剂加水稀释 640 倍后使用。

八、石硫合剂

1. 理化性质

红褐色透明液体或固体，具有强烈的臭鸡蛋气味，呈强碱性，遇酸易分解，遇空气易被氧化，对皮肤有腐蚀作用。

2. 毒性

低毒。45％固体大鼠急性经口 LD_{50}：3160 毫克/千克（雄），270 毫克/千克（雌）。29％石硫合剂水剂大白鼠急性经口 LD_{50} 为 1210 毫克/千克，急性经皮 LD_{50} 为 4000 毫克/千克。对人的皮肤有强烈腐蚀性，并能刺激眼和鼻。

3. 常用剂型

45％晶体，45％固体，29％水剂，20％膏剂。

4. 真假鉴别

（1）物理鉴别（感官鉴别） 45％石硫合剂晶体为淡黄色柱状结晶，相对密度 1.62，pH 9～11，直径为 0.5～1 毫米，长 2～3 毫米，溶于水。游离表面水<2％，不燃，不爆。

45％石硫合剂固体为黄绿色，相对密度 2.08，pH 13～14。

29％石硫合剂水剂为橙红色水溶液，相对密度 1.27～295，pH 10～12，沸点 106℃，不燃，不爆，可与水相混，（54±1）℃热贮 14 天降解率<10％。

20％石硫合剂膏剂为黄绿色膏状物，相对密度 1.47，易溶于水，pH 10～12，在（54±2）℃条件下贮存 14 天降解率<1％。

以上制剂均有强烈的臭鸡蛋气味。

（2）化学鉴别　取试样 0.5 克，加水 5 毫升稀释，先用 pH 试纸检查其酸碱性（应呈强碱性），再加入 5％硫酸铜溶液几滴，即能产生大量棕黑色硫化铜沉淀。试样的稀释液里加入稀盐酸几滴能产生大量硫化钙白色沉淀，在管口处有臭鸡蛋味的硫化氢放出。如有以上反应变化则该药剂为石硫合剂，没有以上变化的则不是石硫合剂。

（3）生物鉴别　选取两片感染白粉病病菌的蔬菜叶片，将其中一片用稀释成 0.5 波美度的石硫合剂药液直接喷雾，数小时后在显微镜下观察喷药叶片上病菌孢子情况，并对照观察未喷药叶片上病菌孢子的变化情况。若喷药叶片上病菌孢子活动明显受到抑制且有致死孢子，则该药品质量合格，否则为不合格品或伪劣产品。

九、硫酸铜

1. 理化性质

蓝色三斜晶系结晶，无臭，相对密度 2.284，溶于水及稀的乙醇，水溶液具有弱酸性，不溶于无水乙醇及液氮。在干燥空气中慢慢风化，其表面变为白色粉状物。熔点 160℃。加热至 110℃时，失去 4 个结晶水，高于 150℃形成白色易吸水的无水硫酸铜。加热至 650℃高温，可分解为黑色氧化铜、二氧化硫及氧气（或三氧化硫）。

2. 毒性

中等毒。原药大鼠急性经口 LD_{50} 为 333 毫克／千克。

3. 常用剂型

93％～96％原药。

4. 真假鉴别

（1）物理鉴别（感官鉴别）　硫酸铜为蓝色三斜晶体，若含钠、镁等杂质，其晶块的颜色随杂质含量的增加而逐渐变淡。如果含铁，其结晶颜色常为蓝绿色、黄绿色或者淡绿色，色泽不等。观察时可用质量较好的硫酸铜作参照。无臭。溶于水形成蓝色透明液体，水溶液具有弱酸性。

取少量样品放于铁皮上用火烧，加热至110℃时，失去4个结晶水变为蓝绿色，高于150℃形成白色易吸水的无水硫酸铜。加热至650℃高温，可分解为黑色氧化铜并有刺鼻气味放出。

（2）化学鉴别

① 方法1。将少量样品放入瓷碗中，加20倍左右样品体积的水进行溶解，溶化后观察颜色是天蓝色还是蓝绿相间，后者含铁杂质。如果溶液是天蓝色，将一根用砂纸打磨光亮的铁丝放入其中，静置一天后取出铁丝冲洗后观察，如铁丝表面有一层颜色均匀、手感平滑的黄红色金属，即证明该样品为真的硫酸铜。

② 方法2。a.取预先研细的待测样品和纯品硫酸铜各1克左右（花生米大小），分别放入两只水杯中，加洁净水100毫升，摇动几分钟，使晶块完全溶解。b.量取上述溶液各5毫升左右，分别置于两只玻璃杯中，均加入碳酸氢铵约0.5克，摇动1～2分钟，使其充分反应，显色，放置10分钟后，进行观察比较。若两种溶液的颜色相同，不产生沉淀或沉淀物很少，则证明样品质量合格；若待测样品溶液的蓝色比纯品明显淡时，说明其有效成分含量较低，可能含有部分钠、镁、钾等杂质；若样品中出现大量沉淀，则表明样品中含有较多的铁、铝、锌或钙等杂质，沉淀越多，其有效成分含量越低。

十、络氨铜

1. 理化性质

原药为深蓝色晶体，易溶于水，不溶于乙醇、乙醚、三氯甲烷等有机溶剂。用氨水稀释可存放较长时间，用水稀释后应即时使用，否则有络合物沉淀。制剂为深蓝色黏稠状碱性液体，相对密度1.05～1.25，pH 8.0～9.5，沸点110℃，闪点400℃以上。易溶于水，在酸性条件下不稳定。

2. 毒性

低毒。大鼠急性经口 $LD_{50} > 2610$ 毫克/千克，大鼠急性经皮 $LD_{50} > 3160$ 毫克/千克。对鱼低毒。对兔眼睛和皮肤无明显刺激作用。无致畸、致突变作用。对人、畜安全，无残毒；在土壤中的半衰期为 4.8 天，不污染环境。

3. 常用剂型

14%、15%、23%、25%水剂。

4. 真假鉴别

（1）物理鉴别（感官鉴别）　制剂为深蓝色液体，溶液呈碱性，有刺鼻氨味，溶于水。冷贮、热贮稳定性较好，在酸性条件下不稳定。

（2）化学鉴别　取 30 毫升待检制剂放入小玻璃杯中，将一根用砂纸打磨光亮的铁丝放入其中，静置一天后取出铁丝冲洗后观察，铁丝表面没有金黄色金属铜覆盖。缓慢向该小玻璃杯加入 20 毫升 95%乙醇，即有深蓝色晶体析出。另取 5 毫升待检制剂放入小玻璃杯中，加入 10 毫升纯净水稀释，然后滴加 25%氧化钡溶液，有白色浑浊出现。如有以上反应变化则该制剂为络氨铜，没有以上变化的则不是络氨铜。

十一、氧氯化铜

1. 理化性质

原药外观为绿色或蓝绿色粉末状结晶，理论含铜量为 59.5%，工业品因含若干结晶水而含量稍低。不溶于水、乙醇、乙醚，但溶于氨水，溶于稀酸时同时分解。于 250℃加热 8 小时后变成棕黑色。对金属有腐蚀性。

2. 毒性

低毒。大鼠急性经口 LD_{50} 为 1462 毫克/千克，急性经皮 LD_{50}

>2000 毫克/千克。

3. 常用剂型

47％、50％、60％、70％、84.1％可湿性粉剂，30％悬浮剂。

4. 真假鉴别

（1）物理鉴别（感官鉴别）　氧氯化铜可湿性粉剂为绿色粉末，可与水混溶形成悬浮液，加入氨水形成蓝色透明液体。30％氧氯化铜悬浮剂为淡绿色黏稠糊状物，相对密度 1.40，pH 6.3，细度（氧氯化铜粒子平均直径）0.5～3 微米，悬浮率在 80％以上（半小时），冷、热稳定性良好。常温贮存 14 个月无结块现象，水稀释后粒子无絮结。

（2）化学鉴别　取少量试样放入玻璃杯中，加少量纯净水搅拌形成悬浊液，滴入 1∶1 盐酸，液体呈绿色透明状，然后滴入氨水形成天蓝色透明液体，最后滴加 5％硝酸银溶液，即生成氯化银白色絮状沉淀。如有以上反应变化则该制剂为氧氯化铜，没有以上变化的则不是氧氯化铜。

十二、氟硅唑

1. 理化性质

纯品（有效成分含量大于 97.5％）为白色无味结晶固体，熔点 55℃，蒸气压 3.86×10^{-5} 帕（25℃）。易溶于丙酮、甲醇、二甲苯等有机溶剂。微溶于水，其溶解度与 pH 有关，当 pH 1.1 时为 900 毫克/升，pH 7.8 时为 45 毫克/升。性质稳定，对日光稳定，在 310℃以下稳定。在土壤中半衰期>30 天，在 25℃、pH 7 条件下，1 毫克/升水溶液在模拟日光下照 30 天，其半衰期约 60～80 天。原药有效成分含量为 88％，为结晶体，相对密度 1.3，熔点 53℃。

2. 毒性

低毒。原药大白鼠急性经口 LD_{50} 为 1110 毫克/千克（雄）和

674 毫克/千克（雌），兔急性经皮 $LD_{50} > 2000$ 毫克/千克，大鼠急性吸入 $LC_{50} > 5$ 毫克/升。对眼睛有轻微刺激作用。在试验条件下对试验动物未见致突变、致畸和致癌作用。制剂大鼠急性经口 LD_{50} 1865 毫克/千克（雄），兔急性经皮 $LD_{50} > 5000$ 毫克/千克，大鼠急性吸入 $LC_{50} > 2.7$ 毫克/升。

3. 常用剂型

40％乳油。

4. 真假鉴别

（1）物理鉴别（感官鉴别）　40％乳油为棕色液体，乳液稳定性符合要求，冷贮、热贮稳定性良好，室温贮存稳定性为 4 年 10 个月。水分含量<0.1％，pH 6.37（5％的水溶液）。

（2）生物鉴别　选择一棵感染黑星病的梨树（砀山梨除外），将 40％氟硅唑乳油稀释 8000 倍进行喷雾，隔 10 天喷一次药。期间观察黑星病病斑的变化，对已发病的病斑，在喷乳油稀释液后，其病斑上的霉层消失（分生孢子干死），只留下小干斑，且结出的果实果面光洁，表明该药剂质量可靠，否则药剂质量有问题。也可利用感染黑星病的黄瓜及感染白粉病的葡萄进行药效试验，将 40％氟哇唑乳油稀释 8000 倍进行喷雾，观察药效并进行质量判别。

十三、咪鲜胺

1. 理化性质

纯品为无色、无臭结晶固体，熔点 46.5～49.3℃（纯度＞99％），沸点 210℃，蒸气压（20℃）0.48 兆帕，相对密度 1.42。水中溶解度小；溶于丙酮、二氯甲烷、乙醇、乙酸乙酯、甲苯、二甲苯等多数有机溶剂中。对浓酸、浓碱和光不稳定。原药（纯度约 97％）为黄棕色液体，冷却则固化，有芳香味。

2. 毒性

低毒。大白鼠急性经口 $LD_{50} > 1600$ 毫克/千克，急性经皮

$LD_{50} > 5000$ 毫克/千克。虹鳟鱼 LD_{50}（96小时）1毫克/升。对兔眼睛重度刺激，对兔皮肤中度刺激。对鸟低毒，对鱼和水生生物中等毒，对蚯蚓和瓢虫等有益生物及昆虫无害。

3. 常用剂型

0.5%悬浮种衣剂，1.5%水乳种衣剂，25%、45%水乳剂，25%、45%乳油，25%、50%可湿性粉剂。

4. 真假鉴别

（1）物理鉴别（感官鉴别）　制剂为黄棕色，有芳香味，可与水直接混合成乳白色液体，乳液稳定。

（2）化学鉴别　摘取轻度感染炭疽病的柑橘、芒果病果，用800毫克/升浓度的咪鲜胺溶液浸果1分钟，捞起晾干，放置1天，与没有浸药的病果对照，如有明显抑制炭疽病的效果则表明该药剂质量合格，否则质量不合格。也可通过观察咪鲜胺制剂防治甜菜褐斑病的效果来判断质量优劣。

十四、腈菌唑

1. 理化性质

纯品为无色针状结晶，熔点 67.8～68.2℃，沸点 202～208℃，蒸气压（20℃）213毫帕。溶解度（25℃）：水为0.142克/升，溶于醇、芳烃、酯、酮大多数有机溶剂，不溶于脂肪烃。原药为淡黄色或棕色固体，熔点 63～65℃。

2. 毒性

低毒。原药大鼠急性经口 LD_{50} 雄性为1470毫克/千克，雌性为1080毫克/千克；小鼠急性经口 LD_{50} 雄性为1080毫克/千克，雌性为681毫克/千克；大鼠急性经皮 $LD_{50} > 10000$ 毫克/千克。对眼睛有轻微刺激作用，对皮肤无刺激性。该药对雌雄鼠的蓄积系数均 > 5。对大鼠三项致突变试验结果均为阴性，无致突变作用。

3. 常用剂型

5%高渗乳油，5%、6%、10%、12%、12.5%、25%、40%乳油，40%可湿性粉剂。

4. 真假鉴别

（1）物理鉴别（感官鉴别） 腈菌唑乳油为棕褐色透明液体，相对密度 0.96，酸碱度中性。常温条件下贮存 2 年。可与水直接混合成乳白色液体。乳液稳定。

（2）生物鉴别 选取两片感染白粉病病菌的蔬菜（黄瓜、西葫芦）叶片，将其中一片用 0.004%浓度腈菌唑溶液（25%乳油稀释6000 倍）直接喷雾，数小时后在显微镜下观察喷药叶片上病菌孢子情况，并对照观察未喷药叶片上病菌孢子的变化情况。若喷药叶片上病菌孢子活动明显受到抑制且有致死孢子，则该药品质量合格，否则为不合格品或伪劣产品。

十五、二硫氰基甲烷

1. 理化性质

白色或浅黄色针状晶体，熔点 $100 \sim 104℃$。可溶于 1,4-二氧氯环、N,N-二甲基甲酰胺，微溶于其他有机溶剂，微溶于水，水中溶解度约 0.4%。在酸性条件下稳定。有良好的防腐、杀菌、灭藻的效果。为杀菌、杀藻剂。

2. 常用剂型

10%乳油，98%原药。

3. 毒性

中等毒。原药大鼠急性经口 LD_{50} 为 81 毫克/千克，小鼠急性经口 LD_{50} 为 50.19 毫克/千克；大鼠急性经皮 LD_{50} 为 292 毫克/千克，大鼠急性吸入 LC_{50} 为 7.7 毫克/千克。对眼睛有腐蚀性，刺激上呼吸道，严重可致命。对皮肤有中等刺激性，可引起皮肤过敏。

4. 真假鉴别

（1）物理鉴别（感官鉴别） 10%二硫氰基甲烷乳油由有效成分、溶剂、分散剂、乳化剂、渗透剂等组成，为橙红色透明液体。相对密度 1.1～1.2，pH 2.5～3.5，水分含量＜2%。贮存稳定性为 2 年。可与水直接混合成乳白色液体，乳液稳定。

（2）化学鉴别 利用二硫氰基甲烷分子中的硫氰根的颜色反应鉴别。

硫酸钴法：硫氰根在丙酮溶液中能与二价钴盐作用，生成蓝色的硫氰钴钾复盐。取检液滴于滤纸上或蒸发皿中，微热挥尽溶剂，加 3%硫酸钴丙酮溶液 1 滴，立刻显蓝色。

三氯化铁法：硫氰根遇三氯化铁生成红色的硫氰化铁。取检液滴于滤纸上，加 1%三氯化铁溶液 1 滴，呈现红色。

十六、叶枯散

1. 理化性质

叶枯散是放线菌所产生的抗生物质，为白色或浅黄色针状结晶，熔点 216～218℃（分解）。微溶于水、乙醇和有机溶剂。对热和紫外线较稳定。在中性或酸性溶液中也稳定，但在 pH 2 以下或 pH 7 以上的介质中不稳定。

2. 毒性

中等毒。原药小鼠急性经口 LD_{50} 为 89.2～125 毫克/千克，急性经皮 LD_{50} 为 667 毫克/千克。对鱼毒性小，浓度高时对植物有药害。

3. 常用剂型

10%可湿性粉剂。

4. 真假鉴别

（1）物理鉴别（感官鉴别） 叶枯散可湿性粉剂为白色粉末，可与水混溶形成乳白色混悬液，乳液稳定。

（2）化学鉴别　利用叶枯散与有机试剂的特征颜色反应鉴别。

二硝基氯苯法：叶枯散与二硝基氯苯反应产生黄色缩合物。取样品水溶液滴于滤纸或白瓷板上，加 1％ 2,4-二硝基氯苯的醚溶液 1 滴，如样品中含有叶枯散则呈现黄棕色。

二甲基乙二肟镍法：叶枯散与二甲基乙二肟镍作用，逐渐由红色变为黄色。取样品水溶液滴于滤纸或白瓷板上，加 0.8％硫酸镍溶液与 0.9％二甲基乙二肟乙醇溶液（1∶1）制成的二甲基乙二肟镍混合溶液 1 滴，如样品中含有叶枯散则呈现黄色。

8-羟基喹啉内络锌法：叶枯散与 8-羟基喹啉作用，产生黄绿色的荧光。取样品水溶液滴于滤纸或白瓷板上，挥去溶剂，加 1％氯化锌溶液与 1％ 8-羟基喹啉乙醇溶液（1∶1）制成的 8-羟基喹啉内络锌混合溶液 1 滴，如样品中含有叶枯散则显黄绿色的荧光。碱性化合物对本法有干扰，应注意。

对二甲氨基苯甲醛法：叶枯散与对二甲氨基苯甲醛反应生成橙色的缩合物。取对二甲氨基苯甲醛饱和苯溶液 1 滴于滤纸上，再滴以乙醚溶解的样品溶液，在电炉上摇晃加热，如样品中含有叶枯散则呈现橙色。也可在检液中再加 1 滴醋酸钠溶液作缓冲剂，以提高显色效果。

（3）生物鉴别　叶枯散对多种植物病原细菌有效，特别是对水稻白叶枯病有良好的防治效果，优于链霉素，但对已进入维管束的病原细菌无效。一般使用的浓度为 0.02％～0.04％（药剂 50 克兑水 250～500 千克）。叶枯散对柑橘溃疡病也有效。

可以选择感染水稻白叶枯病或柑橘溃疡病的植物进行小试，以鉴别叶枯散药剂的质量优劣。

十七、霜霉威

1. 理化性质

纯品为无色、有淡香味并且极易吸湿的结晶固体，熔点 45～55℃，蒸气压（25℃）0.80 毫帕，在水及部分溶剂中溶解度很高。

在水溶液中两年以上不分解（55℃），但在微生物活跃的水中迅速分解并转化为无机化合物。原药为浅黄色至黄色油状均相液体，含量>95%。

2. 毒性

低毒。大鼠急性经口 LD_{50} 为 2000～8550 毫克/千克，小鼠急性经口 LD_{50} 为 1960～2800 毫克/千克。小鼠急性经皮 LD_{50} >3000 毫克/千克，兔急性经皮 LD_{50} >3920 毫克/千克。大鼠急性吸入 4 小时 LC_{50} >3960 毫克/升。对兔皮肤及眼睛无刺激。豚鼠致敏试验未见异常，在试验剂量内未见致畸、致突变及致癌作用。对蚯蚓低毒，对天敌及有益生物无害。对鱼低毒，96 小时 LC_{50}：鲤鱼 234.6 毫克/升，虹鳟鱼 409～616.3 毫克/升。蜜蜂 LD_{50} >100 微克/只。对鸟低毒，野鸭急性经口 LD_{50} 为 6289 毫克/千克，野鸡急性经口 LD_{50} 为 3050 毫克/千克。

3. 常用剂型

35%、77.2%水剂。

4. 真假鉴别

（1）物理鉴别（感官鉴别）　水剂为淡黄色、无味水溶液，相对密度 1.08～1.09。

（2）生物鉴别　选取两片感染霜霉病病理切片的黄瓜叶片，将其中一片用 77.2%霜霉威水剂 500 倍稀释液直接喷雾，数小时后在显微镜下观察喷药叶片上病菌孢子情况，并对照观察未喷药叶片上病菌孢子的变化情况。若喷药叶片上病菌孢子活动明显受阻且有致死孢子，则该药品质量合格，否则为不合格品或伪劣商品。

第四节　常见除草剂鉴别

目前市场上销售的除草剂质量参差不齐，给农民选购带来了一定困难，为了确保农民能选购到质量合格的除草剂，这里将常见除草剂的通用名称、其他名称、理化性质、毒性、常用剂型、真假鉴别等进行介绍。

一、五氯酚钠

1. 理化性质

纯品为白色针状结晶，原药为淡红色鳞状结晶，有特殊气味。熔点 $190 \sim 191℃$。易溶于水，在水中溶解度 $4℃$ 时为 20.8%，$25℃$ 时为 26.1%；溶于醇和丙酮；不溶于石油和苯。在潮湿空气中易吸潮成块状或片状。

2. 毒性

中等毒。LD_{50}：大鼠经口 $140 \sim 280$ 毫克/千克，大鼠经皮 66 毫克/千克；LC_{50}：0.152 毫克/升（大鼠吸入），0.229 毫克/升（小鼠吸入）。

3. 常用剂型

75%、65% 原粉。

4. 真假鉴别

（1）物理鉴别（感官鉴别） 75%、65% 五氯酚钠为灰白色或淡红色粉末，有苯酚味，鼻嗅会引起打喷嚏。在水中极易溶解，水溶液呈碱性。

（2）化学鉴别 取试样少许（绿豆大小）放入试管中，加入蒸馏水数毫升使它溶解。滴入 5% 硫酸铜溶液几滴，摇匀，有红褐色沉淀；或取试样少许溶于酒精中，滴加几滴 5% 三氯化铁溶液，摇动即呈现紫色。具有这两个特点的就是五氯酚钠（五氯酚也有同样反应）。

（3）生物鉴别 将已长出短根或幼芽的稻种（或稗草、鸭舌草等）分两盘置于室内，并保持湿润。用 75% 原药 1 克兑水 0.6 千克对其中一盘均匀喷雾，待后观察药效。若喷过药的幼芽因接触药剂而死亡，未喷药的幼芽发育正常，则说明该药为合格产品，否则为不合格或伪劣产品。

二、二甲四氯钠

1. 理化性质

无色结晶，熔点 119 ~ 120.5℃，蒸气压 2.3×10^{-5} 帕 (25℃)。溶解度：水 734 毫克/升 (25℃)，乙醇 1530 毫克/升，乙醚 770 毫克/升，甲醇 26.5 克/升，二甲苯 49 克/升，庚烷 5 克/升 (25℃)。

2. 毒性

低毒。大鼠急性 LD_{50}：经口 900 ~ 1160 毫克/千克，经皮 ＞ 4000 毫克/千克。

3. 常用剂型

56％可溶粉剂。

4. 真假鉴别

(1) 物理鉴别（感官鉴别）　二甲四氯钠盐为深褐色粉末，有臭味，易溶于水，20℃时水中溶解度为 25％，存放时易吸湿结块。

(2) 生物鉴别　由于该药能导致部分植物畸形生长，可用 100 倍左右的药液喷、涂到豆类或阔叶杂草的植株上，1~2 天内，若植株顶端扭曲，叶片下垂，新生叶皱缩呈鸡爪状，茎秆及叶柄肿裂，说明是该药，否则就不是。

三、草甘膦

1. 理化性质

纯品为非挥发性白色固体，相对密度为 0.5，大约在 230℃熔化并伴随分解。25℃时在水中的溶解度为 1.2％，不溶于一般有机溶剂，易与碱形成盐。其铵盐、异丙胺盐等易溶于水，不可燃，不爆炸，常温贮存稳定。对中碳钢、镀锌铁皮（马口铁）有腐蚀作用。

2. 毒性

低毒。原粉大鼠急性经口 LD_{50} 为 4300 毫克/千克，兔急性经皮＞5000 毫克/千克。

3. 常用剂型

10％、20％、30％、46％水剂，30％、50％、65％、70％可溶粉剂。74.4％、88.8％、98％、95％草甘膦铵盐可溶粒剂。

4. 真假鉴别

（1）物理鉴别（感官鉴别）　水剂外观为琥珀色透明液体或浅棕色液体，pH 6～8。

（2）生物鉴别　选择长有 1 年生及多年生禾本科杂草、莎草科杂草和阔叶杂草的休耕地、田边或路边，于杂草 4～6 叶期，用 10％水剂稀释 30 倍后对杂草茎叶定向喷雾，待后观察药效。若喷过药的杂草因接触药剂而死亡，则说明该药为合格产品，否则为不合格或伪劣产品。

四、莠去津

1. 理化性质

莠去津为白色粉末，熔点 173～175℃。在水中的溶解度为 33 毫克/升，易溶于有机溶剂。在微酸或微碱性介质中较稳定，但在较高温度下，碱或无机酸可使其水解。

2. 毒性

低毒。大鼠急性经口 LD_{50} 为 1780 毫克/千克，兔急性经皮 LD_{50} 为 7000 毫克/千克，大鼠慢性毒性经口无作用剂量为 1000 毫克/千克。

3. 常用剂型

40％悬浮剂，50％可湿性粉剂。

4. 真假鉴别

（1）物理鉴别（感官鉴别）　可湿性粉剂为白色均匀的疏松粉

末。悬浮剂为可流动、易测量体积的悬浮液体；存放过程中可能出现沉淀，但经手摇动，应恢复原状。

（2）生物鉴别　选择玉米田中的杂草几棵，适期为玉米 4 叶期，杂草 2～3 叶期；土壤宜为有机质含量低的沙质土壤。用 50％可湿性粉剂或 40％悬浮剂稀释 200 倍后对杂草茎叶定向喷雾，待后观察药效。若喷过药的杂草因接触药剂而死亡，则说明该药为合格产品，否则为不合格或伪劣产品。

五、嗪草酮

1. 理化性质

无色结晶或白色粉末，熔点 125.5～126.5℃，微溶于水、己烷，溶于乙醚、甲苯。

2. 毒性

低毒。大鼠急性经口 LD_{50} 为 1100～2300 毫克/千克，大鼠急性经皮＞20000 毫克/千克。

3. 常用剂型

50％、70％可湿性粉剂，75％水分散粒剂。

4. 真假鉴别

（1）物理鉴别（感官鉴别）　制剂为黄白色粉末，不溶于水，但易在水中扩散，在正常贮存条件下，产品性质 3 年不变。

（2）生物鉴别　选择长有 1 年生阔叶杂草的休耕田、田边或路边，于杂草 4～6 叶期，用 70％可湿性粉剂稀释 500 倍后对杂草茎叶定向喷雾，待后观察药效。若喷过药的杂草因接触药剂而死亡，则说明该药为合格产品，否则为不合格或伪劣产品。

六、苄嘧磺隆

1. 理化性质

纯品为白色无臭固体，熔点 185～188℃，蒸气压 1.733×

10^{-3} 帕（20℃）。溶解度：二氯甲烷 11720 毫克/升，乙腈 5380 毫克/升，二甲苯 280 毫克/升，乙酸乙酯 1650 毫克/升，丙酮 1380 毫克/升，甲醇 990 毫克/升，己烷 3.1 毫克/升，水 1200 毫克/升。在微碱性（pH 8）水溶液中稳定，在酸性溶液中缓慢分解。原药略带浅黄色。

2. 毒性

低毒。大鼠急性经口 LD_{50} 为 5000 毫克/千克，小鼠＞10985 毫克/千克。大鼠慢性经口无作用剂量为 750 毫克/千克。

3. 常用剂型

10％可湿性粉剂。

4. 真假鉴别

（1）物理鉴别（感官鉴别）　可湿性粉剂为白色粉状无臭固体。

（2）生物鉴别　在休耕田、田边或路边，选择 1 年生阔叶杂草和禾本科杂草（如猪殃殃、繁缕、碎米荠、播娘蒿、荠菜、大巢菜、藜、稻槎菜、鸭舌草、眼子菜、节节菜等）及莎草科杂草（牛毛草、异型莎草、水莎草等），在杂草 2～3 叶期，用 10％可湿性粉剂稀释 1000 倍后对杂草茎叶定向喷雾，待后观察药效。若喷过药的杂草因接触药剂而死亡，则说明该药为合格产品，否则为不合格或伪劣产品。

七、甲草胺

1. 理化性质

纯品结晶，熔点 40～41℃。23℃时水中溶解度为 0.24 毫克/升，可溶于丙酮、苯、乙醇、乙酸乙酯。挥发性极小，抗紫外线分解，在强酸或碱性条件下分解，在土壤中半衰期约 15 天。

2. 毒性

低毒。大鼠急性经口 LD_{50} 为 930 毫克/千克，家兔急性经皮 LD_{50} 为 13300 毫克/千克。对眼睛和皮肤有刺激作用。

3. 常用剂型

43％、48％乳油。

4. 真假鉴别

（1）物理鉴别（感官鉴别） 原药为非挥发性奶油色结晶固体，乳油为黄棕色或紫褐色液体。

（2）生物鉴别 在大豆田中，选择菟丝子缠绕茎叶的大豆 1 株，用 48％乳油稀释 150 倍后对菟丝子缠绕的大豆茎叶定向喷雾，待后观察药效。若喷过药的菟丝子因接触药剂而死亡而大豆茎叶安全，则说明该药为合格产品，否则为不合格或伪劣产品。或者选择稗草、马唐、蟋蟀草、狗尾草、秋稗、臂形草、马齿苋、苋、轮生粟为草、藜、蓼等 1 年生禾本科杂草和阔叶杂草进行试验。

八、乙草胺

1. 理化性质

纯品为淡黄色液体，原药因含有杂质而呈现深色。熔点大于 0℃，沸点大于 200℃。性质稳定，不易挥发和光解。不溶于水，易溶于有机溶剂。

2. 毒性

低毒。LD_{50}：大鼠经口为 930 毫克/千克，兔经皮为 13300 毫克/千克。大鼠吸入 LC_{50} 为 1040 毫克/米^3。

3. 常用剂型

50％、90％乳油，20％可湿性粉剂。

4. 真假鉴别

（1）物理鉴别（感官鉴别）原药和乳油为棕色或紫色均相透明油状液体。

（2）生物鉴别 乙草胺对马唐、狗尾草、牛筋草、稗草、千金子、看麦娘、野燕麦、早熟禾、硬草、画眉草等 1 年生禾本科杂草有特效，对藜、苋、蓼杂草、鸭跖草、牛繁缕、菟丝子等阔叶杂草也有一定的防效，但是效果比对禾本科杂草差，对多年生杂草无效。可通过小试确定乙草胺的真伪。

九、丁草胺

1. 理化性质

纯品为琥珀色液体，沸点为 196℃，难溶于水，可与丙酮、苯、乙醇、乙酸乙酯、己烷混溶。275℃分解，在 pH 7～10 稳定，对紫外线稳定。在常温及中性、弱碱性条件下化学性质稳定，强酸条件会加速其分解。

2. 毒性

低毒。LD_{50}：1740 毫克/千克（大鼠经口），3470 毫克/千克（兔经皮）。

3. 常用剂型

50%、60%乳油，25%高渗乳油，10%微粒剂，5%颗粒剂。

4. 真假鉴别

（1）物理鉴别（感官鉴别）　原药为浅黄色具有微芳香味的油状液体。乳油为棕黄色或紫色透明液体，pH 为 6～7，有易燃性，在常温下贮存稳定 2 年以上。颗粒剂为灰色粒状物。

（2）生物鉴别　对杂草具有选择性，为内吸传导型芽前除草剂，可防除稗草、马唐、狗尾草、牛毛草、蟋蟀草、鸭舌草、马齿苋、反枝苋、野苋、节节草、异型莎草等。持效期 30～60 天。可通过小试确定丁草胺的真伪。

十、敌稗

1. 理化性质

纯品为无色、无味针状晶体，熔点 92～93℃，蒸气压（60℃）1.2×10^{-2} 帕，相对密度（22℃）1.41。25℃时在水中的溶解度为

130 毫克/升。20℃时在一些有机溶剂中的溶解度：异丙醇、二氯甲烷＞200 克/升，甲苯 50～100 克/升，已烷＜1 克/升；25℃时在一些有机溶剂中的溶解度：苯 7×10^4 克/升，丙酮 1.7×10^6 克/升，乙醇 1.1×10^3 克/升。在酸性和碱性介质中水解为 3，4-二氯苯胺和丙酸。在土壤中易分解，故不宜做土壤处理。成品在贮存期析出结晶。对金属无腐蚀性。

2. 毒性

低毒。原药大鼠急性经口 LD_{50} 为 1400 毫克/千克，兔急性经皮 LD_{50}＞7080 毫克/千克。对人的皮肤和眼睛有刺激作用。鲤鱼 LC_{50} 为 11.5 毫克/千克（48 小时）。

3. 常用剂型

20％乳油。

4. 真假鉴别

（1）物理鉴别（感官鉴别）　敌稗原粉为浅黄色粉末，难溶于水。敌稗乳油为黄褐色至红棕色的单相液体，pH 5.5～6.5，可与水直接混合成乳白色液体，乳液稳定。

（2）化学鉴别

羟胺-三氯化铁法：敌稗分子的酰氨基与盐酸羟胺作用，生成羟肟酸，再与三氯化铁作用，生成橙红色羟肟酸酰络合物。方法：取样品于瓷碗或小试管中，加 1％盐酸羟胺溶液和 10％氢氧化钠溶液各 1 滴，混匀，再加 1％三氯化铁溶液 1～2 滴，并用稀盐酸微微酸化，呈橙红色，说明样品中含有敌稗。

偶合法：敌稗经亚硝酸钠重氮化后，在碱性溶液中与 α-萘酚溶液作用，生成橙红色偶氮化合物。方法：取样品置于试管中，加 1％亚硝酸钠溶液 1～2 滴和盐酸液（1∶1）2 滴，低温摇匀，再加 3％氨基磺酸胺溶液或脲少量，加 10 摩尔/升氢氧化钠溶液和 1％α-萘酚乙醇溶液各 1 滴，呈现橙红色。有上述颜色反应说明样品中含有敌稗。

（3）生物鉴别　敌稗主要用于防除稻田低龄稗草，还可应用于马铃薯、番茄、茄子、番薯等作物田除草。可防除稗、马唐、看麦娘、狗尾草、鸭舌草、蓼等多种一年生幼草，对一年生莎草科杂草及牛毛毡也有一定的效果，但对野慈姑、四叶萍、香附子等效果不大。可通过小试确定敌稗的真伪。

第五节　常见杀鼠剂质量鉴别

为了确保农民能选购到质量合格的杀鼠剂，这里将常见杀鼠剂的通用名称、其他名称、理化性质、毒性、常用剂型、真假鉴别等进行介绍。

一、敌鼠钠

1. 理化性质

纯品为淡黄色粉末，无臭、无味。熔点 $146 \sim 147℃$，加热至 $207 \sim 208℃$ 从黄色变成红色，$325℃$ 变黑炭化。可溶于乙醇、丙酮；可溶于 $80℃$ 以上热水，溶解度为 5%；不溶于苯和甲苯。在酸、碱性溶液中稳定。固体状态稳定，在酸性溶液中为酮式，在碱性溶液中为烯醇式，都是稳定的有机化合物。

2. 毒性

剧毒。原药大鼠急性经口 LD_{50} 为 3 毫克/千克；对小白鼠一次毒力 LD_{50} 为 28.57 毫克/千克，四次毒力 LD_{50} 为 3.232 毫克/千克。对人毒性较低，对鸡、鸭、牛、羊比较安全，猫、狗对该药敏感，有二次中毒的危险。

3. 常用剂型

80% 原粉，5%、1% 母粉。

4. 真假鉴别

（1）物理鉴别（感官鉴别）　原药为黄色粉体，稍微有点气味。取 1 克药粉放入烧杯中，加入 50 毫升水，搅拌不溶解；然后加热并搅拌，逐渐溶解，至 80℃以上时全部溶解。

（2）化学鉴别

三氯化铁反应：敌鼠钠与三氯化铁反应，形成砖红色。方法：取样品药粉的乙醇溶液 2 毫升于白瓷碗中，加 1‰三氯化铁乙醇溶液，如有敌鼠钠存在，形成砖红色。

硝化反应：敌鼠钠中的苯环经硝化后，遇醇性氢氧化钾显蓝色。方法：取少量样品粉剂于烧杯中，加 2～5 毫升浓硝酸溶解。然后放在沸水浴上加热至干，取下放冷，沿杯壁滴加 2％醇性氢氧化钾数滴，如有敌鼠钠即显蓝色。

二、安妥

1. 理化性质

纯品为白色无臭结晶，工业品为有苦味的蓝灰色粉末。熔点 198℃，不溶于水，可溶于一般有机溶剂。在水中的溶解度为 0.06 克/100 毫升；在甘油中的溶解度为 8.6 克/100 毫升；在丙酮中的溶解度为 1.43 克/100 毫升；易溶于碱性溶液。对光和空气稳定。

2. 毒性

高毒。原药大鼠急性经口 LD_{50} 为 6 毫克/千克。安妥对鼠类毒性最大，但对不同的鼠类毒性不相同，如褐家鼠经口半数致死量为 7～8 毫克/千克，黑家鼠为 16～22 毫克/千克，黄鼠在 300 毫克/千克以上。家禽、家畜对安妥敏感性较低，如鸡经口 LD_{50} 为 5000 毫克/千克，猫为 500 毫克/千克，狗为 38 毫克/千克。成人经口致死量 4～6 克，但也有服 0.5 克致死者。儿童对本品较敏感。

3. 常用剂型

80％粉剂。

4. 真假鉴别

（1）物理鉴别（感官鉴别）　粉剂为蓝灰色粉末，在水中不溶解。

（2）化学鉴别　利用安妥具有的特殊显色反应鉴别。

硝酸反应：取粉剂样品少许，放在白瓷碗中，加硝酸数滴。如有安妥存在，颜色呈红色→橙红色→橙色渐变。

溴化反应：取粉剂样品少许，用2毫升冰醋酸溶解，滴加饱和溴水至溶液呈黄色。如有安妥，在滴加过程中可见蓝灰色絮状沉淀或溶液渐呈蓝灰色浑浊。加10%氢氧化钠调溶液至碱性，加数毫升氯仿振摇，氯仿层显紫蓝色；若加入乙醚振摇，则乙醚层显紫红色。

第六节　常见植物生长调节剂质量鉴别

为了确保农民能选购到质量合格的植物生长调节剂，这里将常见植物生长调节剂的通用名称、其他名称、理化性质、毒性、常用剂型、真假鉴别等进行介绍。

一、赤霉素

1. 理化性质

白色结晶粉末，熔点233～235℃，能溶于乙醇、丙酮、乙酸乙酯及pH 6.2的磷酸缓冲溶液，难溶于醚、氯仿、苯及水，干燥状态及酸性溶液中较稳定，遇碱易分解。

2. 毒性

微毒。大鼠和小鼠急性经口 LD_{50} 均大于15000毫克/千克。对眼睛和皮肤无刺激。

3. 常用剂型

80％、85％、90％、95％结晶粉，4％、6％乳油，10％、16％、20％可溶粉剂，2.7％涂布剂。

4. 真假鉴别

（1）物理鉴别（感官鉴别）　含量80％以上的赤霉素结晶粉为白色至微黄色结晶粉末，无味，可溶于60℃以上的白酒或酒精中，也可溶于小苏打水中，不溶于水。

4％、6％赤霉素乳油为棕色稳定的透明液体，无可见的悬浮物和沉淀，有梨香味，易燃，溶于水形成乳白色或透明稳定液体，不分层。

10％、16％、20％可溶粉剂为白色或微黄色结晶粉末，全溶于水，溶于醇类、丙酮、乙酸乙酯等有机溶剂中，还可溶于碳酸氢钠及 pH 6.2 的磷酸缓冲溶液。

2.7％涂布剂为白色或黄色软膏剂，膏体细腻稳定，手搓无沙粒感。

（2）化学鉴别

① 4％、6％赤霉素乳油及 2.7％涂布剂　吸取 4％或 6％赤霉素乳油试样 1 毫升于试管（或透明玻璃杯）中，加适量浓硫酸（约9 毫升），轻轻摇动后，对光观察，可见蓝绿色荧光；2.7％赤霉素涂布剂挤出少许，采用同样方法鉴别。

② 赤霉素结晶粉及可溶粉剂　取药粉少许溶于 2 毫升浓硫酸中，可形成带绿色荧光的微红色溶液。将粉剂赤霉素倒入酒精（或白酒）中，稍加搅拌，能完全溶解，溶液呈透明浅黄色则多为真品；若不完全溶解，出现浑浊，可向溶液中加少量碘酒，溶液呈蓝色或淡蓝色，说明此粉剂中含有淀粉，并且赤霉素的有效含量很低。

（3）生物鉴别　赤霉素的重要作用之一是刺激幼嫩植物的节间伸长，它对矮生型植物茎叶生长的促进作用尤其明显。其能强烈促进水稻叶片伸长，在一定浓度范围内（0.01～100 毫克/升）幼苗株高同外加赤霉素浓度的对数呈直线关系。因此，水稻幼苗法可用作生物鉴定方法以测定未知样品的赤霉素含量。

① 水稻幼苗法　同品种的水稻种子在 30℃ 左右的水中浸泡 2～3 天催芽，精选芽长 5 毫米、高度一致的幼苗 60 株待用，将种芽播入铺有 2～3 毫米厚的消毒棉花的罐头瓶中。每杯放 10 株幼苗，分别用 0 毫克/升（对照）、0.01 毫克/升、0.1 毫克/升、1.5 毫克/升、10 毫克/升、100 毫克/升的标准赤霉素溶液处理，再置 25～32℃ 下培养。在培养过程中，每天在各瓶中加水 2 毫升，以补足失去的水分。培养 3 天、5 天、7 天后，进行株高测定，测量茎基部至叶尖的高度。并画出标准曲线图，用未知样品如法处理幼苗，测其高度，便可从标准曲线上求出样品中赤霉素的含量。

② 白菜幼苗法　选同品种、籽粒大小与色泽一致的白菜种子，经发芽后，取芽长一致的幼苗，放入纯赤霉素配成的不同浓度的溶液内，培养 3～4 天，量其高度，并将一定范围的浓度绘成一个标准曲线，作为测定的标准。测定赤霉素含量时，将芽长一致的白菜幼苗放入购买的按一定稀释倍数溶解的赤霉素溶液中，在上述相同条件下，培养 3～4 天并测量芽的高度，在标准曲线上便可查出赤霉素的浓度，浓度乘以稀释倍数就是药剂的含量。该法经多次试验证明，效果较好。如与水培养对照没有差别则药剂不含赤霉素。

如果只做定性鉴别，不测定赤霉素含量，只需将待鉴定样品配成约 50～100 毫克/升溶液，将发芽的水稻幼苗或白菜幼苗在待测药液和清水中分别培养，3 天后对比，如在待测药液中的幼苗生长显著高于对照，即可证明该药液含有赤霉素。

二、甲哌鎓

1. 理化性质

无味白色结晶，熔点 285℃（分解）。20℃ 时溶解度：水＞500 克/千克，乙醇 162 克/千克，氯仿 10.5 克/千克，丙酮、乙醚、乙酸乙酯、环己烷、橄榄油均＜0.1 克/千克。对热稳定，常温贮存稳定期两年以上。

2. 毒性

低毒。大鼠急性经口 LD_{50} 为 1420 毫克/千克，大鼠急性吸入 LC_{50} （7 小时）为 3.2 毫克/升。对兔眼睛和皮肤无刺激作用。

3. 常用剂型

98％原粉，5％、20％、40％、50％水剂。

4. 真假鉴别

主要用物理鉴别（感官鉴别）。纯品为无味白色结晶体，含甲哌鎓99％的原药为白色或灰色结晶体，不可燃，不爆炸。含甲哌鎓97％的原药为白色或浅黄色结晶体。

三、多效唑

1. 理化性质

白色结晶，熔点 165～166℃，相对密度 1.22，难溶于水，溶于有机溶剂，20℃保存 2 年以上，50℃以上保存 6 个月，pH 4～9 不水解，紫外线下分解（pH 7，10 天）。

2. 毒性

低毒。大白鼠急性经口 LD_{50} 为 13000～2000 毫克/千克，对人的皮肤和眼睛有轻微的刺激作用，对鱼、鸟、蜜蜂低毒。

3. 常用剂型

95％原药，10％、15％可湿性粉剂，25％乳油。

4. 真假鉴别

（1）物理鉴别（感官鉴别）　可湿性粉剂为白色粉状固体，乳油为均匀透明液体。

（2）生物鉴别　取小麦或玉米种子 400 粒，以 1％次氯酸钠消毒，清水冲洗后，分别用 10 微克/毫升、50 微克/毫升、100 微克/毫升的多效唑溶液浸泡，对照为清水。浸种 5 小时。溶液高度以浸没种子为宜。到了预定时间后，每个处理用自来水冲洗 3 次，然后放入浅盘和培养皿中（每个处理重复 2 次），以滤纸作发芽床，在自然条件下培养到 3 叶期，注意要经常浇水、防干。测定苗高、地上部分鲜重、地下部分鲜重、根数等形态指标。经 10 微克/毫升、50 微克/毫升、400 微克/毫升药液处理的幼苗粗壮、较矮、根多、根粗、叶色绿，与对照有显著差异，即可证明该药液含有多效唑。

四、乙烯利

1. 理化性质

纯品为白色针状结晶，熔点 74～75℃；工业品为淡棕色液体。易溶于水、甲醇、丙酮、乙二醇、丙二醇，微溶于甲苯，不溶于石油醚。在 pH 值 3 以下的酸性溶液中比较稳定，pH 值 4 以上逐渐分解并释放出乙烯，随着 pH 值的增高，分解速度加快。

2. 毒性

低毒。原药大白鼠急性经口 LD_{50} 为 4229 毫克/千克，兔急性经皮 LD_{50} 为 5730 毫克/千克。

3. 常用剂型

85％原药，40％水剂。

4. 真假鉴别

（1）物理鉴别（感官鉴别）　40％水剂为棕黄色的强酸性液体。

（2）生物鉴别　将番茄的白熟果采收后，用 0.2％～0.3％浓度的药剂溶液浸泡 1～2 分钟，取出晾干，放在 20～25℃条件下，经 3～4 天果实如果转红证明该药剂为乙烯利。或用棉布或软毛刷蘸取 0.2％～0.3％浓度的药剂溶液涂抹植株上的白熟果实，观察 4～5 天后果实是否转色。

五、芸苔素内酯

1. 理化性质

白色结晶粉，熔点 256～258℃，水中溶解度为 5 毫克/千克，易溶于甲醇、乙醇、丙酮等有机溶剂。

2. 毒性

低毒。原药大鼠急性经口 LD_{50} ＞2000 毫克/千克，小鼠急性经口＞1000 毫克/千克。

3. 常用剂型

95% 原药，0.01% 乳油，0.04%、0.1% 水剂，0.2% 可溶粉剂。

4. 真假鉴别

（1）物理鉴别（感官鉴别） 可溶粉剂为白色粉状固体，乳油和水剂为均匀透明液体。

（2）生物鉴别 水稻叶片倾斜法。取露白后的水稻，于 30℃ 恒温箱中暗培养 7 天得黄化幼苗，以第一片完全叶（或称第二叶）的叶枕为中心，在弱红光下（可用 15 瓦的白炽灯外包 1～2 层红色塑料纸或薄膜）切取含叶片与叶鞘各 1 厘米长的切段，置于蒸馏水中漂洗 24 小时后，选起始角度一致的切段，以切段向根端（即叶鞘）浸入 1 毫升处理液中，其中 1 号处理液为蒸馏水（对照），2 号处理液为 10 微克/升待鉴定的芸苔素内酯药剂。在 30℃ 暗箱中培养 48 小时后，用透明量角器测量切段叶片与叶鞘夹角的补角。如叶片发生较大倾斜变化，则证明溶液中含有芸苔素内酯。

六、萘乙酸

1. 理化性质

白色无味晶体，熔点 130℃。易溶于丙酮、乙醚、苯、乙醇和氯仿等有机溶剂，20℃ 水中溶解度 42 毫克/升，溶于热水。遇碱能成盐，盐类能溶于水。性质稳定，不可燃，遇湿气易潮解，见光易变色，对热和光不太敏感。放在室温下可贮存若干年，本剂干燥后应密封，贮藏于避光处最好。

2. 毒性

低毒。急性经口 LD_{50}：大鼠为 $1000 \sim 5900$ 毫克/千克，小鼠为 670 毫克/千克。兔急性皮下注射 LD_{50} 为 5000 毫克/千克。对皮肤和黏膜有刺激作用。

3. 常用剂型

99％精制粉剂，80％粉剂，2％钠盐水剂，2％钾盐水剂。

4. 真假鉴别

（1）物理鉴别（感官鉴别）　99％萘乙酸精粉白色、无味；80％萘乙酸原粉为浅土黄色粉末，有萘味。萘乙酸几乎不溶于冷水，易溶于热水。取 1 克样品放入 50 毫升冷水中，搅拌后静置，粉末沉至杯底，加热并搅拌，粉末逐渐溶解消失，形成透明液体。萘乙酸钠盐、钾盐易溶于水。

（2）化学鉴别

甲醛硫酸法：萘乙酸与甲醛硫酸试剂（甲醛与 6 倍浓硫酸的混合物）作用，生成绿色的缩合物。

浓硫酸法：萘乙酸与浓硫酸作用，生成绿色醌型化合物。取少量样品粉末于白瓷碗中，加浓硫酸几滴，呈现绿色。

有以上颜色反应变化的为萘乙酸制剂，否则为假劣产品。

（3）生物鉴别　利用萘乙酸促进植物生根的作用特点进行鉴别。

准备适量绿豆或黄豆各 2 份：1 份在清水中浸泡 $8 \sim 10$ 小时（过夜），然后沥去水；另 1 份在 $5 \sim 10$ 毫克/升待鉴定萘乙酸药剂溶液中浸泡 $8 \sim 10$ 小时（过夜），然后用清水洗去多余的药液。2 份均按常规发豆芽，发好后进行观察比较。如两份没有较大差别，则使用的药剂质量不合格；如通过药剂浸泡的 1 份豆芽根系肉质，直而粗壮，侧根少，与对照有明显差异，则该药剂质量可靠。

七、矮壮素

1. 理化性质

纯品为白色结晶，有鱼腥味。熔点 $240 \sim 245$℃，在熔点时部分分解。原粉为浅黄色粉末，易吸潮。极易溶于水（20℃时在水中的溶解度为74％）；溶于丙酮；不溶于苯、二甲苯、乙醚、无水乙醇。在中性和微酸性溶液中稳定，遇强碱或加热分解。

2. 毒性

低毒。原药大鼠急性经口 LD_{50} 为 670～1020 毫克/千克，大鼠急性经皮 LD_{50} 为 4000 毫克/千克。

3. 常用剂型

11.8％、40％、50％、72％水剂，60％、80％粉剂。

4. 真假鉴别

（1）物理鉴别（感官鉴别）　矮壮素粉剂为淡黄色粉末，有鱼腥臭味。取少量粉剂加入 20 毫升无水乙醇中搅拌，不溶解；接着加入 20 毫升水并搅拌，逐渐溶解。水剂为无色或淡黄色透明液体，有鱼腥臭味。

（2）化学鉴别　利用矮壮素与奈氏试剂的颜色反应进行鉴别。

奈氏试剂的配制：量取 11.5 克碘化汞和 8 克碘化钾溶于少量水中，溶解后加水稀释至 50 毫升，再加入 25％氢氧化钠 50 毫升，静置过夜，取上清液使用，贮于棕色瓶中。

鉴别：取 2 毫升水剂样品或 1 克粉剂样品，置于白瓷碗中，滴加奈氏试剂 2 毫升，如样品含有矮壮素即出现浅黄色沉淀，放置边缘出现污绿色。否则样品不含矮壮素。

八、复硝酚钠

1. 理化性质

5-硝基愈创木酚钠：橘红色片状晶体，具有萘木质香味，熔点 105～106℃，易溶于水，可溶于甲醇、乙醇、丙酮等有机溶剂。常规条件下贮存稳定。

邻硝基苯酚钠：红色针状晶体，具有特殊的芳香烃气味，熔点 44.9℃，易溶于水，可溶于甲醇、乙醇、丙酮等有机溶剂。常规条件下贮存稳定。

对硝基苯酚钠：无味黄色晶体，熔点 113～114℃，易溶于水，可溶于甲醇、乙醇、丙酮等有机溶剂。在常规条件下贮存稳定。

以上三者以一定比例配制后形成复硝酚钠，为枣红色片状晶体、深红色针状晶体和黄色片状晶体的混合晶体，具有酚类芳香味，易溶于水，溶液呈微碱性，可溶于乙醇、甲醇、丙酮等有机溶剂。常温条件下贮存稳定。

2. 毒性

低毒。1.8%制剂大白鼠急性经口 LD_{50} 为 14187 毫克/千克，大鼠急性经皮 LD_{50} 为 4000 毫克/千克。

3. 常用剂型

2%、1.8%、1.4%水剂，95%原粉。

4. 真假鉴别

（1）物理鉴别（感官鉴别）

① 根据复硝酚钠外观及组成配比来鉴别　纯正的复硝酚钠原粉是红黄混合晶体（枣红色片状晶体：深红色针状晶体：黄色片状晶体=1：2：3），在日光下肉眼可看见均匀细小的发亮结晶体。若无三种颜色明显、晶体均不相同的成分构成，即不是真正意义的复硝酚钠。劣质"复硝酚钠"颜色偏黄，类似橘红色，呈粉状或者较细的红色粉末。

② 从气味辨别复硝酚钠　复硝酚钠有木质香味，因为其含有5-硝基愈创木酚钠，质劣的复硝酚钠气味较刺鼻。

③ 从复硝酚钠水中溶解度来鉴别　取少量样品放入水中观察，正品复硝酚钠能迅速充分溶解，溶解后水溶液是透明的，无悬浮物和不溶物，劣质"复硝酚钠"不能迅速溶解，部分有悬浮物和不溶解物。在常温下，复硝酚钠在水中溶解量为 8%～10%左右，太大或太小都不对。另外，在溶解的过程中，有部分黄色晶体溶解较慢，但搅拌后全部溶完，呈透明澄清液体。

④ 根据复硝酚钠溶液的颜色与质量的关系来鉴别　复硝酚钠是一种酚钠盐，在水溶液中的颜色受溶液的酸碱性即 pH 值影响，酸碱性不一样，溶液的颜色也就不一样。溶液的碱性越大，pH 值越大，其颜色越深；酸性越强，pH 值越小，颜色越浅。另外在同样的酸碱条件下，颜色与复硝酚钠的浓度有关系：浓度越大，颜色越深；浓度越小，颜色越浅。不同溶液颜色不一样正是复硝酚钠溶液的正当表现，说明复硝酚钠的质量较好。

⑤ 从复硝酚钠含水量鉴别真假　正品复硝酚钠含水量控制在标准之内，劣质"复硝酚钠"含水量过大（可以用烘干法测定水分含量）。

（2）化学鉴别　利用复硝酚钠与三氯化铁的颜色反应来鉴别：复硝酚钠与三氯化铁在中性或极弱的酸性溶液中作用生成蓝紫色络合物。方法：取水剂样品或原粉 2% 的水溶液 2 毫升于玻璃试管中，用稀盐酸调整其 pH 值在 6～7，加 1% 三氯化铁溶液 1 滴，即显蓝色或蓝紫色，说明样品中含有复硝酚钠。

九、2,4-D

1. 理化性质

纯品为白色结晶，无臭味，不吸湿，熔点 141℃。工业产品为白色或浅棕色结晶，稍带酚气味，难溶于水，能溶于乙醇、乙醚、丙酮和苯等有机溶剂中，在常温条件下，性质稳定。2,4-D 本身是一种强酸，对金属有腐蚀作用。与各种碱类作用生成相应的盐类，成盐后易溶于水。与醇类在硫酸催化下生成相应的酯类。遇紫外线照射会部分分解。

2. 毒性

中等毒。2,4-D 大鼠急性经口 LD_{50} 为 500 毫克/千克，2,4-D 钠盐为 666～805 毫克/千克，2,4-D 混合丁基酯为 620 毫克/千克，2,4-D 异丙基酯为 700 毫克/千克。

3. 常用剂型

80％可湿性粉剂，72％丁酯乳油，55％胺盐水剂，90％粉剂等。

4. 真假鉴别

（1）物理鉴别（感官鉴别） 粉剂为浅棕色粉末，有酚臭气味。取 2 克粉剂样品加入 20 毫升水中，搅拌不溶解，滴入 20％氢氧化钠溶液并搅拌，粉末逐渐溶解形成透明溶液。

（2）化学鉴别 取粉剂样品 0.2 克置于试管中，加变色酸结晶数粒，沿管壁加硫酸 2 毫升，在 150℃甘油浴中保持 2 分钟，观察颜色变化，如有 2,4-D 存在，则产生紫红色。

参 考 文 献

[1] 崔德杰，金圣爱主编. 安全科学施肥实用技术[M]. 北京：化学工业出版社，2012.

[2] 崔德杰，杜志勇主编. 新型肥料及其应用技术[M]. 北京：化学工业出版社，2017.

[3] 陈清，陈宏坤主编. 水溶性肥料生产与施用[M]. 北京：中国农业出版社，2016.

[4] 葛金良，景峰. 浅谈肥料包装标识存在的问题及识别方法[J]. 内蒙古石油化工，2013，24：57-58.

[5] 鲁剑巍，曹卫东主编. 肥料使用技术手册[M]. 北京：金盾出版社，2010.

[6] 金如琛，余沐雨编著. 农药质量快速鉴别手册[M]. 北京：中国标准出版社，2000.

[7] 李玲，肖浪涛主编. 植物生长调节剂应用手册[M]. 北京：化学工业出版社，2013.

[8] 李三省. 化肥标签不规范标注的常见招法[J]. 中国质量技术监督，2014，9：60-61.

[9] 罗林明，黄耀蓉，蒋凡主编. 农药种子肥料简易识别及事故处理百问百答[M]. 北京：中国农业出版社，2012.

[10] 骆焱平，曾志刚主编. 新编简明农药使用手册[M]. 北京：化学工业出版社，2016.

[11] 刘善江，相里炳栓编著. 真假化肥的判别[M]. 北京：中国计量出版社，2000.

[12] 马国瑞，侯勇主编. 肥料使用技术手册[M]. 北京：中国农业出版社，2012.

[13] 农业部肥政药政管理办公室. 肥料登记指南[M]. 北京：中国农业出版社，2002.

[14] 农业部种植业管理司，农业部农药鉴定所编. 农药科学选购与合理使用[M]. 北京：中国农业出版社，2009.

[15] 全国农药标准化技术委员会等编. 农药标准汇编：基础和通用方法卷[M]. 第2版. 北京：中国标准出版社，2016.

[16] 全国农药标准化技术委员会等编. 农药标准汇编 农药产品 杀虫剂卷[M]. 第2版. 北京：中国标准出版社，2016.

[17] 全国农药标准化技术委员会等编. 农药标准汇编 农药产品 杀菌剂卷[M]. 第2版. 北京：中国标准出版社，2016.

[18] 全国农药标准化技术委员会等编. 农药标准汇编 农药产品 除草剂卷[M]. 第2版. 北京：中国标准出版社，2016.

[19] 宋志伟等编著. 农业生产节肥节药技术[M]. 北京：中国农业出版社，2017.

[20] 涂仕华主编. 常用肥料使用手册[M]. 修订版. 成都：四川科学技术出版社，2014.

[21] 唐韵，唐理主编. 生物农药使用与营销[M]. 北京：化学工业出版社，2016.

[22] 武翻江，李城德，蒋春明编. 肥料质量安全知识问答[M]. 北京：中国计量出版社，2010.

[23] 魏启文，刘绍仁主编. 农药识假辨劣与维权[M]. 北京：中国农业出版社，2011.

[24] 奚振邦，黄培钊，段继贤编著. 现代化学肥料学[M]. 增订版. 北京：中国农业出版社，2013.

[25] 赵秉强等著. 新型肥料[M]. 北京：科学出版社，2013.

[26] 张洪昌，段继贤，廖洪主编. 肥料应用手册[M]. 北京：中国农业出版社，2011.

[27] 张洪昌，段继贤，赵春山主编. 肥料安全施用技术指南[M]. 北京：中国农业出版社，2014.

[28] 张洪昌，李星林，赵春山主编. 肥料质量鉴别[M]. 北京：金盾出版社，2014.

[29] 张洪昌，李星林，赵春山主编. 农药质量鉴别[M]. 北京：金盾出版社，2014.

[30] 左晓斌，张福胜主编. 教你如何识别假农药 假化肥 假种子[M]. 北京：中国农业科学技术出版社，2012.

[31] 张延光，谭永泉. 农用化肥的识别与防伪技术探讨[J]. 农技服务，2016，33(5)：119-121.

[32] 张宗俭，李斌主编. 世界农药大全：植物生长调节剂卷[M]. 北京：化学工业出版社，2011.